应用化学
前沿及创新方法

张 芳　林木松　杨晓焱 ／ 主编

化学工业出版社

·北京·

《应用化学前沿及创新方法》系统地介绍了应用化学涉及的多领域前沿及发展创新技术。其主要内容包括材料领域研究前沿及创新技术、能源领域研究前沿及创新技术、石化领域研究前沿及创新技术、航空航天领域研究前沿及创新技术、专业大数据获取及分析技术、课题研究立项及开题方法、R 软件基础及初步应用、R 语言在应用化学课题分析中的应用。本书内容翔实，案例典型，实用性、针对性强。

《应用化学前沿及创新方法》可供应用化学、化学、材料科学与工程、计算机科学与技术、信息科学、化学工程与技术、统计学专业人员阅读，也可供相关专业的在校师生和研究人员参考。

图书在版编目（CIP）数据

应用化学前沿及创新方法/张芳，林木松，杨晓焱
主编 . —北京：化学工业出版社，2019.2（2023.9 重印）
ISBN 978-7-122-33546-3

Ⅰ.①应… Ⅱ.①张…②林…③杨… Ⅲ.①应用化学 Ⅳ.①O69

中国版本图书馆 CIP 数据核字（2018）第 297327 号

责任编辑：李 琰 宋林青 装帧设计：关 飞
责任校对：宋 夏

出版发行：化学工业出版社（北京市东城区青年湖南街 13 号 邮政编码 100011）
印 装：北京科印技术咨询服务有限公司数码印刷分部
787mm×1092mm 1/16 印张 12½ 字数 308 千字 2023 年 9 月北京第 1 版第 2 次印刷

购书咨询：010-64518888 售后服务：010-64518899
网 址：http://www.cip.com.cn
凡购买本书，如有缺损质量问题，本社销售中心负责调换。

定 价：35.00 元

前　言

　　《应用化学前沿及创新方法》首先以材料领域（含纳米材料）、能源领域（含核能、氢能、能源储存）、石化领域（含碳纤维复合材料）及航空航天领域为研究对象，详细介绍了应用化学专业在其中的最新研究动态和创新发展；其次，在介绍应用化学类课题的立项、方案设计及开题方法的基础上，详细讨论了化学类专业大数据的概念、发展、特点及应用化学大数据的基本分析方法；最后，重点介绍了 R 软件的基本功能、高级功能及其在应用化学课题研究中的典型应用。

　　本书共分八章，张芳负责编写第一章、第二章、第四章，林木松负责编写第三章、第五章，杨晓焱负责编写第六章、第七章，李宇春负责编写绪论及第八章。在本书的编写过程中，得到很多同事和朋友的关心与大力支持，主要协助参与编写的人员有：易球、刘思佳、刘梦、李湘川、何壮、赵野及李文峥等；另外，本书的出版受到了长沙理工大学"十三五"校级专业综合改革项目（应用化学）的大力支持，在此表示衷心的感谢。

　　《应用化学前沿及创新方法》可供应用化学、化学、化学工程与工艺、石油工程、新能源、材料科学与工程、机械设备与制造、能源工程等专业大专生、本科生、研究生及相关专业的科研、技术人员阅读，其中 R 软件部分还可以供金融、财务、数学、计算科学、网络、软件、工程分析等多领域的专业人员阅读。

　　由于编者的水平能力有限，编写时间仓促，书中难免有不足之处，望读者不吝批评指正。

编者
2018 年 10 月

目　录

绪　论

一、应用化学概况

1. 应用化学是什么?

应用化学是研究如何将当今化学研究成果迅速转化为实用产品的应用性学科。在日常生活中，应用化学无处不在。例如医院里使用的氧气瓶，其中的氧气是科研人员通过一定的方法技术提纯了空气中的氧气而制得的；洗衣粉、肥皂、衣领净等添加了去污能力强、使衣服颜色鲜艳而又比较温和的化学物质；人们喝的饮料、矿泉水里添加了人体需要的微量元素，这些微量元素可以被人吸收；除此以外，还有化妆品的祛斑、美白、去皱纹、补水功效，手机电池的持久耐用，电视电脑屏幕辐射降低，塑料袋的降解等。这些都是化学物质起重要作用。能够满足人们日常生活和工业生产需要的这些物品，就是应用化学的产物。应用化学研究者发现某些元素或某些物质具有很好的用途，然后进行小剂量的科研实验，如果成功，就将此方案提供给化学工程与工艺的研究者进一步实验放大，再投入使用。如今应用化学已经在轻工业、日化、石化、制药、农药、环境保护等领域得到广泛应用。

2. 应用化学的作用

应用化学的研讨方向是利用已经知道或了解的应用化学理论和实际方法去解决生产和生活中的问题，将理论转化为实际操作。应用化学并不是单一的，而是具有综合性的，不但综合了化学知识，还吸收了一些非化学方面的理论。

对于研究大型化工厂的生产产品来说，应用化学的贡献是很大的。应用化学具有很强的社会效益性，应用化学的实验成果把经济效益作为基本的指标，所以，需要特别重视产品原材料的价格和来源、运输问题、贮藏方式、产品的加工及产率。随着社会新产品的不断开发，加强应用化学的理论基础和实验成果相结合是非常重要的。

二、应用化学学科及专业

1. 应用化学学科及专业

应用化学是一门培养具备化学方面的基础知识、基本理论、基本技能以及相关的工程技术知识和较强的实验技能，具有化学基础研究和应用基础研究方面的科学思维和科学实验训练，能在科研机构、高等学校及企事业单位等从事科学研究、教学工作及管理工作的高级专门人才的学科。

应用化学专业在大学本科体系属于化学专业大类，其专业代码为070302，毕业后可以授予理学或工学学士学位。而在研究生培养体系中，应用化学专业是一级学科"化学工程与技术"下设的二级学科，学科代码为081704。

应用化学专业服务于化工、能源、机械、材料和轻工等行业，面向经济发展需求，构建了厚基础、强能力、高素质的人才培养模式。依托高水平的平台建设，以强有力的学科作为支撑，坚持以科研促进教学，重视实践教学，着力培养学生的实践能力和创新能力，加强学生的吃苦耐劳精神、创业精神、团队精神和奉献精神等综合素质培养。同时依据相关领域发展需求，不断更新教学内容，优化课程体系，全面推进教学改革，培养重基础、重实践、重能力、重创新的高素质工程技术及管理人才。

应用化学专业遵循"德育为先、知识为本、能力为重、全面发展"的育人理念，主动适应国家化学、化工、能源、制药、轻工等行业与经济发展需求，培养学生具有强实践能力和创新精神，系统掌握化学理论和实验技能，具备工程实践能力、技术开发能力，熟悉相关领域的法律、法规、标准及工程管理、项目决策等知识，具备对此领域的工程问题进行研究分析和设计开发的工程实践能力，能在相关领域从事生产、技术管理、研发等工作，成为应用型高素质专门人才和行业精英。

2. 应用化学的特点

应用化学专业培养适应社会需要，具有良好的科学素质和创新精神，掌握化学的基本理论、基本知识和实验技能，受到应用研究、科技开发、科技管理初步训练的应用化学专门人才。应用化学是根据化学的基本理论和方法对工业生产中与化学有关的问题进行应用理论和方法的研究，以及实验开发研究的一门科学，融化学理论和实践于一体，并与多门学科相互渗透。

化学作为一门核心、实用、创造性科学，已经为人类认识物质世界和人类的文明进步做出了巨大的贡献。应用化学专业重在将化学的基本原理和知识应用于国民经济和社会发展的各个相关领域，包括化工、材料、医药、环境、能源、轻工等行业。应用化学专业偏重于应用，是研究如何将当今化学研究成果迅速转化为实用产品的应用型专业。

3. 应用化学的要求

应用化学专业学生主要学习化学方面的基础知识、基本理论、基本技能以及相关的工程技术知识，受到基础研究和应用基础研究方面的科学思维和科学实验训练，具有较好的科学素养，具备运用所学知识和实验技能进行应用研究、技术开发和科技管理的基本技能。应用化学专业对学生的要求包括知识要求、能力要求及素质要求。

（1）知识要求

◇ 工具性知识。是指数学、外语、计算机与信息技术应用、数据库使用、文献检索、社会调查与研究方法、专业论文写作等知识。

◇ 专业性知识。是指化工与制药类专业基本知识、基础理论和基本技能。

◇ 人文社会科学、自然科学和相关的工程技术知识。人文社会科学知识是指文学、历史学、哲学、伦理学、政治学、艺术、社会学、心理学、逻辑学等知识；自然科学知识是指物理学、化学、生命科学、环境科学、能源科学等知识；工程技术知识是指工程设计、工程制图、计算机绘图、电工与电子技术、化工仪表、仪器分析、环境保护、安全工程学等方面的知识。

◇ 管理学与法律知识。管理学知识包括政治经济学、化工技术经济学、经济管理学、企业管理学等方面的知识。

（2）能力要求

◇ 具有终身自我学习、获取知识的能力；

◇ 具有将化工与制药类专业理论与知识融会贯通，综合化工与制药类专业知识分析和解决问题的能力；

◇ 具有利用创造性思维方法开展科学研究和就业创业实践的创新能力；

◇ 具有较强的汉语写作和表达能力、沟通协调能力、团队合作能力。

（3）素质要求

◇ 具有良好的思想道德修养、职业素养和社会责任感；

◇ 具有较高的审美情趣、文化品位和人文素养；

◇ 具备良好的生活习惯和健康的心理与体质；

◇ 成为德智体美全面发展的社会主义建设者和接班人。

4. 应用化学的培养方向

应用化学专业所包含的领域具有广阔的发展前景，应用化学包含的专业方向有很多种，主要有电化学、现代分析、精细化学品合成、胶体与表面化学、水化学与水处理技术、材料化学、材料保护和精细化工等培养方向。

三、应用化学的课程及相关特点

1. 应用化学的主要课程

应用化学专业设置的主要课程包括：无机化学、分析化学、有机化学、物理化学、结构化学、化工原理、化学信息学、仪器分析、元素化学、生物化学、化工设计、现代分析进展、药物分析、有机合成、精细化学品化学、胶体与表面化学、电极过程原理与应用、水化学与水处理技术、废水处理技术、绿色化学等。

2. 开设应用化学的高校

开设应用化学专业的大学约 437 所学校。例如北京市开设应用化学专业的高校有北京大学、清华大学、中国石油大学（北京）、中国矿业大学（北京）、华北电力大学（北京）、北京航空航天大学、北京理工大学、北京科技大学、北京工业大学、北京化工大学、北京化工大学北方学院、北京工商大学、北京石油化工学院、北京服装学院等；湖南省开设应用化学专业的高校有湖南大学、国防科学技术大学、中南大学、湖南师范大学、湘潭大学、湖南工程学院、长沙理工大学、长沙学院、湖南农业大学、吉首大学、湖南理工学院、湖南文理学院、衡阳师范学院、湖南科技大学等；上海市开设应用化学专业的高校有上海应用技术大学、东华大学、复旦大学、上海交通大学、同济大学、华东师范大学、华东理工大学、上海大学、东华大学、上海师范大学、上海理工大学。开设应用化学专业详细的高校清单可以参见网站 http://www.dxsbb.com/news/10178.html。

3. 应用化学的就业

应用化学专业培养的是化学领域的通才，毕业后可以从事的工作岗位领域相当广泛。如果从事精细化工行业，可以做一名工程师，按照自己的想法去设计实验品，研发大家需要的日化产品。若进入分析化学行业，可以到大型仪器公司研发部做研究人员、实验人员等；也可以进入国家标准制定中心做标准品的纯化；还可以在研究院、高校等做研究人员，独立分析各种物质，严格控制质量。材料行业要求创新精神和实践能力，要从不同的角度分析问题，毕业生可以去企业做研发，也可以到科研院所、海关等单位做化学分析，还可以在企事业单位从事教学、管理药品和实验室等工作。

应用化学专业的毕业生一次性就业率比较高，就业行业包括教育、材料、军工、汽车、军队、电子、信息、环保、市政、建筑、建材、消防、化工、机械等行业。部门包括：各级质量监督与检测部门、科研院所、设计院所、教学单位、生产企业、省级以上的消防总队等。该专业毕业生适宜到石油化工、环保、商品检验、卫生防疫、海关、医药、精细化工厂等生产、技术、行政部门和厂矿企业从事应用研究、科技开发、生产技术和管理工作；也适宜到科研部门和学校从事科学研究和教学工作。

4. 应用化学的毕业要求

（1）政治方面

坚持社会主义核心价值观，具有坚定的政治立场，热爱祖国，具有为国家富强、民族昌盛而奋斗的志向和社会责任感，树立科学的世界观，成为社会主义事业的建设者和可靠接班人。

（2）工程知识

能够将数学、自然科学、工程基础和专业知识用于解决电力化学和材料保护领域复杂的工程问题。

（3）问题分析

能够应用数学、自然科学和工程科学的基本原理，识别、表达并通过文献研究分析电力化学和材料保护领域复杂的工程问题，以获得有效结论。

（4）设计/开发解决方案

能够设计电力化学和材料保护领域复杂工程问题的解决方案，并能够在设计环节体现创新意识，考虑社会、健康、安全、法律、文化以及环境等因素。

（5）研究

能够基于科学原理并采用科学方法对电力化学和材料保护领域复杂工程问题进行研究，包括设计实验、分析与解释数据、通过信息综合得到合理有效的结论。进而具有良好的应用化学工程设计能力和新产品、新工艺、新材料、新技术研究开发的初步能力。

（6）使用现代工具

能够针对化学、材料、能源、石化等相关领域复杂工程问题，选择与使用恰当的技术、资源、现代工程工具和信息技术工具。

（7）工程与社会

能够基于化学、材料、能源、石化领域相关背景知识进行合理分析，评价专业工程实践和工程问题解决方案对社会、健康、安全、法律以及文化的影响，并理解应承担的责任。

（8）环境和可持续发展

了解化学、材料、能源、石化等相关行业的生产、设计、研究、开发与运行的法律法规，能够理解和评价电力化学和材料保护工程实践与复杂工程问题的解决方案及其对社会、环境和可持续发展的影响。

（9）身心健康和职业规范

具有良好的人文社会科学素养、社会责任感，具有正确的价值观，身心健康，能够在应用化学专业工程实践中理解并遵守工程职业道德和规范，履行责任。

（10）个人和团队

具有敬业爱岗、团结合作的品质，能够在多学科背景下的团队中承担个体、团队成员以及负责人的角色。

（11）沟通

能够就化学、材料、能源、石化领域复杂工程问题与业界同行及社会公众进行有效沟通和交流，包括撰写报告和设计文稿、陈述发言、清晰表达，并具备一定的国际视野，能够在跨文化背景下进行沟通和交流。

（12）项目管理

掌握生产过程技术经济分析基础知识，理解并掌握工程管理原理与经济决策方法。

（13）终身学习

具有自主学习和终身学习的意识，有不断学习和适应发展的能力。

四、应用化学与其他专业的相互关系

1. 应用化学与化工

应用化学与化工最初都是化学的分支，化工偏重于工业大规模生产方面的研究，应用化学偏重于理论向应用实践过程的转化。应用化学是化学的一个分支，是与理论化学相对而言的。如果说理论化学只停留在理论阶段，那应用化学就是脚踏实地、踏踏实实把理论应用到实践上。

人类早期的生活更多地依赖于对天然物质的直接利用，渐渐地这些物质满足不了人类的需求，于是产生了各种加工技术，有意识有目的地在工业规模上生产具有多种性能的新物质。广义地说，凡运用化学方法改变物质组成或结构、或合成新物质的，都属于化学生产技术，也就是化工，所得的产品被称为化学品或化工产品。

2. 应用化学和材料化学

应用化学和材料化学专业的相同点是依托的主干学科都是化学。

应用化学和材料化学专业的不同点体现在两个方面：学习内容与就业状况。

（1）学习内容

应用化学专业注重研究化学成果如何转化为现实产品，偏重于应用，因此在掌握一定理论的基础上，还必须重视学生的动手能力，必须熟练操作化学仪器，熟练掌握化学实验操作。研究生阶段对学生化学实验的操作有更高要求。

材料化学专业注重研究材料及其使用过程所涉及的化学原理与技术，目的在于探究微观内容。该专业对于理论知识考查较多，学习范围包括无机非金属材料、有机高分子材料、新兴复合材料等。研究生阶段将对化学原理与技术进行进一步研究，对各种化学材料有更深了解。

（2）就业状况

应用化学专业毕业生可在各类涉及化学应用的企事业单位就业，例如石油化工、环保、商品检验、卫生防疫、海关、医药等，主要从事应用研究、科技开发、生产和管理等。

材料化学专业毕业生可在涉及金属材料、陶瓷材料、高分子材料（如塑料）、半导体材料或复合材料的单位从事制备、加工、开发利用等工作，但目前与专业比较对口的单位，主要是一些国有大中型企业，特别是大型钢铁制造公司。

3. 化学、应用化学、化工

化学是理科，化工是工科，应用化学在有的学校是理科，在有的学校是工科。化学和应用化学一脉相承，互为依托。应用化学以化学的基本理论作为基石；同时，应用化学的发展也促进化学基础知识的不断完善。对于高校学生而言，化学和应用化学都是实验科学，在课程设置方面略有不同。化学专业培养的是高素质理科人才，能在化学领域从事科研、分析检测和教学等工作；应用化学融理论和实践于一体，既要学习化学的基本理论，又要学习化工方面的工程与工艺，兼工兼理，是两者的结合。

在就业方面，化学与应用化学的毕业生主要在各企事业单位从事化学相关的科研开发及应用等方面的工作，没有必然的区别。从企业方面来讲，化学相关专业的学生主要从事基础研发的工作，而应用化学专业的学生主要从事工程设计等相关工作。

例如复旦大学的化学专业、应用化学专业几乎没差别，绝大部分课都一样，可能有很少几门课的差别，授予学位都是理科学士。

化工专业的核心课程是化工原理、化工热力学、反应工程及分离工程等。

五、中国典型的应用化学专业介绍

北京大学从1956年起开始进行我国第一个放射化学专业的建设。1958年开始在全国正式招收放射化学专业本科生。1973年，又设立了我国第一个环境化学专业，1981年，放射化学专业成为国家批准建立的首批博士点之一。20世纪80年代初，原有放射化学专业（本科）和环境化学专业（本科）合并而成立了应用化学专业（本科），1982年开始招生。此后又建立了博士后流动站。2001年5月30日，应用化学专业并入化学学院，成立了应用化学系、应用化学研究所。

在学科的创立和发展过程中，徐光宪、刘元方、吴季兰、孙亦梁、唐孝炎、黎乐民等一大批杰出的化学家在这里建功立业。几十年来，大批的放射化学和应用化学人才走向社会，为我国的核科学事业和经济建设做出了卓越的贡献。北京大学应用化学主要包括以下六个主要领域。

1. 核药物化学

放射性同位素示踪技术在现代医学、生物学、农学、化学、地质学及考古学应用广泛。在现代医学领域，放射性药物已用于许多疾病的诊断和治疗。放射性标记的受体及其他生物活性分子是研究人体生理和病理的强有力手段。在生物学中，同位素技术已经成为分子生物学研究不可缺少的常规实验手段。

该方向目前主要从事肿瘤诊断和治疗用的放射性药物的研制。

2. 辐射化学和材料

辐射化学是研究电离辐射与物质相互作用所产生的化学效应的一门学科。而高分子辐射化学是高分子化学和辐射化学的交叉领域,研究电离辐射与单体和聚合物相互作用所产生的化学变化及其效应,包括电离辐射引发的各种聚合、交联、接枝和裂解等。

该方向的主要研究内容包括:用^{60}Co-γ辐照的方法研究橡胶的辐射硫化机理及其粉末化工艺;研究辐射硫化超细粉末橡胶在工程塑料增韧和新型热塑弹性体制备中的应用;探索超细粉末橡胶的进一步修饰或改性方法;研究天然高分子材料(纤维素、壳聚糖)的辐射改性以及高分子材料的辐射交联与辐射降解的机理研究等。

3. 超分子化学与超分子材料

超分子化学主要研究两个或两个以上的分子组分通过非共价键相互作用(自组装、自识别)而形成的分子有序体的结构和功能。超分子材料是超分子化学的主要发展方向之一,也是纳米化学和材料的重要内容。

该方向的研究内容主要包括:环糊精纳米管、轮烷、多聚轮烷、环糊精分子传感器等新型超分子体系的设计合成及性质研究;用分子印迹技术和微乳化技术制备有记忆功能的纳米级高聚物;微乳液形成机理及应用研究。

4. 新能源与材料

合成发展新能源和环境产业所急需的新型复合金属氧化物材料(由过渡金属钴、镍、锰等与锂元素形成的新的化学物质),研究这些材料的物理和化学性质与物质的化学组成以及结构之间的关系,并开拓这些新材料的应用领域。重点是锂离子二次电池正极材料。

5. 核环境化学

该方向主要研究放射性核素在环境中的化学行为、环境过程机理以及新材料应用中的环境化学问题。

6. 功能材料化学

近年来,有机/高分子材料在光、电、半导体、传感、智能存储等领域的应用成为研究热点,并取得了重要进展。将这类功能性材料的制备和加工与超分子组装相结合,从而实现或提高微观结构的可控性和有序度,可以进一步优化材料的相关功能,提高其应用价值,拓展应用领域。

目前的主要研究方向包括:具有高级结构的有机/高分子材料的分子设计、合成和表征,新型有机/高分子半导体、光电材料的合成和应用,以及具有手性结构的超分子组装体的研究及其在有机合成中的应用等。研究内容具有有机化学、高分子化学、材料科学和超分子化学交叉领域的特征。

六、开设应用化学专业的高校

表0-1为开设应用化学专业的部分高校。

表 0-1　开设应用化学专业的部分高校

学校名称	学校名称	学校名称
西安交通大学	长沙理工大学	山东理工大学
华中科技大学	华东交通大学	中北大学
天津大学	湖北大学	西北民族大学
大连理工大学	首都师范大学	河北科技大学
重庆大学	东北林业大学	苏州科技学院
吉林大学	青岛科技大学	沈阳化工大学
中南大学	青海大学	内蒙古科技大学
南京航空航天大学	长春理工大学	东华理工大学
湖南大学	沈阳药科大学	西安工程大学
华东理工大学	长江大学	河南理工大学
北京科技大学	新疆大学	内蒙古民族大学
武汉理工大学	石河子大学	沈阳理工大学
西安电子科技大学	上海电力学院	安徽理工大学
华北电力大学保定校区	山西大学	湖南科技大学
东北大学	温州大学	江西农业大学
北京化工大学	辽宁师范大学	陕西理工学院
合肥工业大学	山西农业大学	安徽科技学院
东华大学	沈阳工程学院	西南民族大学
江南大学	重庆理工大学	武汉纺织大学
哈尔滨工程大学	江苏科技大学	烟台大学
华中农业大学	湖南工业大学	嘉兴学院
中国石油大学(北京)	西安石油大学	新疆农业大学
浙江工商大学	北京石油化工学院	江苏师范大学
山东大学威海分校	吉林农业大学	湖北师范学院
南昌大学	大连交通大学	天津城建大学
中国矿业大学	南昌航空大学	安康学院
南京农业大学	河南工业大学	沧州师范学院
太原理工大学	东莞理工学院	湖北第二师范学院
西北农林科技大学	沈阳工业大学	广东石油化工学院
武汉科技大学	华北水利水电大学	商丘师范学院
青岛大学	泉州师范学院	吉林化工学院
华侨大学	莆田学院	晋中学院
海南大学	东北电力大学	江西师范大学

应用化学专业在研究生阶段归属于"化学工程与技术"一级学科，授予工科学位，与本科专业归属的专业大类有所区别。

七、精细化工的研究方法

1. 技术创新

随着知识产权保护意识的加强、法规的完善、商品经济的发展以及激烈的市场竞争，技术创新已提上了日程。精细化工技术的创新和产品的创新在今后将被作为"创新工程"得到新的发展。催化剂是精细化工的一个重要门类，是化工生产中的核心技术之一。

多年来，科研部门和生产企业都很重视催化剂，已建立了一套研制程序和创新办法。我国在催化剂创新上会更上一层楼，如多年来困扰我国乃至世界的苯酚羟基化制备邻二酚的生产技术，可以尝试用我国创新的新型催化剂。我国稀土资源丰富，以稀土元素如铈、镨和钕等制造的催化剂可用于化肥工业、有机合成工业、合成橡胶工业、涂料工业。

2. 精细化工技术研究和开发

在精细化工技术研究和开发，以及产品生产方面与国外的合作和合资的程度将会更高，如在表面活性剂和胶黏剂等方面与德国 Henkel、美国 P&G、意大利 Press、瑞士 Buss、法国罗纳普朗克等公司的合作和合资都会加强，以定制化学品为主方向的精细化工园区将得到迅速发展。

3. 精细化学品改进

超细超微细的粉体工程使无机和高分子材料进入新的发展阶段。将无机和高分子材料制成了粉体材料，从而制备得到高性能的精细化学品。在制备过程中有的方法必须要添加抗凝剂、分散剂或抗静电剂等表面活性剂，制得各种超细和超微细的粉体材料（特别是纳米材料），这些粉体材料具有高比表面积、优异的导热和光学性能、高耐磨性、极好的遮盖性、高吸附性等各种特异性能。

根据这些粉体材料的特性，又可将其用于精细化工产品的制备，如制备高活性的催化剂、多功能的化妆品、药品、涂料、黏合剂、表面活性剂、磁性记录材料、塑料和橡胶等高分子材料合成和加工的改性剂及填料等。

4. 绿色高新精细化工

精细化工将为节能和环保作出较大的贡献，自身将向清洁化和节能化的方向发展，成为绿色高新精细化工。即在精细化学品的生产中要实现生态"绿色"化，采用精细化学品为相关行业服务时，也要追求相关行业的生产实现生态"绿色"化，也就是要模拟动植物、微生物生态系统的功能，建立起相当于"生态者、消费者和还原者"的化工生态链，以低消耗（物耗和水、电、气、冷等能耗及工耗）、无污染（至少低污染）、资源再生、废物综合利用、分离降解等方式，实现生产无毒精细化学品的精细化工的"生态"循环和"环境友好"及清洁和安全生产的"绿色"结果。

化学工业是中国所有工业中的能耗大户，约占全国能耗的 10%，工业系统能耗的 20%。因此，发挥精细化工的特点，可为化学工业和相关行业节能做出贡献。

5. 利用可再生资源发展精细化工

利用可再生资源发展精细化工，是绿色高新精细化工行业的主要研究方向。辅酶 Q10 是醌类化合物，存在于动物、植物以及微生物体内，主要影响某些酶的三维结构，直接参与这些酶的生化活动，同时也是细胞呼吸和代谢强有力的天然抗氧化剂。常用于人类心血管系统疾病的治疗，还具有提高人体免疫力、保持青春等功效。由于以上神奇功效和安全无副作用，它成为市场上受欢迎的非处方药，成为"营养研究方面的里程碑"。从废弃烟叶、马铃薯和桑叶中提取茄尼醇，与异戊二烯溴加成制得癸异戊二烯醇，再与辅酶缩合制得 Q10 粗品，最后经 CO_2 超临界萃取得到纯品。利用我国烟草资源丰富的优势，采用高新技术从烟草中提取高纯度的茄尼醇（纯度大于 90%）中间体，进而生产辅酶 Q10，走中国发展天然精细化工中间体的道路。

6. 精细化工应向集中化方向发展

今后，精细化工厂应建立多功能生产车间，为精细化工集中生产提供条件。如德国巴斯夫精细化工产品多达 1500 个，拜尔公司精细化工产品多达 1100 个，竞争力极强。

根据中国和世界市场的需求，中国将按精细化工发展的内在规律，充分利用国内外的资金、人才和技术，从根本上进行原始创新，使精细化工行业的整体水平上一个档次。

八、能源化学的绿色处理措施

在能源系统领域中，采用有效的化学处理方法防止出现热力设备腐蚀、结垢和积盐等严重后果。然而在进行化学处理过程中，同时也会有许多废液产生。为了有效地解决此类问题，严格执行国家的环保法规和要求，根本的办法是采用绿色化学处理方法，从源头上消除废液。就目前的技术条件和绿色化学发展水平而言，在电厂的生产中可以实施的绿色处理技术主要有以下几方面。

1. 锅炉给水的绿色化学处理

目前，对于处理锅炉给水来说，普遍的做法是除氧器实行热力除氧后，再进行化学除氧操作。目前，发电厂采用亚硫酸钠和联氨进行锅炉给水的化学除氧。

采用联氨有很多优点，不但可以很好地去除氧，而且联氨和氧气反应后不会产生固态物质，锅炉给水中的含盐量也不会因为二者的反应而导致增加。但采用联氨也存在一些缺点，低温状态下，联氨与氧气的反应速率较慢。

采用亚硫酸钠也有很多优点，操作简单并且投资的成本很低，操作过程安全。但采用亚硫酸钠也存在一定的缺点，在操作过程中不易控制亚硫酸钠的加入量。另外还会使锅炉水含盐量和排污量增大。

针对上述问题，世界各国都在抓紧研究和开发新型的除氧剂。然而对于新型除氧剂对人的健康是否会产生影响，人们仍会存在很多顾虑。因此，想要从源头上解决问题，可以改变除氧方式，取消化学除氧方式，保留物理除氧方式，即只进行锅炉给水的热力除氧，也可以改变给水处理方式，将给水除氧处理改为加氧处理，所加氧为气态氧气或者过氧化氢，这样就避免带来与环境及人身安全有关的问题，也会从根本上解决问题，彻底消除人们对安全的顾虑。

2. 炉水排放的绿色化学处理

目前在我国的电厂锅炉运行中，一般都是利用磷酸盐来对锅炉中的水体进行处理后再排放。但是这样一来，就会造成污水排放，影响当地的水源质量。尤其是在污水的温度还很高的时候就将其排放在外，不但会造成严重的水体污染，还会浪费大量的热能，降低电厂锅炉燃料的资源利用效率。采用绿色化学处理方法来对炉水进行处理，不但能够避免水资源污染，而且能够提高锅炉运行效率和资源利用效率。

要做到这一点，首先要根据实际情况合理地管理锅炉及相关设备，并分析炉水处理所用添加剂的化学成分，找出能中和其所得反应物的中和剂，并对炉水进行处理，以实现零排污的效果。除此之外，可以改变处理炉水的方式，达到锅炉零排污的目标，即使锅炉要排污，也不会产生环境污染等问题，即从源头上解决了问题，实现锅炉的节水和节能，这也是从绿色化学处理的观点出发的。

3. 循环冷却水处理

目前，电厂采用缓蚀阻垢的方法处理循环冷却水，所用的水处理药剂有很多种，包括铬系、锌系、磷系、全有机系等，电厂用得较多的水处理药剂是磷系和全有机系。

由于铬和锌为有害元素，铬系和锌系水处理药剂的使用，会给环境保护造成很大的影响。而磷可以为水中的微生物提供营养物质，如果在处理循环冷却水时使用磷系和全有机系水处理药剂，会产生很多问题，例如会使菌藻类物质大量生长。除此之外，处理后的废水由于含磷而导致自身的排放受到一定的限制。因此，采用磷系等水处理药剂处理循环冷却水，不能达到环保的要求和标准，从长远来看，在循环水处理过程中可采用不含磷的化学药剂。

4. 发电机内冷水处理

在电厂的生产运行系统中，发电机是一种最重要的生产设备，但是在运行的过程中，发电机的内部会产生大量的摩擦热，若该热量不及时排出，就会对电机产生很大的破坏，导致发电机不能正常发电生产。

为此，电厂都会通过内冷水的方式来进行循环水降温。但是循环水会对发电机的铜导线产生一定的腐蚀作用。为了解决这一问题，大多数电厂选择添加缓蚀剂来避免内冷水对发电机铜线产生太大干扰。然而这种解决方法却不够绿色环保，这是因为这些缓蚀剂存在一定的毒性，会散发出非常刺鼻的臭味，对工作人员的身体健康会产生很大影响。为此，针对发电机内冷水的处理方法也是绿色化学研究的一个重要内容。例如可以不通过加入缓蚀剂来实现防腐的目的，可以采用凝结水调节内冷水水质，除去氧气和二氧化碳，使水质保持良好来实现防腐，这种无药的处理方式符合绿色化学处理的方向。

九、绿色化学与绿色化学技术

1. 绿色化学及其原理

绿色化学（Green Chemistry），又称为环境无害化学（Environmentally Benign Chemistry），是指设计生产不具有或具有较小环境副作用，并在技术和经济上具有可行性的化学品和化学过程。它包括合成、催化、工艺、分离和分析监测等。

在化学和分子科学各个分支的发展中，绿色化学将利用完善的、基本的科学原则，实现经济和环境副目标。有效的环境友好策略，是社会可持续发展的主要推动力。这一承诺和意图对人们有着巨大的吸引力。

因此，绿色化学一经提出，就受到学术界的高度重视，在全世界迅速掀起了绿色化学的浪潮。绿色化学要遵循以下原则：防止污染优于污染治理，防止产生废弃物，从源头制止污染；原子经济性，即尽量使参加过程的原子都进入最终产物；绿色合成，在合成中不进行有危险、有害的合成反应；设计安全化学品，设计具有高使用效益、低环境毒性的化学产品；采用无毒无害的溶剂和助剂；合理使用和节约能源，生产过程应该在温和的温度和压力下进行；利用可再生的资源合成化学品；减少化合物不必要的衍生化步骤；采用高选择性的催化剂；设计可降解化学品；减少或消除制备和使用过程中的事故。

2. 研究领域

（1）反应的绿色化

反应的绿色化就是开发原子经济反应。绿色化学的核心内容之一是原子经济性，即充分利用反应物中的各个原子，高效的有机合成应最大限度地利用原料分子中的每一个原子，使之结合到目标分子中，从而达到零排放。

（2）原料的绿色化

目前已成功开发了可代替有毒有害原料的替代物。替代光气原料方面有胺类和二氧化碳生产异氰酸酯技术：在特殊的反应体系中采用一氧化碳直接碳化有机胺生产异氰酸酯技术；用二氧化碳代替光气生产碳酸二甲酯技术。

（3）催化剂的绿色化

传统的有机反应多利用硫酸、HF 和碱等酸碱催化剂，这些催化剂对设备腐蚀严重，对人体危害较大，并产生废渣，污染环境。采用各种形式的化学催化和生物催化是实现化学反应绿色化的重要途径，目前正在开发用分子筛、超强酸、离子交换树脂等作为催化剂或载体的新工艺。

（4）绿色溶剂

绿色溶剂研究热点是用超临界流体（简称 SCF）、水溶液、离子液体、固定化溶剂为反应介质取代易挥发的有毒有机溶剂，以减少对人类的危害以及对大气和水的污染。用超临界 CO_2 回收废弃石油是环境友好的过程。采用无溶剂的固相反应也是避免使用挥发性溶剂的一个研究动向，如用微波来促进固相有机反应。

（5）利用可再生资源合成化学品

作为植物生物质的最主要组成部分之一，木质素和纤维素是地球上极为丰富、且可再生的有机资源，每年产生约 1640 亿吨，相当于目前石油年产量的 15～20 倍，而为人类所利用的还不到 2%。由于生物质来源于 CO_2（光合作用），燃烧后不会增加大气中 CO_2 的含量，与矿物燃料相比更为清洁。

（6）产品的绿色化

绿色化学的一个重要方面是设计、生产和使用环境友好产品，这种产品在其加工、应用及功能消失之后均不会对人类健康和生态环境产生危害。

3. 绿色化学研究技术

（1）生物技术

生物技术主要包括基因工程、细胞工程、酶工程和微生物工程，其最大特点是能充分利用生物质资源，节约能源，实现清洁生产，并且能实现一般化工技术难以实现的化工过程。

（2）催化技术

催化剂是化学工艺的基础，是使许多化学反应实现工业应用的关键。目前大多数化工产品的生产均采用了催化反应技术。酶催化效率比一般的化学催化剂高很多倍；酶反应条件温和，控制容易，副反应少，环境污染小。纳米材料具有不同于常规材料的性能，其催化活性和选择性都大大优于常规催化剂。光催化氧化法设备简单，操作条件易控制，氧化能力强，无二次污染。

（3）膜技术

膜技术通常包括膜分离技术和膜催化技术。膜分离技术包含微滤（MF）、超滤（UF）、渗析（D）、电渗析（ED）、纳滤（NF）和反渗透（RO）、渗透蒸发（PV）、液膜（LM）等。其中，RO、NF 技术尤为引人注目。膜分离技术具有成本低、能耗少、效率高、无污染、可回收有用物质等优点；膜催化反应可以"超平衡"地进行，提高反应的选择性和原料的转化率，节省资源，减少污染。

（4）高级氧化技术（AOPs）

高级氧化技术主要包括 O_3/UV（紫外线）法、UV 固相催化剂法、H_2O_2/Fe^{2+} 法、O_3/H_2O_2 法等。其原理是反应中产生氧化能力极强的物质，该物质能够无选择性地氧化水中的有机污染物，使之完全转化为 CO_2 和 H_2O。

（5）微波技术

微波加热用于某些化学反应时，反应速率比采用传统加热方式快。微波应用于有机合成，能大大加快化学反应速率，缩短反应时间，特别是以无机固体物为载体的无溶剂的微波有机合成反应，操作简便，溶剂用量少。

微波加热产物易于分离，产率高。在无机合成中，微波主要用于烧结合成和水热合成。

（6）超声波降解技术

超声波降解有机污染物原理为：当声能足够强时，在疏松的半周期内，液相分子间的吸引力被打破，形成空化核，空化核的寿命为 0.1s。它在爆炸的瞬间可产生约 4000K 和 100MPa 的局部高温和高压环境，并产生速率约为 110m/s 的具有强烈冲击力的射流。该条件足以使所有的有机物在空化气泡内发生化学键断裂、高温分解或自由基反应，从而使废水中的有机污染物降解。

（7）等离子体技术

等离子体由最清洁的高能粒子组成，不会造成环境污染，对生态系统无不良影响，加上等离子体反应迅速，反应完全，使原料的转化率大大提高，有可能实现原子经济反应。因此，副反应很少，可实现零排放，做到清洁生产。

思考题

1. 应用化学学科、专业的特点是什么？
2. 简述应用化学的要求。
3. 简述应用化学与其他专业的相互关系。
4. 能源化学的绿色处理措施有哪些？
5. 绿色化学有哪些前沿研究技术？

第一章

材料领域研究前沿及创新技术

第一节　材料领域的研究前沿

一、材料科学的新发展

1. 材料科学的作用

能源、信息和材料是现代科技发展的三大支柱，而材料是高科技的物质基础，也是当今科学的前沿领域之一。随着现代科学技术的不断进步，各个领域对材料的需求量也在不断增加，对材料性能也提出了更高的要求，材料的形态也由三维转向二维、一维，甚至零维，向精密化和前沿化不断靠拢。

现代技术的发展为新材料的发展奠定了基础，材料发展历经简单到复杂、宏观到微观和经验为主到知识为主三种过程。

2. 材料分子设计

近年来，材料结构和功能又得到深度开发，利用新技术可以弥补材料中的缺陷和不足，进一步完善制备工艺和手段。新技术的革命引发了新产业革命，红外技术、激光技术、电子技术和能源开发等新型技术对材料也提出了更高的要求，为了解决这些难题，材料科学正在逐步向多质合成、超级工艺和分子设计等方向发展。

分子设计主要是为了满足生产和生活的需要，综合运用了物理、化学、数学和生物等理论知识，再加上激光、计算机和电子等技术，辅以先进测试仪，用来研究材料的性能，或者利用原子理论预测材料在未来可能具备的性能，并根据需求设计新的分子和材料。如果这项技术能够得到完善，就可以改变材料的研制方法，让材料科学进入一个全新的时代。

3. 复合材料研究

复合材料是材料发展的重点内容，主要包括金属基复合材料、陶瓷基复合材料、碳基复合材料和树脂基高强度材料。表面涂层也是一种复合材料，其适用范围广，且经济实用，拥有广阔的发展前景。复合材料是采用有机和无机的方法合成的，能够制造出耐热、耐腐蚀和使用寿命长的材料，已经取代了钢铁等金属，一跃成为新型结构材料。这些材料打破了单一材料的局限，通过扬长避短提升了性能。

4. 信息功能材料及生物材料

信息功能材料可以增加材料品种、提升性能，主要包括半导体、红外、液晶和磁性材料等，这是信息产业发展的基础。

生物材料得到更广泛的应用，其一是生物医学材料，可用于修复人体器官、组织或血液；其二是生物模拟材料，譬如反渗透膜。低维材料具备体材料没有的性质，例如零维的纳米金属颗粒是电的绝缘体，纳米陶瓷具有较强的韧性和塑性。一维材料有有机纤维和光导纤维，二维材料有金刚石薄膜和超导薄膜，这些材料的应用前景一片光明。

5. 传统材料加工新技术

材料科学的另一个发展方向是利用新科技改变材料的使用方法和制造手段，对传统材料进行加工重新利用，让新型材料拥有特殊的功能，以满足生物、能源、通信和航空等领域的需求。目前新材料领域出现了一门新学科——高分子智能材料，主要通过有机合成法合成，这种材料成为各国的研究新课题，也已经得到应用，不久的将来应该会进入日常生活当中。

此外，建立材料系统工程，建设好材料信息网，合理使用各种材料，综合考虑材料、环境和能源三方面，以达到节约能源和保护环境的目的，这也是材料技术亟须解决的问题。

二、复合材料研究前沿

复合材料是指由两种或两种以上不同物质以不同方式组合而成的材料，它可以发挥各组元材料的优点，克服单一组元材料的缺陷。复合材料按用途可分为结构复合材料和功能复合材料，根据基体种类可分为金属基复合材料、陶瓷基复合材料、聚合物基复合材料和碳基复合材料等，按增强（韧）相可分为颗粒增强复合材料、晶须增强复合材料或纤维增强复合材料。复合材料已广泛应用于航空航天、汽车、电子电气、建筑、体育器材、医疗器械等领域，近几年更是得到了突飞猛进的发展。

1. 金属基复合材料

金属基复合材料是包括颗粒增强、晶须增强、纤维增强金属基体的复合材料。金属基复合材料兼具金属与非金属的综合性能，材料的强韧性、耐磨性、耐热性、导电导热性及耐候性能适应广泛的工程要求，且比强度、比模量及耐热性超过基体金属，对航空航天等尖端领域的发展具有重要作用。在该类材料中，所用基体金属包括轻合金（铝、镁、钛）、高温合金与金属间化合物，以及钢、铜、锌、铅等；增强纤维包括炭（石墨）、碳化硅、硼、氧化铝、不锈钢及钨等纤维；增强颗粒包括碳化硅、氧化铝、氧化锆、硼化钛、碳化钛、碳化硼等；增强晶须包括碳化硅、氧化硅、硼酸铝、钛酸钾等。以上各种基体和增强体可组成大量金属基复合材料，但目前多数处于研发阶段，只有少数得到应用。

2. 陶瓷基复合材料

陶瓷基复合材料（CMC）的增韧材料主要有碳纤维（CF）、碳化硅纤维（SiCF）、玻璃纤维、氧化物纤维，以及碳化物和氧化物颗粒等，基体材料主要有氧化物陶瓷、碳化物陶瓷和氮化物陶瓷等。CMC种类繁多,由于其耐高温和低密度特性优于金属和金属间化合物,因而美国、英国、法国、日本等发达国家一直把CMC列为新一代航空发动机材料的发展重点,而连续纤维增韧的CMC是重中之重。

3. 聚合物基复合材料

聚合物基复合材料(PMC)是以热固性或热塑性树脂为基体材料,由不同组成、不同性质的短切的或连续纤维及其织物复合而成的多相材料。常用的增强纤维材料有玻璃纤维、碳纤维、高密度聚乙烯纤维等。聚合物基复合材料密度低、比强度高、耐腐蚀、减振性能好、模量高、热膨胀系数低,是一种高性能工程复合材料,广泛应用于汽车、航空航天和军事等领域。

4. 碳基复合材料

碳基复合材料也称碳/碳(C/C)复合材料,是以碳纤维增强碳基体的复合材料,其使用温度高达2000℃以上,密度低于$2.0g/cm^3$,比强度是高温合金的5倍,是一种优秀的轻质高温结构材料。从20世纪60年代美国NASA的阿波罗登月计划实施以来,C/C复合材料已成为航空航天领域不可替代的高温结构材料。

当今,无论是火箭发动机喷管、导弹的再入防护,还是航空刹车副,C/C复合材料都是首选材料。很难想象,如果没有C/C复合材料的存在,世界航空航天事业能否会有今天这样的辉煌成就。

三、纳米材料研究前沿

1. 纳米材料概况

纳米材料、纳米颗粒材料又称为超微颗粒材料,由纳米粒子(Nano Particle)组成。纳米粒子也叫超微颗粒,一般是指尺寸在1~100nm间的粒子,处在原子簇和宏观物体交界的过渡区域,从通常的关于微观和宏观的观点看,这样的系统既非典型的微观系统也非典型的宏观系统,是一种典型的介观系统,它具有表面效应、小尺寸效应和宏观量子隧道效应。当人们将宏观物体细分成超微颗粒(纳米级)后,它将显示出许多奇异的特性,即它的光学、热学、电学、磁学、力学以及化学方面的性质和大块固体时相比将会有显著的不同。

2. 纳米材料应用

(1)纳米金属

对于高熔点、难成形的金属,只要将其加工成纳米粉末,即可在较低的温度下将其熔化,制成耐高温的元件,用于研制新一代高速发动机中能够承受超高温的材料。如纳米铁材料,是由6nm的铁晶体压制而成的,较之普通铁,强度提高12倍,硬度提高2~3个数量级,利用纳米铁材料,可以制造出高强度和高韧性的特殊钢材。

(2)"纳米球"润滑剂

"纳米球"润滑剂全称为原子自组装纳米球固体润滑剂,是具有二十面体原子团簇结构的铝基合金成分,并采用独特的纳米制备工艺加工而成的纳米级润滑剂。采用高速气流粉碎技术,精确控制添加剂的颗粒粒度,可在摩擦表面形成新表面,对机车发动机产生修复作用。其成分设计及制备工艺具有创新性,填补了润滑油合金基添加剂的技术空白。将纳米球应用于机车发动机,可以起到节省燃油、修复磨损表面、增强机车动力、降低噪声、减少污染物排放、保护环境的作用。

（3）纳米陶瓷

首先利用纳米粉末可使陶瓷的烧结温度下降，简化生产工艺，同时，纳米陶瓷具有良好的塑性甚至能够具有超塑性，解决了普通陶瓷韧性不足的弱点，大大拓展了陶瓷的应用领域。

（4）碳纳米管

碳纳米管（也称纳米碳管）的直径只有1.4nm，仅为计算机微处理器芯片上最细电路线宽的1%，其质量是同体积钢的1/6，强度却是钢的100倍，碳纳米管将成为未来高能纤维的首选材料，并广泛用于制造超微导线、开关及纳米级电子线路。

（5）纳米催化剂

由于纳米材料的表面积大大增加，而且表面结构也发生很大变化，使表面活性增强，所以可以将纳米材料用作催化剂，如超细的硼粉、高铬酸铵粉可以作为炸药的有效催化剂；超细的铂粉、碳化钨粉是高效的氢化催化剂；超细的银粉可以作为乙烯氧化的催化剂；用超细的 Fe_3O_4 微粒作为催化剂可以在低温下将 CO_2 分解为碳和水；在火箭燃料中添加少量的镍粉便能成倍地提高燃烧的效率。

（6）量子元件

制造量子元件，首先要开发量子箱。量子箱是直径约10nm的微小构造，当把电子关在这样的箱子里，就会因量子效应使电子有异乎寻常的表现，利用这一现象便可制成量子元件，量子元件主要是通过控制电子波动的相位来进行工作的，从而能够实现更高的响应速度和更低的电力消耗。另外，量子元件还可以使元件的体积大大缩小，使电路大为简化，因此，量子元件的兴起将引发一场电子技术革命。人们期待着利用量子元件在21世纪制造出16GB（吉字节）的 DRAM，这样的存储器芯片足以存放10亿个汉字的信息。

（7）乳化剂

目前，已经研制出一种用纳米技术制造的乳化剂，以一定比例加入汽油后，可使轿车降低10%左右的耗油量。纳米材料在室温条件下具有优异的储氢能力，在室温常压下，纳米材料储存的氢能中约2/3可以释放，可以不用昂贵的超低温液氢储存装置。

3．纳米材料的应用

纳米技术基础理论研究和新材料开发等应用研究都得到了快速的发展，并且在传统材料、医疗器材、电子设备、涂料等行业得到了广泛的应用。在产业化发展方面，除了纳米粉体材料在美国、日本、中国等少数几个国家初步实现规模生产外，纳米生物材料、纳米电子器件材料、纳米医疗诊断材料等产品仍处于开发研制阶段。2010年全球纳米新材料市场规模达22.3亿美元，年增长率为14.8%。

（1）天然纳米材料

海龟在美国佛罗里达州的海边产卵，但出生后的幼小海龟为了寻找食物，却要游到英国附近的海域，才能得以生存和长大。最后，长大的海龟还要再回到佛罗里达州的海边产卵。如此来回约需5～6年，为什么海龟能够进行几万千米的长途跋涉呢？它们依靠的是头部的纳米磁性材料，为它们准确无误地导航。

生物学家在研究鸽子、海豚、蝴蝶、蜜蜂等生物为什么从来不会迷失方向时，也发现这些生物体内同样存在着天然纳米材料为它们导航。

（2）纳米磁性材料

实际应用中的纳米材料大多数都是人工制造的。纳米磁性材料具有十分特别的磁学性质，纳米粒子尺寸小，具有单磁畴结构和矫顽力很高的特性，用它制成的磁记录材料不仅音质、图像和信噪比好，而且记录密度比 γ-Fe_2O_3 高几十倍。超顺磁的强磁性纳米颗粒还可制成磁性液体，用于电声器件、阻尼器件、旋转密封及润滑和选矿等领域。

（3）纳米陶瓷材料

传统的陶瓷材料中晶粒不易滑动，材料质脆，烧结温度高。纳米陶瓷的晶粒尺寸小，晶粒容易在其他晶粒上运动，因此，纳米陶瓷材料具有极高的强度和高韧性以及良好的延展性，这些特性使纳米陶瓷材料可在常温或次高温下进行冷加工。如果在次高温下将纳米陶瓷颗粒加工成形，然后做表面退火处理，就可以使纳米材料成为一种表面保持常规陶瓷材料的硬度和化学稳定性，而内部仍具有纳米材料的延展性的高性能陶瓷。

（4）纳米传感器

纳米二氧化锆、纳米氧化镍、纳米二氧化钛等陶瓷对温度变化、红外线以及汽车尾气都十分敏感。因此，可以用它们制作温度传感器、红外线检测仪和汽车尾气检测仪，检测灵敏度比普通的同类陶瓷传感器高得多。

（5）纳米倾斜功能材料

在航天用的氢氧发动机中，燃烧室的内表面需要耐高温，其外表面要与冷却剂接触。因此，内表面要用陶瓷制作，外表面则要用导热性良好的金属制作。但块状陶瓷和金属很难结合在一起。如果制作时在金属和陶瓷之间使其成分逐渐地连续变化，让金属和陶瓷"你中有我、我中有你"，最终便能结合在一起形成倾斜功能材料，它的意思是其中的成分变化像一个倾斜的梯子。当用金属和纳米陶瓷颗粒按其含量逐渐变化的要求混合后烧结成形时，就能达到燃烧室内侧耐高温、外侧有良好导热性的要求。

（6）纳米半导体材料

将硅、砷化镓等半导体材料制成纳米材料，具有许多优异性能。例如，纳米半导体中的量子隧道效应使某些半导体材料的电子输运反常、电导率降低，热导率也随颗粒尺寸的减小而下降，甚至出现负值。这些特性在大规模集成电路器件、光电器件等领域发挥重要的作用。

利用半导体纳米粒子可以制备出光电转化效率高的、即使在阴雨天也能正常工作的新型太阳能电池。由于纳米半导体粒子受光照射时产生的电子和空穴具有较强的还原和氧化能力，因而它能氧化有毒的无机物，降解大多数有机物，最终生成无毒、无味的二氧化碳、水等，所以可以借助半导体纳米粒子利用太阳能催化分解无机物和有机物。

（7）纳米催化材料

纳米粒子是一种极好的催化剂，这是由于纳米粒子尺寸小、表面的体积分数较大、表面的化学键状态和电子态与颗粒内部不同、表面原子配位不全，导致表面的活性位置增加，使它具备了作为催化剂的基本条件。

镍或铜锌化合物的纳米粒子对某些有机物的氢化反应来说是极好的催化剂，可替代昂贵的铂或钯催化剂。纳米铂黑催化剂可以使乙烯的氧化反应的温度从 600℃ 降低到室温。

（8）医疗上的应用

血液中红血球（也称红细胞）的大小为 6000～9000nm，而纳米粒子只有几个纳米大小，实际上比红血球小得多，因此它可以在血液中自由活动。如果把各种有治疗作用的纳米粒子注入人体各个部位，便可以检查病变和进行治疗，其作用要比传统的打针、吃药的效果好。

碳材料的血液相溶性非常好，新型的人工心瓣都是在材料基底上沉积一层热解碳或类金刚石碳。但是这种沉积工艺比较复杂，而且一般只适用于制备硬材料。

介入性气囊和导管一般使用高弹性的聚氨酯材料制备，通过把具有高长径比和纯碳原子组成的碳纳米管材料引入高弹性的聚氨酯中，可以使这种聚合物材料一方面保持其优异的力学性质和容易加工成型的特性，另一方面获得更好的血液相溶性。实验结果显示，这种纳米复合材料引起血液溶血的程度会降低，激活血小板的程度也会降低。

使用纳米技术能使药品生产过程越来越精细，并在纳米材料的尺度上直接利用原子、分子的排布制造具有特定功能的药品。纳米材料粒子将使药物在人体内的传输更为方便，用数层纳米粒子包裹的智能药物进入人体后可主动搜索并攻击癌细胞或修补损伤组织。使用纳米技术的新型诊断仪器只需检测少量血液，就能通过其中的蛋白质和 DNA 诊断出各种疾病。通过纳米粒子的特殊性能在纳米粒子表面进行修饰形成一些具有靶向、可控释放、便于检测的药物传输载体，为身体的局部病变的治疗提供新的方法，为药物开发开辟了新的方向。

（9）纳米计算机

世界上第一台电子计算机诞生于 1945 年，一共用了 18000 个电子管，总重量 30t，占地面积约 170m^2，可以算得上一个庞然大物了，可是，它在 1s 内只能完成 5000 次运算。

经过了半个世纪，由于集成电路技术、微电子学、信息存储技术、计算机语言和编程技术的发展，计算机技术有了飞速的发展。今天的计算机小巧玲珑，可以摆在一张电脑桌上，它的重量只有老祖宗的万分之一，但运算速度却远远超过了第一代电子计算机。

如果采用纳米技术来构筑电子计算机的器件，那么这种未来的计算机将是一种"分子计算机"，其袖珍的程度又远非今天的计算机可比，而且在节约材料和能源上也将给社会带来十分可观的效益。

（10）纳米碳管

1991 年，日本的专家制备出了一种称为"纳米碳管"的材料，它是由碳原子组合而成的具有六边形环状结构的一种管状物，也可以是由同轴的几根管状物套在一起组成的。

这种由碳原子组成的管状物，直径和管长的尺寸都是纳米量级的，因此被称为纳米碳管。它的抗张强度比钢高出 100 倍，导电率比铜还要高。

在空气中将纳米碳管加热到 700℃左右，使管子顶部封口处的碳原子因被氧化而破坏，成了开口的纳米碳管。然后用电子束将低熔点金属（如铅）蒸发后凝聚在开口的纳米碳管上，由于虹吸作用，金属便进入纳米碳管中空的部分。纳米碳管的直径极小，因此管内形成的金属丝也特别细，被称为纳米丝，它产生的小尺寸效应是具有超导性。因此，纳米碳管加上纳米丝后可能成为新型的超导体。

（11）家电上的应用

用纳米材料制成的纳米多功能塑料，具有抗菌、除味、防腐、抗老化、抗紫外线等作用，可用作电冰箱、空调外壳里的抗菌除味塑料。

（12）环境保护上的应用

环境科学领域将出现功能独特的纳米膜。这种膜能够探测到由化学和生物制剂造成的污染，并能够对这些制剂进行过滤，从而消除污染。

（13）纺织工业上的应用

在合成纤维树脂中添加纳米 SiO_2、纳米 ZnO、纳米 SiO_2 复配粉体材料，经抽丝、织布，可制成杀菌、防霉、除臭和抗紫外线辐射的内衣和服装，可用于制造抗菌内衣、抗菌用品，可制得满足国防工业要求的抗紫外线辐射的功能纤维。

（14）机械工业上的应用

采用纳米材料技术对机械关键零部件进行金属表面纳米涂层处理，可以提高机械设备的耐磨性、硬度和使用寿命。

4. 纳米技术的发展

随着各国对纳米技术应用研究投入的加大，纳米新材料产业化进程将大大加快，市场规模将有明显增长。纳米粉体材料中的纳米碳酸钙、纳米氧化锌、纳米氧化硅等几个产品已形成一定的市场规模。

纳米陶瓷材料、纳米纺织材料、纳米改性涂料等材料也已开发成功，并初步实现了产业化生产，纳米粉体颗粒在医疗诊断制剂、微电子领域的应用正加紧由实验研究成果向产品产业化生产方向转移。

四、能源工业新材料研究前沿

1. 石墨烯基重防腐涂层实现电力设施长效防腐

目前，人们在防腐蚀方面的最新发现之一就是石墨烯。常用的聚合物涂层很容易被刮伤，从而使其保护性能降低。而石墨烯作为保护膜，能显著延缓金属的腐蚀速率。基于石墨烯的这种特性，实现石墨烯在铜基体中的均匀分散和两相界面的良好结合，目前已经在研制两种体系高性能石墨烯基重防腐涂层——高导热石墨烯基重防腐涂层和石墨烯基导电涂层，实现沿海地区变电站变压器、隔离开关、输电塔架、变电站接地网等输、变电设施设备的长效防腐。

而将石墨烯材料与有机高分子防腐涂料结合起来，可获得环保、低成本、高效、便于施工的重防腐材料与技术。在输电设备中使用石墨烯基新型碳材料后，可平稳提升线路输电能力、保障输电安全，显著延长输电塔架、线路等输、变电设备的服役寿命，将传统镀锌层输电塔架在海洋大气区和工业区的防护寿命提高 6 年以上，减少维修检修次数和维修频率，确保输电安全。目前石墨烯基电力杆塔导电重防腐新型涂料已经研制成功，并在镇海、北仑、鄞州等区域使用，效果良好。

2. 风电叶片涂料用树脂研究进展

目前市场上的风电叶片材料主要是纤维增强的环氧树脂和不饱和聚酯。风力发电机组运行时会遭受诸多恶劣环境，如温差大、光照强、风沙磨损、酸雨腐蚀以及冰雪侵袭，而叶片在高速运转时，叶尖速率一般会超过 100m/s，未经防护的叶片长期暴露在自然环境中，会很快磨损、老化并产生粉化现象，直至发生断裂。另外，大型叶片的吊装耗时且昂贵，一般需要其运行 10 年以上才进行一次维护。目前最简单有效的防护方法是采用涂料进行保护。不同环境对风电叶片防护涂料的要求也不一样，主要有两种。

① 内陆用防护涂料

目前 90%以上的风电机组都是在陆地上工作，所处的工作环境往往光照强、风沙及温差大，比如我国西部地区。这就要求叶片防护涂料必须具有优异的耐候性、耐冲击性、耐磨性及高低温柔韧性。此外，这些地方冬季往往比较寒冷，雨雪天气较多，叶片覆冰严重影响发电效率，并且会大大缩短叶片的使用寿命，因此防覆冰性能也是一个很重要的指标。

② 海上用防护涂料

海洋拥有巨大的风力资源，欧洲国家在海上风电方面走在世界前列。2011 年，包括英国、丹麦、荷兰、比利时等在内 9 个国家的 49 个风电场，总共 1247 架海上风电机组发电 3.294GW。2014 年，海上累计装机容量已达到 8.771GW。预计到 2020 年，海上风电装机总量将达到 40～55GW，占欧洲用电需求的 10%，到 2030 年将增大至 17%。未来的海上风电将会成为发展最为迅速的新能源技术。我国海上风电正处于快速发展中，如在建的上海东海大桥和临港海上风电场。因为受到海洋环境的影响，海上风电防护涂料除需具有优异的耐候性及高低温柔韧性外，还需要极佳的防腐性能。此外，优异的防覆冰性能也是必不可少的。

对风电叶片涂料来说，树脂的选择至关重要，聚氨酯树脂（包括丙烯酸聚氨酯）在高低温柔韧性、耐磨性、防风沙雨蚀方面表现优异，但是在耐候性及防覆冰性能方面不如有机氟硅树脂，而环氧树脂则可以提供优异的防腐性能及层间附着力。

因此，单独使用一种树脂所能达到的性能总是有限的，针对不同树脂的优缺点，合理搭配使用而制成的配套涂层体系往往可以达到更优异的防护效果。

五、其他新材料

1. 能源材料

能源材料主要有太阳能电池材料、储氢材料、固体氧化物燃烧电池材料等。

太阳能电池材料是新能源材料，IBM 公司研制的多层复合太阳能电池，转换率高达 40%。

氢是无污染、高效的理想能源，氢的利用关键是氢的储存与运输，美国能源部在氢能研究经费中，大约有 50% 用于储氢技术。氢对一般材料会产生腐蚀，造成氢脆及渗漏，在运输中也易爆炸，储氢材料的储氢方式是其能与氢结合形成氢化物，当需要时加热放氢，放完后又可以继续储存氢。储氢材料多为金属化合物，如 $LaNi_5H$、$Ti_{1.2}Mn_{1.6}H_3$ 等。

固体氧化物燃料电池的研究十分活跃，关键是电池材料，如固体电解质薄膜和电池阴极材料，还有质子交换膜型燃料电池用的有机质子交换膜等。

2. 智能材料

智能材料是继天然材料、合成高分子材料、人工设计材料之后的第四代材料，是现代高新技术新材料发展的重要方向之一。国外在智能材料的研发方面取得很多技术突破，如英国宇航公司的导线传感器，用于测试飞机蒙皮上的应变与温度情况；英国开发出一种快速反应形状记忆合金，寿命期具有百万次循环，且输出功率高，以它做制动器时，反应时间仅为 10 分钟；形状记忆合金还已成功应用于卫星天线等、医学等领域。

另外，还有压电材料、磁致伸缩材料、导电高分子材料、电流变液和磁流变液等智能材料驱动组件材料等功能材料。

3. 磁性材料

磁性材料可分为软磁材料和硬磁材料两类。

(1) 软磁材料

软磁材料是指那些易于磁化并可反复磁化的材料，但当磁场去除后，磁性即随之消失。

这类材料的特性标志是：磁导率（$\mu=B/H$）高，即在磁场中很容易被磁化，并很快达到高的磁化强度；但当磁场消失时，其剩磁很小。这种材料在电子技术中广泛应用于高频技术。如磁芯、磁头、存储器磁芯；在强电技术中可用于制作变压器、开关、继电器等。常用的软磁体有铁硅合金、铁镍合金、非晶金属。

Fe-（3%～4%）Si 的铁硅合金是最常用的软磁材料，常用作低频变压器、电动机及发电机的铁芯。铁镍合金的性能比铁硅合金好，典型代表材料为坡莫合金（Permalloy），其成分为 79%Ni-21%Fe，坡莫合金具有高的磁导率（磁导率为铁硅合金的 10～20 倍）、低的损耗，并且在弱磁场中具有高的磁导率和低的矫顽力，广泛用于电讯工业、电子计算机和控制系统方面，是重要的电子材料。非晶金属（金属玻璃）与一般金属的不同点是其为非晶体。它们是由 Fe、Co、Ni 及半金属元素 B、Si 所组成，其生产工艺要点是采用极快的速率使金属液冷却，使固态金属获得原子无规则排列的非晶体结构。非晶金属具有非常优良的磁性能，它们已用于低能耗的变压器、磁性传感器、记录磁头等。另外，有的非晶金属具有优良的耐蚀性，有的非晶金属具有强度高、韧性好的特点。

（2）永磁材料（硬磁材料）

永磁材料经磁化后，去除外磁场仍保留磁性，其性能特点是具有高的剩磁、高的矫顽力。利用此特性可制造永久磁铁，可把它作为磁源。如常见的指南针、仪表、微电机、电动机、录音机、电话及医疗等方面。永磁材料包括铁氧体和金属永磁材料两类。

铁氧体的用量大、应用广泛、价格低，但磁性能一般，常用于一般要求的永磁体。

金属永磁材料中，最早使用的是高碳钢，但磁性能较差。高性能永磁材料的品种有铝镍钴（Al-Ni-Co）、铁铬钴（Fe-Cr-Co）和稀土永磁，如较早的稀土钴（Re-Co）合金（主要品种有利用粉末冶金技术制成的 $SmCo_5$ 和 Sm_2Co_{17}）广泛采用的钕铁硼（Rb-Fe-B）稀土永磁，钕铁硼稀土永磁材料不仅性能优异，而且不含稀缺元素钴，所以成为高性能永磁材料的代表，已用于高性能扬声器、电子水表、核磁共振仪、微电机、汽车启动电机等。

第二节　纳米材料的制造新技术

一、纳米磁性材料制备

纳米磁性材料的制备主要分为磁流体的制备、纳米磁性微粒的制备、纳米磁性微晶的制备以及纳米磁性复合材料的制备。

1. 磁流体的制备方法

（1）磁流体

磁性流体简称磁流体，指的是吸附有表面活性剂的磁性固体颗粒均匀分散到基液中而形成的一种稳定胶体体系。

磁性流体既具有液体的流动性又具有固体磁性材料的磁性，由于具有交叉特性，所以这种磁性流体材料应满足的性能要求是：①高的饱和磁化强度；②在使用温度下有长期的稳定性；③在重力和电磁力的作用下不沉淀；④好的流动性。

（2）磁流体的制备方法

磁流体的制备方法有物理法和化学法。物理法又可分为研磨法、蒸发冷凝法、超声波法、机械合成法、等离子 CVD 法等；化学法又可分为气相沉积法、水热合成法、溶胶凝胶法、热分解法、微乳液法及化学共沉淀法等。各种方法各具优缺点，根据不同的需求选择不同的制备方法。

（3）研磨法

研磨法是 S. S. Papel 首先提出的，其原理是将粉碎得到的铁氧体粉末和有机溶剂一同加入球磨机中，经过长时间研磨并浓缩，添加表面活性剂及基液后再充分混合，其中部分微粒稳定地分散在基液中，利用离心分离除去大颗粒，获得铁氧体磁性液体。

S. S. Papel 在 1965 年申请的美国专利中介绍了该方法，并用该方法成功地制备了庚烷、油酸和粉状磁铁矿的磁性胶体以及其他磁性液体复合材料。研磨法工艺简单，但是制备周期长，材料利用率低，球磨罐及球的磨损严重，杂质较多，成本昂贵，还不能得到高浓度的磁流体，因而实用差。

（4）蒸发冷凝法

蒸发冷凝法是在旋转的真空滚筒的底部放入含有表面活性剂的基液，随着滚筒的旋转，在其内表面上形成一液体膜。将置于滚筒中心部位的铁磁性金属加热使之蒸发，则金属气体在液体薄层中发生冷凝形成细小的固态金属颗粒，金属颗粒在表面活性剂的作用下分散于基液中，制得稳定的金属磁性液体。

该方法可制得粒径为 $2\sim10nm$ 的 Fe、Co、Ni 磁性液体。用该方法制备的金属磁性液体具有磁性粒子粒度分布均匀、分散性好的特点，但所需设备复杂且制备过程中还需要抽真空。

（5）超声波法

超声波法合成磁流体在纳米颗粒的合成中报道很多，Kenneth 利用超声波法合成了铁流体。在此体系中加入了高分子物质作为稳定剂，将易挥发的金属有机物 $Fe(CO)_5$ 在纯氧的条件下超声处理，制得粒径分布均一的磁流体。

（6）化学沉淀法

化学沉淀法是最经济的制备纳米磁流体的方法。将 Fe^{2+} 和 Fe^{3+} 盐溶液按一定的比例混合，加入沉淀剂（NaOH 或氨水）反应后，获得粒度小于 $10nm$ 的 Fe_3O_4 磁性颗粒，经脱水干燥后，添加一定量的表面活性剂及基液，充分混合分散，获得铁氧体磁性液体。

这种方法生产周期短，工艺简便，产品质量好，能够获得粒度均匀的纳米颗粒，且成本低，适合工业化生产。

（7）水热法

水热法是在特制的密闭反应容器中，以水为介质，通过加热创造一个高温高压的反应环境，使通常难溶或不溶的物质溶解并且重新结晶，再经过分离和热处理得到产物的一种方法。

水热法具有两个特点：一是较高的温度（$130\sim250℃$）有利于磁性能的提高；二是在封闭容器中进行，产生相对高压（$0.3\sim4MPa$）并避免了组分挥发。

（8）热分解法

在基液中加入表面活性剂和金属（如 Ni，Co，Fe，Fe-Co，Ni-Fe）羰基化合物进行回流，金属羰基化合物便分解生成磁性金属颗粒，吸附表面活性剂后分散到基液里形成金属磁流体。该法产生的 CO 气体会污染环境，不适宜规模生产。

2. 纳米磁性微粒的制备方法

纳米磁性微粒的制备方法主要有包埋法和单体聚合法，另外还有沉淀法、化学转化法等。

（1）包埋法

包埋法是将磁流体分散在高分子溶液中，通过雾化、絮凝、沉积、蒸发、乳化等复合技术，制得磁性微粒。该法制备的磁性微粒、磁流体与高分子溶液间通过范德华力、氢键和螯合作用以及功能基间的共价键结合，得到的微粒粒径分布宽、粒径不易控制、壳层中难免混有杂质。徐慧显用葡聚糖包埋磁流体制备了葡聚糖磷性微球，张密林等用羟基纤维素对磁性微球进行改进。

（2）单体聚合法

单体聚合法是指在磁性微粒和单体存在下，加入引发剂、稳定剂等聚合而成的核/壳式磁性微粒。单体聚合法得到的载体粒径较大，固载量小，但作为固定化酶的载体，有利于保持酶的活性，而且磁性也较强。

用化学沉降法制得磁流体后，用辐射引发丙烯酰胺和 N,N-亚甲基双丙烯酰胺的聚合反应，在磁流体表面包被一层有机聚合物，制得磁性微粒。制备的磁性微粒具有良好的理化性能，稳定性好，放置 16 个月未发生凝聚，理化性质无明显变化。

3. 纳米磁性微晶的制备方法

非晶化方法制备纳米晶粒是通过控制非晶态固体的晶化动力学过程，将非晶化材料转变为纳米尺寸的晶粒。它通常由两个过程组成：非晶态固体的获得和晶化。在 Fe-Si-B 体系的磁性材料中，由非晶化方法制得的纳米磁性材料很多。

深度塑形变形法制备纳米晶体是材料在准静态压力的作用下发生严重塑性变形，从而将材料的晶粒尺寸细化到亚微米或纳米量级。

4. 纳米磁性复合材料的制备方法

磁性复合材料是在传统的磁性材料基础上添加各种不同的功能因子，既保持了磁性材料的磁学性能又带来了许多新的效应，如巨磁阻效应、巨霍尔效应和小尺寸效应等。由于复合材料的种类繁多，因此其制备方法也不尽相同。目前比较常用的制备方法主要有溶胶-凝胶法、化学共沉淀法、磁控溅射法、脉冲激光沉积法、分子束外延（MBE）法和模板法等。

溶胶-凝胶法是近期发展起来的能代替高温固相合成法生成陶瓷、玻璃和固体材料的一种方法。这种方法是将易于水解的金属化合物（金属醇盐或无机盐）在溶剂中与水发生反应，经水解与缩聚过程逐渐凝胶化，在干燥、烧结等处理后得到氧化物或其他化合物的晶形薄膜。Sarah 等用溶胶-凝胶法制备了多晶铁氧体，粉体混合后制备成复合材料，材料的磁性随 $BaTiO_3$ 含量的增加而减弱，但磁饱和强度反而增加。修向前等用溶胶-凝胶法制备了 Fe 薄膜，在室温下有铁磁性，矫顽力为 $240A/m$，居里温度高于室温，有希望应用于电子器件中。该方法具有一系列的优点：形成溶胶的过程中，原料很容易达到分子级均匀，易于进行微量元素的掺杂；能严格控制化学计量比，工艺简单，在低温下即可实现反应；所得产物粒径小、分布均匀，很容易在不同形状和材质的基底上制备大面积薄膜。用料较省，成本较低。但同时也存在一些问题，例如反应过程较长，干燥时凝胶容易开裂，颗粒烧结时团聚倾向严重，工艺参数受环境因素影响较大等。

化学共沉淀法是在原材料中添加适当的沉淀剂，使原料中的阳离子形成各种形式的沉淀物（其颗粒大小和形状由反应条件控制），然后经过滤、洗涤、干燥得到所需要的颗粒，有时还需要加热、分解等工艺。而在沉淀的过程中，温度、pH 值、表面活性剂、添加剂、溶剂都是影响沉淀的性质和组成的重要因素。有时为了避免合成纳米颗粒的组分偏析，还需要加入缓释剂来控制沉淀生成的速率，从而避免浓度不均匀，并最终获得凝聚少、纯度高的纳米颗粒。将 Fe 和 Co 共沉淀，低温煅烧后得到 5nm 左右的复合颗粒。该颗粒的矫顽力和磁化强度远低于块体 $CoFe_2O_4$。化学共沉淀法工艺设备简单、投资少、污染小、经济可行、产品纯度高，在水溶液中容易控制产物的组分，反应温度低，颗粒均匀，粒径细小，分散性也好，表面活性高，性能稳定和重现性好。但对于多组分氧化物来说，要求各组分具有相同或相近的水解或沉淀条件，特别是各组分之间沉淀速率不一致时，溶液均匀性可能会遭到破坏，此外还容易引入杂质，有时形成的沉淀呈胶体状，难以洗涤和过滤，因而此工艺具有一定的局限性。

磁控溅射法是 20 世纪 70 年代发展起来的一种高速溅射技术，是利用直流或高频电场使惰性气体发生电离，电离产生的正离子和电子高速轰击靶材表面，使靶材的原子或分子从表面溅射出来，这些溅射出来的原子带有一定的动能和方向性，沉积到基片上形成薄膜。这种方法的优点是可以溅射多组分的材料，溅射速率很高，且与基片黏附性很好，可以得到均匀分布的薄膜，且厚度易控制。但是靶材的利用率低，不易于制成大面积薄膜，费用较高。

脉冲激光沉积法是近年来新出现的沉积技术，其原理是用高强度、短脉冲的激光束照射到处于真空状态的固体靶材上，使靶材表面产生高温及熔蚀，将其离解成等离子体，然后等离子体再沉积到基底上形成薄膜。这种方法的优点是易于控制多成分配方，气体可以参与反应，粒子的动能比较大，活性高，易有效形成复杂的氧化膜，成膜温度低，适合难熔材料的制备，适用范围广，设备简单，效率高。

二、纳米陶瓷材料的制备

1. 湿化学法

湿化学法制备工艺主要用于制备纳米氧化物粉体，它具有无需高真空、易放大的特点，并且得到的粉体性能比较优异。对纳米粒子团聚体的形成和强度的控制是该法的关键，可通过共沸蒸馏有机溶剂、洗涤等方法进行有效控制，且致密度可达到理论致密度的 98.5% 以上，晶粒尺寸只有 100nm 左右。湿化学法包括共沉淀法、乳浊液法、水热法等几种方法。

2. 化学气相法

化学气相法主要有气相高温裂解法、喷雾转化工艺和化学气相合成法。这些方法具有较好的实用性和适用性，如化学气相合成法既可制备纳米非氧化物粉体，也可制备纳米氧化物粉体，其关键是在制备时对无团聚纳米粉体的低浓度、短停留时间和快速冷却的控制。

3. 溶胶-凝胶法

溶胶-凝胶法是指在水溶液中加入有机配体与金属离子形成配合物，通过控制 pH 值、反应温度等条件让其水解、聚合，经溶胶-凝胶途径形成一种空间骨架结构，然后脱水焙烧得到目的产物。

此法在制备复合氧化物纳米陶瓷材料时具有很大的优越性。

三、纳米半导体材料的制备

多级复合半导体纳米材料的制备方法主要分为液相法、固相法以及借助特殊仪器的其他方法。根据制备过程的不同可分为直接制备和间接制备。间接制备需要首先制备用作基体材料的半导体纳米结构，然后在基体上生长第二相半导体材料。与此相对应的是可以通过控制制备过程，直接获得半导体复合结构的制备方法，即直接制备。

1. 溶胶-凝胶法

采用溶胶-凝胶法可以制得大于 5nm 的多种不同形貌的纳米晶以及有序的介孔半导体纳米晶，这为多级复合半导体纳米结构提供了丰富的构筑单元。

溶胶-凝胶法可方便地制备半导体复合薄膜。用四异丙醇钛和 3-(甲基丙烯酰氧)丙基三甲氧基硅烷为前驱体，制得了 SiO_2/TiO_2 溶胶，然后将溶胶旋涂到基体上，干燥后得到由 SiO_2 和 TiO_2 颗粒组合成的多级复合薄膜，具有良好的光催化性能。

2. 水热法

利用水热法可以制备各种纳米材料，比如金属颗粒、氧化物半导体以及 Ⅱ-Ⅵ、Ⅲ-Ⅵ、Ⅴ-Ⅵ 族半导体等。由于水热反应条件易于调控，可以通过改变温度、pH 值、添加表面活性剂的方法在异质界面上获得不同形貌的纳米结构，以此来构筑多级复合半导体纳米结构。制备直径为 40～50nm，长度为几微米的 CdS 纳米线，然后用水热法在不同的条件下分别制得 $\alpha\text{-}Fe_2O_3$ 颗粒/CdS 纳米线和 Fe_3O_4 微球/CdS 纳米线复合结构。

先制备了纺锤状的 $\alpha\text{-}Fe_2O_3$，然后用 $SnCl_4$ 作为 Sn 源在碱性溶液中利用水热法制备了 SnO_2 纳米棒/纺锤状 $\alpha\text{-}Fe_2O_3$ 复合结构。水热法也可以和其他方法相结合，在用其他方法制得的基体材料上生长不同形貌的纳米结构，以此来构筑多级复合半导体纳米结构。有人首先用阳极氧化法在 Ti 箔上制备了 TiO_2 纳米管阵列，并在基体上引入 ZnO 种晶层；然后使用水热法在 TiO_2 纳米管阵列顶端垂直生成一层由纳米棒团簇而成的海胆状 ZnO 层。ZnO 纳米棒团簇随着水热时间的增加而增加，当水热时间为 13h 时，纳米棒团簇已将整个 TiO_2 基体覆盖。也有人首先将钛酸丁酯溶胶静电纺丝煅烧后制得 TiO_2 纤维，然后在 $Zn(Ac)_2$-$C_6H_{12}N_4$-H_2O 溶液中 95℃水热 8h，在 TiO_2 基体上生长出 ZnO 纳米棒，当在水热溶液中加入柠檬酸（0.3mmol/L）时，ZnO 由棒状转化为片状。

一般情况下，水热法制备多级复合半导体纳米材料分为两步进行，通过对实验过程的巧妙设计，也可以实现一步成型。首先将 $Zn(CH_3COO)_2 \cdot H_2O$（2.5mmol）和 NaOH（5mmol）溶液相混合，再加入 $NH_3 \cdot H_2O$（5mL，25%），最后加入少量硫粉。将上述前驱体溶液放入反应釜中 120℃保温 10h 后就得到由 ZnS 颗粒@ZnO 纳米棒所组成的花状结构。这种方法具有很强的实用性，可以直接制备多级复合半导体纳米结构，但是，其局限性在于只能合成同种元素的不同类型半导体化合物。

3. 高温溶剂法

高温溶剂法主要用来制备具有分层结构的核壳结构量子点以及其他以量子点为基础的多级复合半导体纳米材料。核/壳结构量子点的壳层对于其性能有着重要影响，一定厚度的壳层可以提高其量子效率、光子产量以及电子和空穴的分离效率。此外，还可以通过调整壳层的厚度来调整能带结构。在 CdS/CdTe 体系中的研究发现：随着 CdTe 壳层的增加，其能带结构会从Ⅰ型转化为Ⅱ型。因此,对于核/壳结构量子点的制备来说,关键在于对壳层生长的控制。

一般核壳制备方法是首先制备尺寸均一的量子点,然后在其上生长壳层。首先将前驱体快速注入剧烈搅拌的高温配体溶剂中,前驱体热解产生大量晶核,在溶剂中配体分子的作用下,通过奥斯特瓦尔德熟化过程可以限制晶核进一步长大,从而获得分散均匀的量子点。壳层一般采用的是连续离子层吸附反应法(Successive Ion Layer Adsorption and Reaction, SILAR)制备。这种方法主要是通过交替注射含有壳层材料阳离子和阴离子的前驱体,每次获得单分子层厚度的壳层,通过改变注射次数以及前驱体浓度来获得不同厚度的壳层或者多层壳层。壳层的生长温度、前驱体浓度和注射速率是壳层生长的关键因素,在 CdSe/ZnS 体系中,当温度过高时,ZnS 壳层的结晶度会降低;较慢速率添加低浓度的 ZnS 前驱体可以保证 ZnS 生长在 CdSe 上,可在一定程度上抑制均相成核。

但是,SILAR 也有一定的缺陷,即注射前驱体实验过程复杂,壳层制备温度较高。可以在制备方法上进行简化,采用"一锅煮"方法制得了 InP/ZnS 核壳结构。该法巧妙利用了前驱体材料热分解温度的不同。首先,在低温下三(三甲硅烷基)膦分解与豆蔻酸铟反应生成 InP 内核,当温度大于 230℃时,二乙基二硫氨基甲酸酯分解与硬脂酸锌生成 ZnS 壳层。这种方法简化了一般核/壳结构量子点的制备过程,但对前驱体的选择有特殊要求。壳层制备温度一般由壳层材料前驱体在溶剂中的溶解性来决定,可以通过选用溶解性较好的前驱体来降低壳层的生长温度。与较高的生长温度相比,较低的壳层生长温度可以降低壳层材料表面扩散程度,获得均一性较好的壳层。

除了制备一般的核/壳结构量子点,高温溶剂法也可以在其他半导体纳米材料上直接生长量子点。通过使用高温溶剂法一次性在直径约为 5nm 的 TiO_2 纳米棒上成功生长了 PbSe 量子点。首先采用 $TiCl_4$ 为前驱体制备出 TiO_2 纳米棒,然后直接在反应溶液中间歇注入含有 Pb 和 Se 的前驱体溶液,得到最终产物。该方法也可以在 TiO_2 颗粒组成的薄膜上成功生长 PbS、PbSe 和 PbTe 量子点。

此外,还有一些类似于核/壳结构量子点的异形结构,在量子点上生长出异质的棒状结构。这类结构是由核和壳层的晶体结构不同所导致的,首先制备出纤锌矿结构和闪锌矿结构的 CdSe 作为晶种,然后将晶种加入到适合生长纤锌矿结构 CdS 的前驱体溶液中生长 CdS。结果表明,对于纤锌矿 CdSe 晶种,纤锌矿 CdS 会沿着晶种的 {001} 和 {00-1} 晶面生长,最终形成棒状结构;对于闪锌矿结构 CdSe 晶种,纤锌矿 CdS 则沿着 {111} 晶面生长,最终形成多足状结构。由于这类多级结构自身具有空间位阻效应,可以有效地防止团聚。

通过自组装技术,可以将不同大小的半导体量子点周期排列后制得具有二维平面结构的半导体超晶格,这是近年来量子点领域的研究热点。半导体超晶格的制备主要是将制备好的量子点分散在有机溶剂中,然后滴加到基体上,溶剂蒸发后,量子点在熵、静电力、范德华力以及表面配体间作用力的驱动下,自组装形成具有一定空间有序度的超晶格结构。

有人首先在气-液界面上将量子点组装成薄膜,然后用任意基体将薄膜"捞"起来,实现了在任意基体上制备二维半导体超晶格。首先在聚四氟乙烯容器中盛入一定量的二甘醇(DEG),然后把量子点分散到己烷中,将混合溶液分散到 DEG 表面,用玻璃片盖住聚四氟乙烯容器,己烷通过玻璃片的缝隙缓慢挥发后,就在 DEG 表面生成了量子点组成的二维超晶格薄膜,将基体放入 DEG 中,用镊子从下往上缓慢提出基体后,薄膜就沉积在基体上。这种方法简单,且可以大面积制备(可达 15mm×15mm),具有很高的实用价值。

4. 模板法

模板法可分为软模板法和硬模板法两种。

（1）软模板法

软模板法也称微乳液法，是指在表面活性剂的亲/疏水基团作用下，水相在油相（或油相在水相）中形成胶态纳米分散体，胶态纳米分散体的形状尺寸可以通过表面活性剂膜的曲率、自由能来控制。

近年来，微乳液法在制备多级复合半导体纳米材料中的主要应用是将一些具有光、磁性能的半导体纳米晶，加入 SiO_2 纳米球中，形成核壳结构，以此来提高其性能。这种材料的制备采用 W/O 型的反胶束微乳液，Si 源采用 TEOS，被包裹的半导体纳米晶可以预先制备，然后加入微乳液中；或者采用原位生长的方法将前驱体加入微乳液中，半导体纳米晶在表面活性剂形成的水相反应腔中，TEOS 在水/油界面上水解生成 SiO_2。

对于具有亲水性的量子点，如（CdTe/CdS）@SiO_2、CdTe 等，可以直接使用；对于疏水性的半导体纳米晶，对其表面则采用不稳定的表面配体（如十八胺，ODA）进行修饰，其很容易被水解后的 TEOS 分子和表面活性剂分子取代，这样就有利于半导体纳米晶进入水相反应腔。通过这种方法制备的核壳结构颗粒尺寸分布均匀、结构完整，所得的产品具有很好的光、磁性能。

（2）硬模板法

硬模板法指使用一些可以经过后处理来移除的无机或有机材料作为模板来限制晶体的生长，常用来制备空心结构，常见的模板材料有 SiO_2、MoO_3、聚苯乙烯微球等。

这种方法可以制备形状、结构高度统一的多级复合半导体空心纳米材料。比如以聚苯乙烯微球为模板制得聚苯乙烯微球/ZnO 复合结构，然后以四乙醇钛为前驱体制得 TiO_2 壳层，煅烧后得到 ZnO/TiO_2 空心球结构，这种材料具有很好的光催化效果。

5. 电化学法

电化学法常用来制备有序阵列的基体，制备好的基体可以采用水热法或其他方法来生长第二相纳米晶。采用阳极氧化法在 Ti 箔上制备了 TiO_2 纳米管阵列，采用化学浴沉积（Chemical Bath Deposition）的方法在 TiO_2 上生长 CdS/CdSe 量子点；通过该法制得的半导体复合结构光电转化效率可达 3.18%。有人先在玻璃（SnO_2：F）基体上覆盖一层 ZnO 种层，通过电化学沉积生长出 ZnO 纳米线阵列，然后通过电化学沉积在 ZnO 纳米线上生长 CdSe 颗粒。

6. 其他液相法

近年来发展的 SLS 生长机制（Solution-liquid-solid Mechanism）也为湿化学法制备半导体纳米材料提供了一个新的思路。SLS 生长机制是在一定温度的溶液中，使用熔点较低的金属（或合金）颗粒作为催化剂来限制材料的生长，溶解在催化剂金属液滴的前驱体达到饱和时析出，然后金属液滴中的溶解度降低，前驱体再次溶解到金属液滴中，从而获得一维纳米材料。

一维纳米晶的直径可以通过调整催化剂金属（或合金）液滴的大小进行控制，也可以通过改变反应时间、温度、不同前驱体的比例、浓度来控制产物的形貌。可以使用金属 Bi 作为催化剂制备 CdS/CdSe 一维轴向复合纳米结构，首先采用热蒸发在基片上覆盖 Bi 纳米颗粒，然后将基片放入 Cd/正十四烷基膦酸前驱体溶液，通过间歇注射 S/三正辛基膦、Se/三丁基膦（Tri-Butyl Phosphine，TBP）溶液，最终得到 Bi/CdS/CdSe（或 Bi/CdSe/CdS）纳米棒。这种生长过程与 VLS 生长机制比较类似，但是在液相中进行的反应条件比较容易控制。

7. 气-液-固（VLS）生长法

气-液-固是一种"自下而上"的微材料制备方法，VLS 生长需要有金属颗粒作为催化剂，在高温条件下金属颗粒变为液相，前驱体以气相形式溶于液滴中形成合金液滴；当气相前驱体在液滴中达到饱和后便析出结晶，同时合金液滴中气相源材料回到不饱和状态，如此反复，在合金液滴的限制下，生长出一维纳米材料。

基于 VLS 生长机制的传统方法是用 Au 作为催化剂，采用激光烧蚀法和气相沉积法来制备一维多级复合半导体纳米材料。结合激光烧蚀法和气相沉积法制备 Si/SiGe 轴向嵌段复合结构；或者采用气相沉积法制备 Zn 掺杂的 In_2O_3/SnO_2 一维超晶格结构。近年来，一些采用单质半导体如 Ge、Ga 为催化剂的 VLS 生长的方法发展起来。也可以采用 Ge 作为催化剂，在 Al_2O_3 颗粒或铝箔、硅晶片上制备 $Ge-Al_2O_3$、$Ge-SiO_2$ 多级复合半导体纳米材料。

在生长过程中，高温区 Ge 颗粒被蒸发，随着载气到达温度较低的生长区，然后沉积到铝箔（或 Al_2O_3 颗粒、硅晶片）上，形成催化液滴，Al、Si 溶解到 Ge 液滴中，过饱和时析出，同时与载气中的微量氧反应生成氧化铝、氧化硅纳米纤维。与传统的 Au 催化剂相比，半导体催化剂具有以下特点。

（1）反应温度较低；

（2）生成的纳米线直径小，且可以在同一个催化颗粒下生长多条纳米线；

（3）可以以半导体催化颗粒为基体，直接构筑半导体多级复合结构。

8. 静电纺丝法

在一维半导体纳米复合材料的制备中，静电纺丝法具有重要的地位。静电纺丝是将有机溶液（或者熔体）装入注射器中，高压直流电源的正、负极分别连接在针头和收集用的铝板之间，接通电源后在针头和铝板间产生高压电场。

在高压电场作用下，针头上下垂的液滴在表面所带电荷的斥力和电场作用力的共同作用下形成泰勒锥，当电场强度超过临界值的时候，电场力作用下液滴克服表面张力，形成喷射细流，在电场作用下拉伸、振荡，同时在喷射过程中溶剂蒸发或固化，最终落在接收装置上，形成最终产品。静电纺丝法制备一维半导体纳米复合结构主要通过三种途径来实现。

（1）通过静电纺丝来制备一维纳米结构作为基体，然后通过其他方法复合第二相半导体纳米晶。首先将 $SnCl_2/PVAC$ 混合溶液通过静电纺丝制得 SnO_2 纳米纤维，然后通过原子层沉积 ZnO 纳米层，得到 SnO_2/ZnO 一维核/壳复合纳米结构。

（2）通过混合不同的前驱体，静电纺丝后直接获得一维半导体纳米复合结构。这种方法比较常见，这种方法可以分别制备 ZnO/SnO_2、NiO/ZnO 多级复合半导体纳米结构。采用的前驱体一般为金属氯盐或者金属有机盐，纺丝溶液中一般添加高分子量的有机聚合物增加其可纺性，经煅烧后的结构一般为纳米颗粒组成的多孔结构，很适合用于气敏与光催化应用。采用类似的方法制备的 V_2O_5/TiO_2 复合纳米晶的结构和前驱体的组分有关，复合纤维中 TiO_2 的存在会促使 V_2O_5 在特定晶向上的生长，生成 V_2O_5 纳米棒。

（3）通过改进静电纺丝设备直接获得一维半导体纳米复合结构。通过改进纺丝装置的针头，可以同时并排喷出双组分的带状纳米纤维。这种装置以有机金属盐为前驱体，经过纺丝、煅烧后得到了 TiO_2/SnO_2、TiO_2/V_2O_5 多级复合半导体纳米结构。与其他方法相比，静电纺丝法具有产量大、结构容易控制的优点，是最有希望实现工业化生产一维多级复合半导体纳米结构的方法。

9. 基于石墨烯多级复合半导体纳米材料的制备

近年来，石墨烯（Graphene）已经成为纳米材料领域研究的热点。与普通石墨不同，石墨烯具有独特的能带结构（价带和导带相交于布里渊区的 K 点和 K′点），可以被看作零带隙的半导体。

对于石墨烯纳米带，根据其边缘结构的不同，也可具有半导体的性能。此外，石墨烯掺杂或吸附一些原子和分子后，比如氧化石墨烯（GO），也具有半导体材料的特性。石墨烯以及其功能化产物是一种与传统半导体材料不同的新型半导体材料。

石墨烯具有完美的二维周期平面结构，可作为一种理想的半导体纳米复合多级结构的基体。目前，对石墨烯基体的半导体复合研究，大部分以石墨烯、氧化石墨烯以及还原氧化石墨烯（Reduced Graphene Oxide，RGO）为基体，负载的半导体材料主要有 TiO_2、ZnO、NiO、Co_3O_4、Fe_3O_4、Fe_2O_3、CdS、SnO_2、CdSe 等。

为了简化实验步骤，化学还原法可选择一些既可作为还原剂，又可作为反应介质的溶剂。比如在 CdS-RGO 的制备过程中，反应溶剂常采用二甲亚砜（Dimethyl Sulfoxide，DMSO），DMSO 一方面可以作为还原剂来还原 GO，另一方面可以和 Cd^{2+} 反应生成 CdS，在还原 GO 的同时生成 CdS。

此外，微波加热具有加热速率快、加热均匀等特点，可以利用微波加热的这些特点，使原来在 180℃反应 12 h 的 DMSO 还原氧化石墨烯的时间从 12 h 降至 1～2 min，大大地缩短了反应时间，用这种方法可以制备 CdSe-RGO 复合材料。

除了化学方法外，气相法也可以制备石墨烯基的半导体多级复合结构。采用 CVD 法在 Ni 衬底上制备石墨烯片，然后在石墨烯表面周期性沉积 ZnO 晶种，并在 Zn^{2+} 的水溶液中生长成 ZnO 纳米棒，最终生成 ZnO 纳米棒-石墨烯复合结构。采用化学方法制备 RGO，然后采用 CVD 法沉积 CdSe 颗粒。与化学法相比，气相法制备的石墨烯纯度更高，杂质官能团更少，而且 CVD 法制备的半导体颗粒的结晶度要优于化学法，但是气相法对实验设备要求较高。

思考题

1. 复合材料的分类及研究前沿是怎样的？
2. 简述纳米材料及其应用。
3. 石墨烯基重防腐涂层的原理是什么？
4. 纳米材料有哪些制造新技术？
5. 多级复合半导体纳米材料的制备方法有哪些？

第二章

能源领域研究前沿及创新技术

第一节　能源领域的研究前沿

一、可燃冰利用研究

1. 可燃冰概况

可燃冰是一种新能源物质——天然气水合物的俗称，因为他外表长得像冰，而且还可以燃烧，因此就叫作可燃冰。由于可燃冰中甲烷含量占比很高，可高达99％，所以可燃冰亦可被称为甲烷水合物。可燃冰示意图如图2-1所示。

可燃冰是一种清洁能源，它燃烧所造成的污染，远远小于煤、石油等传统能源。且可燃冰储量丰富，甚至足以满足人类未来近千年的能源消耗。因此，可燃冰有可能代替传统能源从而得到广泛开发和利用。

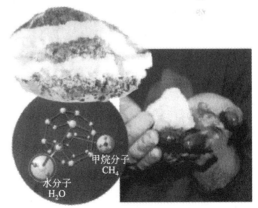

图 2-1　可燃冰示意图

2. 可燃冰的形成过程

可燃冰的形成过程可概括为几个步骤。首先，一些海底微生物在消化浮游生物的过程中，产生并释放出一些有机物，由于海底的压强比较大，导致这些有机物和海洋中的水分互相结合，形成了水合物。经过长时间的地壳运动和地质演变之后，这种化合物埋藏在比较深的地底，最终形成了可燃冰。

其次，可燃冰的形成过程中，必须满足以下三个必要条件：第一，所处环境的温度不宜过高，过高的温度会导致可燃冰的分解；第二，压力要足够高，但是也不能太高，当甲烷等形成可燃冰的气体在零度时，30 个大气压及以上就可以形成可燃冰；第三，形成地需要有气源，即需要有类似天然气这类的气体储存的地方。

由于在陆地上只有极少数永久冻土层的地区，例如青藏高原、西伯利亚地区，才能同时满足上述三个条件，而海洋中，位于海平面下 300～500m 处的沉积物中即可形成适合可燃冰形成并使其维持稳定状态的低温高压条件。因此，可燃冰分布的陆海比例为 1：100。不过，并不是所有拥有天然气以及高压强的地方都会拥有可燃冰，因为形成可燃冰的主要因素是低温，所以一般在冻土带的地方可燃冰含量较多。

3. 可燃冰的资源

我国的东海、南海以及青藏高原三个地方的地下土层中，拥有大量的天然气，并且海底压力以及冻土层都能提供合适的条件，使其释放的甲烷等气体与水结合形成可燃冰。因此，在我国的东海、南海以及青藏高原都发现可燃冰。在我国可燃冰资源十分丰富，据粗略估计，仅南海北部陆坡的可燃冰资源就达到 186 亿吨油当量，相当于南海深水勘探已探明油气储量的 6 倍，达到我国陆上石油资源总量的 50%。

可燃冰使用前景广阔，但同时也存在风险。据估算，全球海底可燃冰的甲烷总量大约是地球大气中甲烷总量的 3000 倍，如果开采不慎导致甲烷气体的大量泄漏，将可能引发强烈的温室效应。如何安全、经济地开采可燃冰，并且从中分离出甲烷气体，依然是目前各国研究和利用可燃冰的核心难题。

4. 可燃冰开采技术研究

（1）热激发开采法

热激发开采法，是通过改变温度来进行开采的方法。顾名思义，即采用直接加热的方式对天然气水合物层进行开采，通过直接加热使天然气水合物层的温度超过平衡温度，可燃冰的平衡状态被打破，进而将分离为水和天然气，再对其中的天然气部分进行收集。经过多年发展，热激发开采法的加热方式被不断进行改进。经历了漫长的发展历程后，目前实现了循环注热，使得作用方式相对较快。但是这种方法热利用效率低且不能大范围加热只能进行局部加热，尚未找到有效的解决方案，因此还不能成规模运用于实际生产当中。

（2）减压开采法

减压开采法中通过降低压力来破坏可燃冰的平衡状态，使水和天然气分离，进而达到开采的目的。现阶段降低压力的方法主要有两种：其一，降低钻井工程中的泥浆密度进而完成减压目的；其二，通过抽离水合物层下方的游离气中其他不相关流体，以此达到降低整体环境压力的作用。减压开采法由于操作过程相对简单，因此成本较低，相比于其他已知方法，更适合大面积开采，在众多传统方案中更具有前景。尤其适用于存在游离气层的天然气水合物的开采。但是，它对可燃冰开采地的环境有着特殊严格的要求。因为可燃冰所处环境要求低温高压，所以只有当可燃冰开采地的温度位于平衡点附近时，才可以将减压开采法纳入考虑之内。

（3）化学试剂注入开采法

化学试剂注入开采法中，破坏可燃冰平衡状态，促使其分解的方法是通过注入某些特定的化学试剂，常见的如二氧化碳、乙醇、乙二醇等。这种方法的优点在于，初级阶段的能量损耗较小。但是其缺点也很多，首先用于分离可燃冰的化学试剂的生产费用比较高；其次，在长时间的开采过程中，极有可能由于操作不当导致化学试剂泄露，进而造成严峻的环境问题。由于缺点明显，对于这种方法目前研究相对较少。但是其能源初始消耗较少，未来如果能开发出相对廉价且环境温和型的化学试剂，也会有广阔发展前景。

二、氢能源利用研究

1. 氢能源概况

氢能是一种二次能源，它是通过一定的方法利用其他能源制取的，而不像煤、石油、天然气可以直接开采，目前氢能几乎完全依靠化石燃料制取得到，如果能回收利用工程废氢，每年大约可以回收到大约1亿立方米，这个数字相当可观。

2. 氢能的特点

氢能是公认的清洁能源，作为低碳和零碳能源正在脱颖而出。目前我国已在氢能领域取得了多方面的进展，在不久的将来有望成为氢能技术和应用领先的国家之一，也被国际公认为最有可能率先实现氢燃料电池和氢能汽车产业化的国家。

当今世界开发新能源迫在眉睫，原因是所用的能源如石油、天然气、煤、石油气均属不可再生资源，地球上存量有限，而人类生存又时刻离不开能源，所以必须寻找新的能源。随着化石燃料耗量的日益增加，其储量日益减少，终有一天这些资源、能源将会枯竭，这就迫切需要寻找一种不依赖化石燃料的、储量丰富的新的含能体能源。氢能正是这样一种在常规能源危机的出现和开发新的二次能源的同时，人们期待的新的二次能源。氢位于元素周期表之首，原子序数为1，其单质在常温常压下为气态，在超低温高压下为液态。

3. 氢能的开发与利用

自从1965年美国开始研制液氢发动机以来，相继研制成功了各种类型的喷气式和火箭式发动机。美国的航天飞机已成功使用液氢做燃料。我国长征2号、长征3号也使用液氢做燃料。利用液氢代替柴油，用于铁路机车或一般汽车的研制也十分活跃。氢动力汽车靠氢燃料、氢动力燃料电池运行也是沟通电力系统和氢能体系的重要手段。

世界各国正在研究如何能大量而廉价地生产氢。利用太阳能来分解水是一个主要研究方向，在光的作用下将水分解成氢气和氧气，关键在于找到一种合适的催化剂。随着对太阳能研究和利用的发展，人们已开始利用阳光分解水来制取氢气。在水中放入催化剂，在阳光照射下，催化剂便能激发光化学反应，把水分解成氢和氧。例如，二氧化钛和某些含钌的化合物，就是较适用的催化剂。

一旦有更有效的催化剂问世，水中取"火"，即制氢就成为可能，到那时，人们只要在汽车、飞机等油箱中装满水，再加入光水解催化剂，那么，在阳光照射下，水便能不断地分解出氢，成为发动机的能源。

科学家们还发现，一些微生物也能在阳光作用下制取氢。人们利用在光合作用下可以制取氢的微生物，通过氢化酶诱发电子，把水里的氢离子生成氢气。苏联的科学家们已在湖沼里发现了这样的微生物，他们把这种微生物放在适合它生存的特殊器皿里，然后将微生物产生出来的氢气收集在氢气瓶里。这种微生物含有大量的蛋白质，除了能放出氢气外，还可以用于制药和生产维生素，以及用作牧畜和家禽的饲料。人们正在设法培养能高效产氢的这类微生物，以适应开发利用新能源的需要。

引人注意的是，许多原始的低等生物在新陈代谢的过程中也可放出氢气。例如，许多细菌可在一定条件下放出氢。日本已找到一种叫作红鞭毛杆菌的细菌，就是制氢的能手。在玻璃器皿内，以淀粉作为原料，掺入其他营养素制成的培养液就可培养出这种细菌，这时，在玻璃器皿内便会产生氢气。这种细菌制氢的效能颇高，每消耗 5mL 的淀粉营养液，就可产生 25mL 的氢气。

美国宇航部门准备把一种光合细菌——红螺菌带到太空中去，用它放出的氢气作为能源供航天器使用。这种细菌的生长与繁殖很快，而且培养方法简单易行，既可在农副产品废水废渣中培养，也可在乳制品加工厂的废水中培育。

对于制取氢气，有人提出了一个大胆的设想：建造一些电解水制取氢气的专用核电站。譬如，建造一些人工海岛，把核电站建在这些海岛上，电解用水和冷却用水均取自海水。制取的氢和氧，用铺设在水下的通气管道输入陆地，以便供人们随时使用。

三、节能新技术研究

1. 开发节能建筑

全世界每年消耗的能源有 36% 用于室内取暖和降温，因此节能建筑是解决能源紧缺问题最好的方法之一。建筑节能的关键是使用绝热保温材料，让现代建筑像原始人住的山洞那样冬暖夏凉，夏天外面的热浪不会涌进建筑内，冬天屋子里热气不会散发到建筑外。从墙面上来说，可以在建筑物表面喷涂提高密封性的聚氨酯"保温层"，防止热量通过墙上肉眼看不到的孔隙进行扩散。门窗是热量交换的重点部位，门窗的密闭技术越来越重要，各种各样的节能玻璃也在开发之中。使用能反射阳光的屋顶可以减少建筑物的吸热量，从而降低制冷过程中的能耗。在建筑物上栽种一些绿色植物，也可以减少热量的对流。而通过"捕光装置"把阳光引入室内，则能减少大量的照明费用。

2. 选用节能灯

全世界 20% 的电能消耗在照明上，相当于每天要烧掉 60 万吨煤。而这些电能中有 40% 都是使用老式的白炽灯所消耗的。白炽灯所消耗的电能大部分都被浪费在发热上，真正用于照明的部分却非常少。在照明程度相同的情况下，节能荧光灯不仅比白炽灯省电 75%～80%，而且使用寿命也达到后者的 10 倍。如果把所有旧白炽灯泡都换掉，那么全世界每年能节省的电相当于 650 座中型发电站的发电量，而且还能将释放到大气层中的二氧化碳减少 7 亿吨。

3. 使用节能电器

全世界 20% 以上的二氧化碳排放量是居民用电造成的，而居民用电大多用于各种家用电器。除了节能灯泡外，选用其他节能电器也是可行的。

根据国际能源机构的一项研究，如果消费者都选择最节能的电器，那么全世界的居民用电量将减少 43%。20 世纪 80 年代以来，家电制造商已经将冰箱和其他大型家用电器的能效提高了 70% 左右，但在这方面仍有改进空间。近几年来，已有超过 60 个国家通过了绿色环保商标法，以便消费者更明智地选择节能电器。这种做法确实达到了显著的效果。自欧盟在 1994 年要求制造商根据耗电量对家电进行分类后，A 等级的高能效电器市场份额从原来几乎为零上升到了今天的 80%。

4. 充分利用地热

热水器、取暖器和空调等电器的能效其实很差，这些热交换器消耗的能量中只有一部分真正用来调节温度。热泵可改变这一状况，它几乎不消耗传统能源。热泵是一种把热量从低温端送向高温端的专用设备，是节能的新装置。它由蒸发器、空气压缩机、冷凝器等组成，利用少量的工作能源，以吸收和压缩的方式，把一特定环境中低温而分散的热聚集起来，使之成为有用的热能。热泵抽取最多的是地热。与地面相比，地下洞穴冬暖夏凉，这就是地热的贡献，因此可以利用地热来节能。地热是一种没有地域限制的能源，世界上任何地区的人都可以利用这种能源。

通过从地下吸取热量，热泵能够起到为房屋或其供水系统提供热量的作用。在夏天，热泵还可以抽取地下的冷气为房屋制冷。瑞典大多数新建的居民房屋已经使用上了地源热泵，而美国前总统布什在得克萨斯州的农场也安装了一个热泵来进行加热和制冷。在瑞典，民用住宅安装热泵一般在6～9年获得收益回报，而大型商业建筑则只需一两年时间。日本在过去两年共安装了大约100万个热泵提供淋浴与盆浴用热水。

5. 驾驶节能汽车

全世界1/4的能源用于交通运输，其中包括2/3的原油。最近，一些国家正在推行油电混合动力车等环保汽车。在汽油消耗量相同的情况下，环保汽车的行驶里程可比传统汽车多出20%。

和全以汽油做动力的汽车相比，柴油车的里程数则最多能增加40%。和以前那种不停冒烟而且很难发动的老式柴油车相比，现在的涡轮增压直接喷射柴油车干净且高效，而且如今在美国加油站都可以加无硫柴油了。如果到2023年，柴油车能够取代美国1/3的私家车，美国一天就能节约150万桶汽油，相当于现在每天从沙特阿拉伯进口的数量。现在已经有公司研发下一代节能汽车——柴电混合动力车。

6. 改造工厂能耗设备

全世界约有1/3的能源被工业部门所消耗，工业部门的节能潜力很大。从20世纪80年代以来，日本的一些钢铁制造商一直在这方面处于领先地位。他们将钢炉产生的热量用来发动涡轮，从而产生电能，可以节约超过70%的能源。

在德国路德维希港，著名的化工企业巴斯夫公司经营着200多个连锁化工厂，其中一个化工厂产生的热量，被用来为下一个化工厂制造电能。这种热能和电能的循环利用就为巴斯夫公司每年节约近两亿欧元。与此同时，该公司的二氧化碳排放量也减少了几乎一半。

第二节　核电设备老化监测创新技术

一、氧化还原电位

1. 基本概念

氧化还原电位（Oxidation Reduction Potential，ORP）是指由贵金属（铂或金）指示电

极、标准参比电极和被测溶液组成的测量电池的电动势，是溶液氧化性或还原性相对程度的表征。ORP 作为介质（包括土壤、天然水、培养基等）环境条件的一个综合性指标，已沿用很久，它表征介质氧化性或还原性的相对程度。

氧化还原电位 ORP 是水溶液氧化性或还原性相对程度的表征。氧化还原电位的测量主要用于电厂水汽循环系统腐蚀监测、水的加氯和除氯过程的检测、废水中氧化性物质或还原性物质的识别等。

为降低核电热力管道、容器等设备的腐蚀速率、减少金属内表面的沉积物与结垢量、提高蒸汽品质，必须对核电一、二回路热力设备运行时的水质进行调节；而氧化还原电位的监测是必需的重要监督环节之一。

2. 氧化还原电位的测试传感器

ORP 的单位是 mV，它的测试由 ORP 复合电极和 mV 计完成。ORP 电极是一种可以在其敏感层表面进行电子吸收或释放的电极，该敏感层是一种惰性金属，通常使用铂和金来制作。参比电极和 pH 电极使用银/氯化银电极。

Redox 电极是一支贵金属电极。它被用来进行电位测量，而同时又不能参加化学反应过程，也就是说它要经受住化学冲击。因此这里只能选用铂、金或银等贵金属。参比电极则和 pH 值测量一样用的是 Ag/AgCl 电极。

将一支铂针 Redox 电极插入到含氯的溶液中，则在铂针表面与水面之间形成一个相界层，被称为 "Helmholtze 双电层"。此相界层相当于一个电容，其一端与铂针相连，另一端如 pH 测量一样与参比电极相连。此电容会由于铂针和溶液之间的电化学电位差进行充电。

3. 氧化还原电位的特点和测试影响因素

（1）氧化还原电位与溶液浓度的关系

溶液的电位与溶液中所有离子的含量有直接关系。铂氧化的程度取决于氧化剂的浓度，在其表面形成 3～4 原子层厚度的铂氧化层。此氧化层可以传导电子，也就是说，阻碍 Redox 测量过程。

但是此氧化层同时建立一个氧化存储器，当氯含量降低时会引起测量的延迟。被测溶液越稀，这一延迟过程耗用时间越长。在高含量 Redox 缓冲液的条件下，此过程可被忽略。此效应也可以装有水的两个罐子之间的水位平衡的例子来解释。一个罐子充满水，另一个罐子是空的，如果连接管道的口径较小，则两个罐子水位平衡的过程较慢，反之则较快。

（2）电极状态对测试的影响

电极表面的粗糙也会带来上述的测量惯性。这是因为粗糙表面的坑凹也会有存储效应，从而使离子交换的过程变差。Redox 电极的表面应尽量保持光洁。

由于 "Helmholtze 双电层" 的作用就像一个电容，因此在电位变化时就会有充电电流流过，直到到达电化学平衡为止。

如果测量放大器对此复合层的电势不是采用零电流法进行测量，就不会达到电化学平衡。此时，测量值便会不断漂移。在一定条件下，电极表面也可能发生化学变化。

二、ORP 的机制及测试原理

1. 腐蚀体系中电位的影响

一般性腐蚀通常是指金属表面遭受全面性的均匀腐蚀，现有的全挥发处理、乙醇胺处理、吗啉处理三种给水处理方式均可抑制一般性腐蚀，抑制一般性腐蚀主要是从电化学的角度出发来考虑问题的。

在金属腐蚀过程中，电位是金属阳极溶解过程的控制因素，溶液的 pH 值则是金属腐蚀产物稳定性的控制因素。应用这两个参数，可把金属-水溶液体系中各个反应在给定条件下的平衡关系用电位-pH 平衡图表示，进而了解金属腐蚀的可能性和腐蚀产物的稳定性，为核电厂二回路水化学工况的调节与优化提供依据。

2. ORP 与腐蚀的关系

图 2-2 为不同温度下铁-水体系电位-pH 平衡图。从该图中可以清楚地了解到铁在水中的腐蚀状态。铁的状态大约分为 3 种：①铁处于活性的腐蚀状态，即铁将发生氧化，有转变成这些离子态的倾向；②铁的钝化区，即存在着铁的氧化物或氢氧化物，是稳定物质状态的范围；③铁的免蚀区（或稳定区），即金属状态的铁能稳定存在。

因此，要保护铁在水溶液中不受腐蚀，就要把水溶液中铁的形态由腐蚀区移到稳定区或钝化区。主要可以采取的方法是还原法，即通过热力除氧并加除氧剂进行化学辅助除氧的方法，同时结合碱性物质如氨、乙醇胺、吗啉等化学药剂调整水质的 pH 值，来降低水的氧化还原电位（ORP），从而使金属铁的电极电位接近于稳定区，以达到抑制腐蚀的效果。

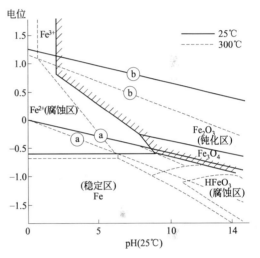

图 2-2 不同温度下铁-水体系电位-pH 平衡图

3. ORP 表测量原理

ORP 表属于电位式仪表，由电极和二次仪表组成，二次仪表主要用于接收电极测量的信号，并处理后发送至上位机。

电极内部又分为参比电极和测量电极两部分，测量电极是一种可以在其敏感层表面进行电子吸收或释放的电极，该敏感层是一种惰性金属铂，参比电极和 pH 电极一样使用的是银/氯化银电极。

将测量电极插入到溶液中，则在铂针表面与水面之间形成一个相界层，此相界层相当于一个电容，其一端与铂针相连，另一端与参比电极相连。此电容会由于铂针和溶液之间的电化学电位差进行充电，而溶液的电位取决于氧化态与还原态的对数浓度比和水中所有离子的电位差的总和。电极电位由能斯特方程表示为：

$$E = E_0 - \frac{RT}{zF} \ln \left(\frac{a_{氧化态}}{a_{还原态}} \right) \qquad (2\text{-}1)$$

式中　E——平衡电极电位，V；

E_0——标准电极电位，V；

z——得失的电子数；

F——法拉第常数，96485C/mol；

R——气体常数，8.314J/(mol·K)；

T——热力学温度，K；

$a_{氧化态}$——氧化态物质的活度，mol/L；

$a_{还原态}$——还原态物质的活度，mol/L。

氧化还原电位就是用来反映水溶液中所有物质的宏观氧化还原性。氧化还原电位越高，氧化性越强，电位越低，氧化性越弱。电位为正表示溶液显示出一定的氧化性，电位为负则说明溶液显示出还原性。

三、核电厂辐照环境

1. 核电厂的辐照类型

核电厂的辐照环境中包括 α、β、γ 和中子四种辐照射线类型。α 射线的穿透性最差，在空气中的射程只有几厘米，因此它只对薄膜或直接接触的表面材料有显著作用；β 射线的穿透能力较强，而 γ 射线的穿透性最强。大多数设备在其正常寿命周期中暴露在不同能量的 γ 辐射中，一部分设备暴露在不同能量的 β 和中子辐射中。绝大部分中子为反应堆反射层所阻挡，因此除对堆芯构件产生影响外，中子仅影响贴近反应堆布置的电子仪器设备，对绝大部分电子仪器设备而言，其辐照贡献是可以忽略的。在发生事故的环境下，包含较高水平的 γ 和 β 辐射。因此，对核安全设备的辐照老化试验主要考虑 γ 和 β 射线的辐照剂量。核电厂中的设备接受的辐照剂量是由设备所处的位置、辐射源的分布和屏蔽效应决定的。

2. 辐照老化机理

核辐射对材料的影响效应主要有位移损伤和电离损伤两种形式。γ 和 β 辐射通过电离损伤效应对有机材料造成辐照老化，但对无机材料无明显损伤。一般情况下，有机材料的工程特性随辐照剂量的增大而劣化，对于有机高分子材料，辐照损伤会引起长分子链断裂，使材料失去弹性、开裂、发生脆化，导致设备或部件机械性能、电气性能的下降。

3. 辐照老化鉴定要求

通常，对于含有机材料的核安全设备，必须根据其所处的辐照环境，在鉴定序列中考虑辐照老化效应，并通过辐照老化试验和分析，证明其在受到核电厂正常运行和设计基准事故下的辐照后仍达到其规定的性能指标。

辐照老化鉴定方案应根据设备所处环境区域酌情考虑。以 AP1000 核电厂为例，对于处于严苛环境中的设备，需要考虑正常运行和事故工况下的辐照；处于和缓环境区域的设备，一般不需要考虑辐照的影响；处于辐照严苛环境区域的设备，需要考虑正常运行工况的辐照。

四、ORP 在核电设备评估中的应用

在核电厂设备缺陷和故障统计时发现，通过设备运行状态监测、对监测数据进行分析和判断能够提前预知设备故障发生和发展的趋势，并根据分析结果及早停运设备进行维修，可避免设备的突然故障而造成停机、停堆或降负荷事件。目前，核电厂系统和设备的运行都采用状态监测技术。

1. 设备状态监测

状态监测（也称状态检测）是一种监测设备运行特征参数（如振动、温度）的技术或过程，通过分析故障特征信号（故障先兆）、被监测参数的变化趋势等图表，在严重故障发生

前预估设备是否需要停运维修，避免设备的突然故障。

从核电厂的运行实践来看设备状态的监测技术，已经从单凭直觉的耳听、眼看、手摸，发展到采用现代测量技术、计算机技术和信号分析技术等先进的监测技术，诸如在线监测仪表、超声波、红外测量等。

2. 典型的状态监测方式

（1）离线定期监测方式

工作人员定期到现场用一个传感器依次对各测量点进行测试，并记录信号，数据处理在专用计算机上完成。此种方式下，监测系统较简单，但是测试工作较繁琐，需要专门的测试人员。而且由于是离线定期监测，不能及时发现或避免突发性故障。

（2）在线监测离线分析的监测方式（主从机监测方式）

在设备上的多个测点均安装传感器，由现场带微处理器的子系统进行各测点的数据采集和处理，在主机系统上由专业人员进行分析和判断。相对第一种，该方式避免更换测点的麻烦，并能在线进行监测；但该方式需要离线进行数据分析和判断，而且分析和判断需要专业技术人员参与。

（3）自动在线监测方式

该方式不仅能实现自动在线监测设备的工作状态，及时进行故障预报，而且能实现在线进行数据处理和分析判断。该方式技术最先进，不需要人为更换测点，不需要专门的测试人员，也不需要专业技术人员参与分析和判断。

随着核电厂数字化仪控系统的发展及其在实际中的应用、数据处理软件的大量开发，国内外新建核电厂的设备状态监测基本上都采用在线监测方式。

3. ORP 表的应用

为防止细菌微生物在超滤膜表面滋生，超滤加药装置根据原水水质投加适量的次氯酸钠，未完全反应的次氯酸钠中的氯元素以 ClO^- 形式存在，是除盐水系统中余氯的主要来源。超滤产水在送往反渗透装置前，为避免由次氯酸钠引起的反渗透膜氧化损伤，在反渗透保安装置前投入还原剂亚硫酸氢钠用于还原过量的次氯酸钠。

$$ClO^- + HSO_3^- \longrightarrow Cl^- + SO_4^{2-} + H^+ \tag{2-2}$$

余氯具有较强的氧化性，当反渗透装置进水中的余氯含量累计值超出反渗透膜的最大抗氯能力时，膜元件会出现氧化降解现象，进而导致膜元件不可逆的氧化损伤，引起反渗透装置脱盐率明显下降甚至彻底失去脱盐能力。因此为了有效地保护反渗透膜，除盐水系统在反渗透装置保安过滤器前端设置了 ORP 表来测量水中余氯含量。

第三节　能源水质净化创新技术

一、反渗透（RO）的原理

1. 反渗透现象

把相同体积的稀溶液（如淡水）和浓溶液（如海水或盐水）分别置于一容器的两侧，中间用半透膜阻隔，稀溶液中的溶剂将自然地穿过半透膜，向浓溶液侧流动，浓溶液侧的液面会比稀溶液的液面高出一定高度，形成一个压力差，达到渗透平衡状态，此种压力差即为渗透压，渗透压的大小取决于浓溶液的种类、浓度和温度，与半透膜的性质无关。若在浓溶液侧施加一个大于渗透压的压力时，浓溶液中的溶剂会向稀溶液流动，此种溶剂的流动方向与原来渗透的方向相反，这一过程称为反渗透。

如图 2-3 所示，渗透是在自然状态下，溶剂分子从溶液浓度低的一侧向浓度高的一侧流动透过半透膜，低浓度侧的液位降低而高浓度侧的液位升高的现象。当渗透达到平衡状态，即半透膜两侧的液位不再变化时，膜两侧的水位差即静压差就是该溶液的渗透压。反渗透是渗透的相对概念，通过施加一个大于渗透压的外加压力改变溶剂分子的透过方向，使水从高浓度的一侧通过半透膜向低浓度的一侧流动，而膜的选择透过性使溶液中的盐分不会通过半透膜，最后达到去除水中盐分的目的。

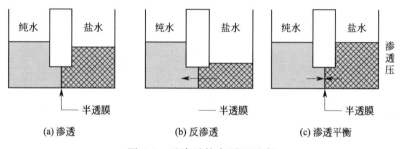

图 2-3　反渗透技术原理示意

2. 溶解-扩散模型

Lonsdale 等提出解释反渗透现象的溶解-扩散模型。他将反渗透的活性表面层看作致密无孔的膜，并假设溶质和溶剂都能溶于均质的非多孔膜表面层内，各自在浓度或压力造成的化学势推动下扩散通过膜。溶解度的差异及溶质和溶剂在膜相中扩散性的差异影响着他们通过膜的能量大小。其具体过程分为：第一步，溶质和溶剂在膜的料液侧表面外吸附和溶解；第二步，溶质和溶剂之间没有相互作用，它们在各自化学位差的推动下以分子扩散方式通过反渗透膜的活性层；第三步，溶质和溶剂在膜的透过液侧表面解吸。

在以上溶质和溶剂透过膜的过程中，一般假设第一步、第三步进行得很快，此时透过速率取决于第二步，即溶质和溶剂在化学位差的推动下以分子扩散方式通过膜。由于膜的选择性，使气体混合物或液体混合物得以分离。而物质的渗透能力，不仅取决于扩散系数，而且取决于其在膜中的溶解度。

3. 优先吸附——毛细孔流理论

当液体中溶有不同种类物质时，其表面张力将发生不同的变化。例如水中溶有醇、酸、醛、酯等有机物质，可使其表面张力减小，但溶入某些无机盐类，反而使其表面张力稍有增加，这是因为溶质的分散是不均匀的，即溶质在溶液表面层中的浓度和溶液内部浓度不同，这就是溶液的表面吸附现象。当水溶液与高分子多孔膜接触时，若膜的化学性质使膜对溶质负吸附，对水是优先的正吸附，则在膜与溶液界面上将形成一层被膜吸附的一定厚度的纯水层。它在外压作用下，将通过膜表面的毛细孔，从而可获取纯水。

4. 氢键理论

醋酸纤维素（一种半透膜材料）是一种具有高度有序矩阵结构的聚合物，它具有与水或醇等溶剂形成氢键的能力，如图 2-4 所示。盐水中的水分子能与醋酸纤维素半透膜上的羰基形成氢键。在反渗透压力推动的作用下，以氢键结合进入醋酸纤维素膜的水分子能够由第一个氢键位置断裂而转移到另一个位置形成另一个氢键。这些水分子通过一连串的形成氢键和断裂氢键过程而不断移位，直至离开膜的表面层而进入多孔性支撑层，就可以源源不断地流出淡水。

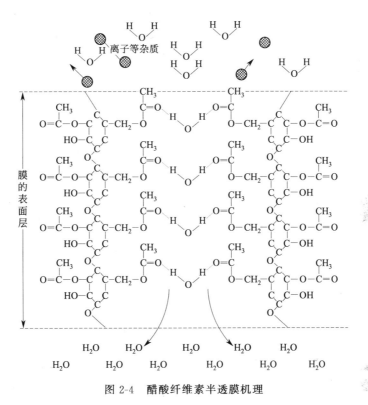

图 2-4　醋酸纤维素半透膜机理

二、反渗透的特点及工艺选择

1. 反渗透技术的发展

反渗透（Reverse Osmosis，RO）是以压力为推动力，利用反渗透膜只能透过水而不能透过溶质的选择透过性，从某一含有无机物、有机物和微生物的水体中，提取纯水的物质分离过程。

渗透现象是法国人 Abble Nollet 于 250 多年前发现的，自此以后人们开始围绕这种现象展开广泛的研究，1867 年 Traube 成功制备了第一张无机膜，1937 年 Carothers 最先合成聚酰胺，1950 年美国佛罗里达大学的 Reid 和 Hassler 等提出了反渗透海水淡化的概念，1953 年醋酸纤维素膜的脱盐能力被 Reid 和 Bretom 证实之后，Loed 和 Sourirajan 于 1960 年研制成功世界上第一张高脱盐率、高通量的不对称醋酸纤维素（CA）反渗透膜。

20 世纪 70 年代初美国杜邦公司开发成功了芳香族聚酰胺（PA）中空纤维反渗透膜，80 年代初交联芳香族聚酰胺复合膜及其卷式元件研制成功，而操作压力也由最初的高压反渗透海水脱盐膜的高压变为低压反渗透苦盐水脱盐膜的低压，至 20 世纪 90 年代中期超低压高脱盐度聚酰胺复合膜及其元件投入市场。

2. 反渗透的特点

（1）连续运行，产品水水质稳定，不需要用酸碱再生。

（2）不会因再生而停机，无再生污水。

（3）不需要污水处理设施，不需要酸碱储备、酸碱稀释和运送设施。

（4）减小车间建筑面积，使用安全可靠。

（5）避免工人接触酸碱，降低运行及维修成本。安装简单、安装费用低廉。

3. 反渗透工艺的选择原则

反渗透前的预处理系统及前处理系统已经大幅度降低原水中的悬浮杂质和胶体的含量，由于热电厂巨大的水汽损失，整个水处理系统的水处理量也随之增加，为了减少后续离子交换的负荷，延长制水周期，减少离子交换设备的再生化学药剂消耗量，节约生产成本，设置合适的反渗透处理工艺成了必要之选。

反渗透具有优良的除盐性能，脱盐率可达98%。当原水的含盐量较低时，一级反渗透处理即可以满足出水要求；如果处理水量较大，为了提高系统的回收率，可以采用一级两段的反渗透处理工艺，不仅降低预处理的产水量，也减少反渗透组件的单元进水量。

反渗透膜虽然有很高的除盐能力，但一些气体分子如 CO_2 较容易透过膜，然后进入除盐系统，增加离子交换设备的负荷，这不利于除硅，制水周期也会随之缩短。

三、反渗透膜的创新技术及发展

在反渗透膜发展的历史中，不对称膜和复合膜的研发是创新的两个范例。

1. 不对称膜

Loeb 和 Sourirajan 于 1960 年制得了世界上第一个高脱盐率、高通量、不对称醋酸纤维素（CA）反渗透膜，其创新之处在于，以往的膜皆为均相致密膜（0.1～0.2mm 厚），传质速率极低，无实用价值，而不对称膜仅表面层是致密的（约 0.2 μm 厚），使传质速率提高了近 3 个数量级，这大大地促进了膜科技的发展；20 世纪 70 年代研制了优异的 CA-CTA 膜，在 10.2MPa 操作压力下，对 35g/L NaCl 溶液，脱盐率 99.4%～99.7%，水通量 20～30L/(m^2 · h)。

2. 复合膜

复合膜的概念是在 1963 年提出的，其创新点在于膜的脱盐层和支撑层分别由优选的材料来制备，如脱盐层（约 0.1～0.2 μm 厚）是芳香族聚酰胺，支撑层是聚砜，这使膜的性能进一步提高。历年来，开发了许多不同用途的复合膜，如用于海水淡化的"高脱盐型"、纯水制备的"超低压和极低压型"、废水处理的"耐污染型"等。最近海水淡化的"高脱盐型"复合膜性能大大提高，在 5.52MPa 操作压力下，对 35g/L NaCl 溶液，脱盐率 99.8%，水通量 40L/(m^2 · h)以上。

目前国际上最佳商品化的复合膜，其表面层为芳香聚酰胺，有水通量大、脱盐率高、耐生物降解、pH 范围广，且有一定的游离氯允许范围等优点。但在耐氯、耐热、耐污染、耐化学试剂等方面，有待进一步改进；当然，水通量和脱盐率的提高，一直是膜改进的首选。

（1）无纺布和底膜的改进

反渗透复合膜用多孔无纺布增强和支持其上的聚砜底膜（支撑层）和脱盐层，要求多孔无纺布强度高、薄（100μm）、均匀、孔隙率高等；聚砜底膜（支撑层）要求无缺陷、薄（50μm）、孔均匀、孔隙率高、结构呈密度梯度型、与其下的多孔无纺布和其上的脱盐层结合牢固等。有的研究认为通过底膜和脱盐层间界面的改性、增加底膜表面的极性有利于复合膜产水率和脱盐率的提高；调节底膜铸膜液中添加剂品种和用量，如加入含环氧基的化合物或含异氰酸基的化合物等，使底膜缺陷少、孔径更均匀、孔隙率更高。

（2）新的功能单体

通过研究功能单体与膜性能的关系，希望为新型反渗透复合膜的研究提供依据。在功能单体中引入能与水分子形成氢键的官能团、亲水基团等，提高膜的截留率、水通量、耐氯性和抗氧化性。除最通用的间苯二胺（m-PDA）和均苯三甲酰氯（TMC）外，报道过的酰氯类功能单体有：间苯二甲酰氯（IPC）、对苯二甲酰氯（TPC）、5-氧甲酰氯-异酞酰氯（CF-IC）和5-异氰酸酯-异酞酰氯（ICIC）、3,4,5联苯三酰氯（BTRC）和3,3,5,5联苯四酰氯（BTEC）等；报道过的多胺类功能单体还有对苯二胺（PPD）、2,4-二氨基甲苯（m-MP-DA）、磺酸间苯二胺（SMPD）、3,3′-二氨基二苯砜、4-氯间苯二胺、4-硝基间苯二胺、2-二氨基二苯甲烷（DDM）、聚乙烯亚胺、氨基葡萄糖等。

（3）界面聚合的参数控制

界面聚合制备复合膜是非常复杂的过程，要获得性能优异的复合膜，有很多参数必须严格控制，如：支撑膜的处理、水和油相中的各组分的选择和配比、pH、接触时间、反应时间、热处理温度和时间（以调控膜的亲水性）、荷电性和表面粗糙度等。

通常在水相中加入不同的酸吸收剂，控制反应的pH，同时调节胺的扩散：如樟脑磺酸（CSA）/三乙胺（TEA）和1,1,3,3-四甲基胍（1,1,3,3-tetramethylguanidine）/甲基苯磺酸（Toluene sulfonic acid）等季铵盐类相转移催化剂，极性疏质子溶剂六甲基磷酰三胺（HMPA）、邻氨基苯甲酸三乙胺盐、间氨基苯甲酸三乙胺盐、2-（2-羟乙基）吡啶、4-（2-羟乙基）吗啉等亲水性添加剂。有时在水相中加入不同调节剂，进一步调节胺的扩散，如少量的丙酮、2-丁氧基乙醇、丙三醇、二甲亚砜等，进一步提高膜的通量。通过向MPD水相中加入对苯二酚，再与TMC反应可制得耐氯性优于聚酰胺膜的聚酯酰胺膜等。

通常在油相中加入不同添加剂，在油相/水相的界面处遇水而发生水解反应，水解生成的分子可以调节聚酰胺分子和薄膜的微结构，如钛酸丁酯、磷酸三丁酯（TBP）、磷酸三苯酯（TPP）等。总之，添加剂对膜性能的影响非常大，可以提高膜的亲水性和通量，改善抗生物污染和耐化学性等。

3. 反渗透膜的表面改性

（1）物理改性

表面涂层是最简单常用的物理改性方法。聚乙烯醇（PVA）、聚乙二醇（PEG）、壳聚糖（CS）、聚乙撑胺等高度亲水性材料常被用来直接涂覆到膜的表面，增强膜的亲水性和抗污染能力。聚乙烯亚胺（PEI）则可通过分子间氢键被自组装到常规聚酰胺膜表面，改变膜的荷电性和亲水性，进而改善膜的耐污染性。表面涂层的优点是操作简单，涂层物质可选择性高，改性初期效果较好，但存在易脱落、增大渗透阻力和降低膜通量的缺点。

（2）化学改性

复合膜的化学改性是用一些特定的化学试剂来处理膜，或者采用接枝聚合方法来调节复合膜表面层分子的化学结构，以获得性能提高的复合膜。例如，将聚酰胺层用过硫酸钾、过硫酸铵或过硫酸钠溶液浸泡，烘干后可使反渗透复合膜的耐氯性、耐氧化性和抗污染性进一步提高。或者，用含有环氧基、异氰酸基或硅氧基的化合物溶液处理膜，可使膜粗糙度明显减小，荷电趋于中性，降低膜的表面能，减弱污染物在膜表面的吸附，从而提高膜的抗污染能力。

在商业化的聚酰胺反渗透复合膜表面接枝上亲水的氨基磺化聚醚砜（SPES-NH$_2$）、PVA、PVA$_m$、PAA、PEG、PEMAEMA、甜菜碱（PSVBP）、MTAC 等，含-（CH$_2$CH$_2$O）N-的亲水支链，分子刷结构的支化聚环氧烷（PAO）聚合物，海因衍生物等，可明显改善膜的表面亲水性和光滑度，增强膜的抗污染能力和/或耐氯性。

（3）等离子体改性

由于等离子体改性比传统方法制备的聚合层具有更好的热稳定性和黏附性，因此有可能改善反渗透膜的渗透性、选择性和抗污染性。如在界面聚合之前用等离子处理聚砜超滤膜，引入亲水性单体丙烯酸、丙烯腈、丙烯胺、乙二胺等，使反渗透膜的水通量、截留率和耐氯性都有明显的改进。

4. 有机/无机纳米粒子杂化反渗透膜和仿生膜的研究

（1）有机/无机纳米粒子杂化反渗透膜（TFN）

2007 年，美国加州大学洛杉矶分校（UCLA）的 Hoek 课题组与加州大学河滨分校（UCR）的 Yan 课题组合作将纳米级分子筛填充至聚酰胺反渗透复合膜中，使膜的水通量提高近两倍，而盐截留率基本保持不变，并首次提出了超薄纳米复合反渗透膜（TFN）的概念。纳米粒子分散在高分子膜中，可对膜的细微结构和宏观性能产生不同程度的影响，研究表明分子筛的种类、粒径大小和均匀性、孔结构和大小、膜中分散均匀性、有机/无机界面调控、交联度、微小缺陷、分子筛的孔道效应等，与膜结构、亲水性、荷电性、化学、热力学和机械稳定性等的关系是十分紧密的。例如，将纳米沸石分子筛分散到水相或油相中进行界面聚合反应时，得到的 TFN 复合膜性能会大不一样。当在聚酰胺膜中嵌入其他纳米粒子如碳纳米管、氧化石墨烯、石墨烯、纳米银或 TiO$_2$ 等时，膜也将展示不一样的细微结构和宏观性能。

（2）仿生膜的研究

由于水通道蛋白（AQPs）具有独特的水通道（约 3nm）、水分子靶向点和优异的选择性，将它们嵌入到聚酰胺反渗透复合膜活性表面层中制得的仿生膜，理论上可使膜的水通量提高 2 个数量级。

例如 Zhao 等直接将由蛋白脂质体固载的水通道蛋白添加到水相通过界面聚合制备了 TFC 水通道蛋白基仿生膜，对 NaCl 的截留率为 97%，而水通量显著提升，高达 4L/（m^2·h·bar）（测试条件：10mmol/L NaCl，5bar），比 BW30 膜和 SW30HR 膜的水通量分别高约 40% 和 10 倍。虽然水通道蛋白的嵌入可显著提高膜的水通量，但前提是能筛选到合适的载体，目前报道使用的有蛋白脂质体、蛋白聚合物囊泡或者嵌段共聚物，以使固载的水通道蛋白能与基底膜更好相容，并且被包覆，从而具有好的化学稳定性，最终在水环境中发挥独一无二的功能。

Saeki 认为水通道蛋白的三维结构太复杂，并且对基底膜很敏感，于是选择将结构更简单的短杆菌肽（GA）嵌入荷正电的双层脂质体中，然后在外加压力（0.15 MPa）下通过静电作用固载于荷负电的磺化聚醚砜纳滤膜（NTR-7450）上制得具有反渗透性能的仿生膜，该膜对 NaCl 的截留率高于 97%，水通量可达 $11.08L/(m^2 \cdot MPa)$，但远低于理论值。

四、新型纳米反渗透膜的开发研究

1. 基于碳的纳米反渗透膜

基于碳纳米材料的纳米反渗透膜由于其优越的离子过滤性已经受到研究者的广泛关注，例如碳纳米管和石墨烯纳米片。均匀排列的碳纳米管是一种内壁光滑、水合性强的二维层状纳米材料，具有独特的水分子通透性及盐离子拒绝率等特性。对孔径为 8nm 的多壁碳纳米管采用分子动力学模拟研究，结果表明其水流量是传统反渗透膜的 4 倍左右。进一步在碳纳米管孔口处修饰聚合物基体后不仅提高了水分子通过率以及盐离子拒绝率（也称拒盐率），而且具有极其强的防污性能。

石墨烯纳米片是基于石墨烯及石墨烯氧化物所制备的另一种新型碳基纳米反渗透膜，王乃鑫等将石墨烯纳米片嵌入到聚电解质表面，提高了石墨烯纳米片的机械性能和热性能，同时这种石墨烯纳米反渗透膜具有优异的镁离子、钠离子拒绝率，但是水流量相对较低；将聚酰胺修饰到石墨烯纳米片表面后，得到的聚酰胺/石墨烯纳米片反渗透膜具备较高的水分子通过率以及拒盐率。

2. 基于金属和金属氧化物的纳米反渗透膜

目前很多研究者将大量的金属以及金属氧化物（沸石、二氧化硅、银纳米粒子等）修饰到聚合物基体表面，合成的纳米反渗透膜提高了其水流量、离子排斥率和防污特性等性能。通过界面聚合制备的沸石/聚酰胺纳米反渗透膜的水离子通过率和拒盐率比纯净的聚酰胺纳米反渗透膜提高了近两倍，这是由于沸石所具有的独特的孔结构增加了膜的渗透性，而膜表面的电荷又能拒绝海水中离子透过。

二氧化钛作为一种光催化材料，现在已被广泛应用于制备纳米防污膜，二氧化钛/聚酰胺纳米反渗透膜是由二氧化钛通过自组装的方式，并以氢键和羧基结合到聚酰胺层表面所制备的，防污测试实验证明二氧化钛/聚酰胺纳米反渗透膜具有较低的离子通过率，从而具备优越的防污特性。

3. 基于水通道蛋白的纳米反渗透膜

20 世纪阿格雷等因为首次发现了水通道蛋白而获得诺贝尔奖，而水分子可以快速、顺利地通过单通道蛋白启发人们，生物脂层具有较高的水通透性以及离子选择性。Kumar 等从大肠杆菌中提取的水通道蛋白，制备了一种蛋白聚合纳米反渗透膜，被证实具有较高的水分子通透性和盐离子拒绝率，而初步应用于海水淡化。

五、反渗透(RO)在海水淡化中的应用研究

1. 反渗透除盐工艺

RO 是水经过膜的有选择性透过，让溶解物、颗粒和水分离，除去溶解的离子、大分子有机物及颗粒。反渗透可去除水中大部分的无机盐、$0.0001\mu m$ 大小的颗粒和分子量在 $150 \sim 200$ 范围内的有机物，除盐率可高达 99% 以上。反渗透已成为目前世界公认的先进的水处理技术，近年广泛应用于电厂除盐系统中。

2. 反渗透膜元件的形式及特点

反渗透装置的元件（也称为反渗透膜元件）形式有板框式、管式、卷式、中空纤维式四种类型，目前，应用最多的是卷式反渗透器，板框式和管式仅用于特种浓缩处理场合。

（1）板框式反渗透器

板框式反渗透器由一定数量的承压板和反渗透单元组成，承压板两侧覆盖微孔支撑板，微孔板的两面粘贴着反渗透膜成为最小反渗透单元。将这些贴有膜的微孔板与承压板多层间隔叠合，用长螺栓固定后，装入密封耐压容器中，构成反渗透器。高压盐水以紊流状态沿膜与膜的间隙流过，在此过程中，通过反渗透膜进入多孔隔板的淡化水在板内汇集，进入周边集水槽后再流出装置。这种装置的优点是能承受高压，缺点是占地面积大，易产生浓差极化。

（2）管式反渗透器

管式反渗透器有内压式和外压式两种。膜形是管状的。管状膜衬在耐压微孔管套上，并把许多单管以串联或并联方式接连装配成管束。当水在反渗透操作压力推动下，从每根管内透过膜并由管的微孔壁渗出管外时，称为内压式。当膜衬在耐压微孔管外壁，水向管内渗出时，则称外压式。外压式水流流态差，一般用内压式。内压式的优点是水流流态好，易安装、清洗、拆换；缺点是单位体积内膜面积小。

（3）卷式反渗透器

卷式（又称螺旋式）反渗透器的组件，是由中间夹入一层多孔支撑材料、由两张膜贴连成的袋形反渗透膜，袋形膜之间加设浓水导流网，导流网与袋形膜的开口边固定在淡水多孔集水管上后，以淡化管为轴卷成螺旋卷状而成。

卷式反渗透器由组件串联而成，盐水由一端流入导流隔网，从另一端流出。卷式反渗透器的优点是单位体积膜填充面积大、水流流态好，结构紧凑；缺点是易堵，清洗较困难。

（4）中空纤维式反渗透器

中空纤维的外径通常为 $50\sim100\mu m$，壁厚 $12\sim25\mu m$，内径 $25\sim50\mu m$，外径与内径比约为 $2:1$，故能受管内外的极大压差。一般将几十万根中空长纤维弯成 U 形装在耐压容器中，其开口端固定在圆板上用环氧树脂密封，构成反渗透器。在高压作用下，淡水透过每根纤维管管壁进入管内，由开口端汇集流出容器。这种装置的优点是单位体积内膜的填充密度最大，结构紧凑，无需承压材料；缺点是易堵，清洗困难，对进水处理要求很严。

3. 反渗透膜组件及其排列

（1）膜组件

膜组件由一个或多个卷式膜元件串联起来，放置在压力容器组件内组成。膜组件的排列组合合理与否，对膜元件的使用寿命有至关重要的影响。

（2）段与级的概念

为了使反渗透装置达到给定的回收率，同时保持给水在装置内的每个组件中处于大致相同的流动状态，必须将装置内的组件分为多段锥形排列，段内并联，段外串联。

在反渗透系统中浓水流经一次膜组件就称为一段，流经 n 次膜组件，即称为 n 段，增加段数可以提高系统的回收率。反渗透淡水（产品水）流经一次膜组件称为一级，产品水流经 n 次膜组件处理，称为 n 级，增加级数可以提高系统除盐率。

（3）反渗透膜组件的排列组合

根据水质和用户的要求，反渗透可采用一级一段、一级多段、多级多段的配置方式组成水处理系统。图 2-5 所示为一级一段连续式系统。这种配置方式水的回收率不高，因而一般不采用这种方式。为提高水的回收率，将部分浓缩液返回液槽，再次通过膜组件进行分离，这样会使透过的水质有所下降。

图 2-5　一级一段连续式系统

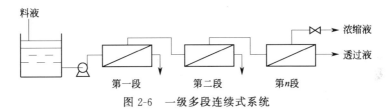

图 2-6　一级多段连续式系统

一级多段式配置适合大处理量的场合，这种方式最大的优点是水回收率提高，浓缩液的量减少。图 2-6 为一级多段连续式系统。这种配置方式在各段的组件膜表面上，水的流速不同，流速随着段数的增加而下降，容易使浓差极化加大，为此可将多个组件配置成段，而且随着段数的增加，组件的个数减少，可以采用一级多段连续式锥形排列，并加用高压泵，以克服多段流动压力损失。

组件的多级多段式配置是将第一级的透过水作为下一级的进料液再次进行反渗透分离，如此延续，将最后一级的透过水引出系统，而浓缩液从后级向前一级返回与前一级的进料液混合后，再进行分离，这种方式既提高了水的回收率，又提高了透过水的水质，因而有较高的实用价值，实际工程中应用最多。多级多段式配置也有连续式和循环式之分，如图 2-7 所示为多级多段循环式系统。

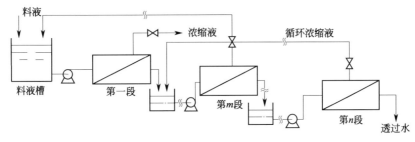

图 2-7　多级多段循环式系统

4. 海水淡化系统及典型配置

（1）海水淡化系统流程

海水淡化系统流程如下所示。

海水→机组循环泵（或机组循环水排水虹吸井）→海水原水池→海水原水升压泵→絮凝

沉淀池→超滤配水槽→超滤膜池→超滤膜组件→超滤透过液泵→超滤产水箱→一级 RO 海水提升泵→一级 RO 保安过滤器→一级 RO 高压泵和 PX 能量回收装置→一级 RO 膜组件→一级 RO 产水箱→二级 R 高压泵→二级 RO 膜组件→二级 RO 产水箱

（2）典型海水淡化系统的配置

反渗透（RO）系统采用带能量回收装置（PX）的一级海水淡化反渗透（RO）系统和二级预脱盐反渗透（RO）系统。

一级反渗透（RO）系统设计产水的总量为 $1440m^3/h$，分为 6 个系列，每个系列的最大处理量为 $240m^3/h$，其中部分产水作为工业用水、生活用水和消防用水，直接进入相应的工业水池、生活水池和消防水池，水量为 $960m^3/h$。水量为 $480m^3/h$ 的另一部分产水，再经三个系列，每个系列最大处理量为 $130m^3/h$，经二级反渗透（RO）系统进一步脱盐后，进入二级反渗透（RO）产水箱供补给水除盐系统用。

反渗透装置的水的回收率：一级海水膜不小于 45%，二级淡水膜不小于 85%。一级膜装置三年内总脱盐率不小于 99.3%，三年后脱盐率不小于 99%。二级膜装置三年内总脱盐率不小于 98%，三年后脱盐率不小于 97%。

5. 水中有害成分对反渗透的影响

反渗透膜是反渗透技术的核心。水中有害成分的危害主要表现在对膜的作用上。膜受损后必将影响到反渗透装置的稳定高效运行。

（1）悬浮物和胶体物质很容易使反渗透膜孔堵塞，减小膜的有效工作面积，导致产水量和脱盐率降低。

（2）有机物对反渗透膜的影响各不相同。单宁酸等有机物会污染膜体、恶化水质；腐殖酸等有机物被膜截留但不污染膜；乙酸或丙酸等有机物能通过膜，使产品水质受到污染。

（3）细菌和微生物对反渗透膜的污染因膜种类不同而各异。醋酸纤维素膜易受细菌的侵蚀而降解，导致脱盐率下降；微生物污染会形成致密的凝胶层，降低流动混合效果，同时酶的作用会促使膜体降解和水解，引起水通量和脱盐率下降，压降增加。复合膜和聚酰胺膜虽不易受微生物侵蚀降解，但微生物的聚集繁殖也会导致产水率和脱盐率降低，并使膜的使用寿命缩短。

（4）游离氯（次氯酸 HClO 和次氯酸根 ClO^-）几乎可使所有反渗透膜（新聚砜膜除外）受到程度不同的破坏。其中，复合膜和芳香聚酰胺膜对之更为敏感，0.1mg/L 的浓度就能使膜的性能恶化。而醋酸纤维素膜对之耐受力较强，游离氯的浓度可达 $0.5\sim1.0mg/L$。

（5）铁、锰、铝等金属氧化物含量高时，会在膜表面上形成氢氧化物胶体沉淀，使膜孔堵塞，损害反渗透膜的工作性能。

（6）水中高含量的 SO_4^{2-} 和 SiO_2 均可在膜表面上析出沉淀形成结垢，使膜受到污染，水通量下降，压降下降，工作效率受损。

思考题

1. 可燃冰的形成过程是怎样的？
2. 可燃冰开采技术的研究状况是怎样的？

3. 氢能的开发与利用技术取得了哪些进展?

4. 氧化还原电位的概念和特点是怎样的?

5. 氧化还原电位的测试体系和测试原理是什么?

6. 氧化还原电位测试在核电领域有哪些直接应用?

7. 反渗透的原理是什么?

8. 醋酸纤维素半透膜的工作机理是什么?

9. 反渗透复合膜有哪些种类?各有什么特点?

10. 纳米反渗透膜的开发研究进展是怎样的?

11. 反渗透膜组件的排列组合方式有哪些?

12. 反渗透的特点及其工艺选择原则是什么?

13. 水中有害成分对反渗透的影响是什么?

第三章

石化领域研究前沿及创新技术

第一节 石油化工领域的研究前沿

一、石化行业发展趋势

按照我国发布的《石油和化学工业"十三五"发展指南》，我国石化行业发展目标是到2020 年，全国炼油能力预计达到 8.8×10^8 t/a 左右，力争控制在 8.5×10^8 t/a 左右，年原油加工量 6.1×10^8 t；乙烯产能 3200×10^4 t/a，年产量约 3000×10^4 t，其中煤（甲醇）制乙烯所占比例达到 20% 以上；对二甲苯产能 2200×10^4 t/a，产量约 1870×10^4 t。石油和化学工业的主要业务领域包括如下六个方面。

1. 烯烃业务

强化炼化一体化优势，促进石油基烯烃直接原料轻质化，提高轻烃所占比例，发展煤（甲醇）制烯烃和丙烷脱氢制丙烯，提高非石油基产品在乙烯、丙烯产量中的比例。

2. 芳烃业务

结合炼化一体化和环境保护方面要求，科学布局石化芳烃产业，促进煤制芳烃产业化，推进芳烃原料路线多元化和芳烃-聚酯一体化产业基地建设。

3. 有机原料业务

发展大宗短缺产品，如乙二醇、己二腈等；加快推广清洁生产工艺，替代重污染工艺，例如推广直接氧化法和共氧化法环氧丙烷生产技术，替代氯醇法环氧丙烷生产技术；推进原料路线多元化，发展合成气制乙二醇，包括煤制乙二醇、焦炉气制乙二醇、电石尾气制乙二醇等。

4. 传统化工"N"业务

严控包括氮肥、磷肥等传统行业的过剩产能，建立落后产能，退出长效机制；促进农化产品升级。化肥企业要由生产单质肥为主向生产混配肥料为主转变，"十三五"期间，氮肥新增产能 700×10^4 t/a，淘汰落后产能 650×10^4 t/a，到 2020 年总产能达到 6050×10^4 t/a；磷肥淘汰落后产能 100×10^4 t/a，2020 年产能控制在 2400×10^4 t/a 左右，平均产能利用率达到 80%；钾肥 2020 年产量达到 800×10^4 t，进口稳定在 800×10^4 t 左右。

5. 加大石化企业安全、环保和节能的达标工作

（1）工艺装置的能耗达标管理，实现节约能耗，提高资源利用效率；

（2）按照国家的要求，开展工艺废气的污染治理，减少 SO_2、NO_x 及颗粒物的排放；

（3）贯彻落实《石化行业挥发性有机物综合整治方案》，开展挥发性有机物 VOCs 的治理，如污水处理场加盖收集 VOCs 进行集中处理，油品储罐的排放治理等，实施 VOCs 削减技术改造，基本完成 VOCs 综合整治，建成 VOCs 检测测控体系。通过这些措施，使石化企业实现绿色发展。

6. 推进技术进步

"十三五"期间，依靠科技进步，紧紧围绕调整产业结构这条主线，集中科技资源在炼化领域培育一系列自主专有技术和核心技术，如炼油化工原料多元化拓展技术，乙烯原料多元化、轻质化、优质化拓展技术，炼油生产向节能清洁型转变的支撑技术，国 IV 标准车用汽柴油生产技术等，为构建核心竞争力提供强大技术支撑。

二、石油炼化装置工艺研究

1. 石油的分类

石油主要分为润滑油、汽油和柴油，在生产生活中都能起到重要的作用，但存在一定的处理难题。润滑油能够在日常生产生活中起到对机器设备的润滑作用。而汽油和柴油都能作为能源物质在生产生活中被消耗，产生巨大的能量。

2. 石油化工生产技术的发展

在石油化工生产过程中，需要借助催化剂的催化作用提高化学反应发生的效率和速率，从而实现化工生产效率的提升和产物质量的提高。石油化工生产中主要应用的催化剂有固体酸催化剂和液体酸载化催化剂。这两种催化剂能够实现无毒无害生产，并保障生产环境的清洁。随着科学技术的进步和对石油炼化装置工艺研究的进一步深入，新的生产技术也被应用到石油的化工生产中，不仅能够减少石油化工生产造成的废料，还能提高原料的利用效率。

3. 绿色石油炼化装置工艺的发展

石油化工生产逐渐向着高效率、低污染的方向发展，随着绿色化工概念的提出，石油化工生产也逐渐形成以节省能耗、降低废物产生率为目标的生产设计模式。而石油的绿色化工工艺不仅要在设计方案上进行调整，更要随着生产实际的变化进行更加科学的规划和分析。

（1）绿色石油炼化装置工艺的概念

绿色石油化工就是通过科学的设计和规划方法，减少化学反应和化工生产过程中造成的资源浪费和有害物质产生。在绿色石油化工工艺设计中，要通过化学反应的发生效果进行方案的调整和设计，实现原子的经济效益，通过提高原子的利用率改善化学反应发生的条件。

（2）绿色石油炼化装置工艺中存在的问题

绿色石油化工生产要从环境友好的角度进行化工生产的设计。在石油化工生产过程中减

少原料的浪费，提高化学反应发生的效率和反应的进行程度，此外，要对化学反应产生物质的利用和消耗进行设计。石油能源物质的消耗会带来环境污染，而污染的防治成为主要的难题。

三、石化行业过程装备技术研究和发展

1. 石化装备发展总体趋势和特点

根据我国石化产业发展对装备的需求，未来我国石化装备的总体发展趋势是：在石化装备的特征方面呈现大型化、高压化、高效化、高硫化、高酸化趋势；在石化装备的制造方面呈现新材料、新结构、新工艺、新技术趋势；在石化装备的研发和制造方面呈现设计、制造、使用一体化趋势；在石化装备的使用方面呈现安全、稳定、长周期、满负荷、优化运行趋势。

在石油化工行业，装备技术一直以来都占据十分重要的位置，同时也发挥着重要的作用。从某种意义上来讲，装备技术的发展在一定程度上也影响着未来石油化工行业的发展，进而也对国家的整体综合实力产生了直接的影响。

2. 过程装备技术研究前沿

对于过程装备技术而言，其有着一个极为广泛的研究领域，而且也呈现出了较强的学科综合优势，具体涉及化学工程、控制技术、力学、机械工程、材料工程以及计算机学科等多学科内容，体现出较强的技术性和综合性特点。所以，其研究成果的应用价值以及涉及领域也就极为广泛。

（1）继续开展大型通用设备攻关

在离心式压缩机装备方面，国际上的发展方向是容量增大，开发高压、小流量、低噪声、高效率压缩机产品。国内离心式压缩机生产企业有 10 多家，包括沈阳鼓风机厂、上海鼓风机厂、陕西鼓风机厂等，但是在离心压缩机的高技术、高参数、高质量和特殊产品方面还不能满足需要，50%左右还要依靠国外进口。另外，在技术水平、质量、成套性上与国外还有差距，在设计制造大型气体压缩机上还没有成熟的经验。

在换热器装备方面，随着大型化及高效化，国外换热器也趋于大型化，并向低温差、低压力损失方向发展。例如，换热器翅片管新近涌现出 T 型翅片管、低螺纹翅片管、菱形翅片管、缩放管、铝多孔表面传热管、螺旋槽管、螺旋扭曲椭圆形管等，需要积极跟踪并开展研究，以提高国产换热器的能效。

（2）大力发展高端和高效装备制造，实现由大到强的战略转型

发展高端装备制造业是促进行业经济转型升级、实现由大到强的重要抓手。目前，海洋工程装备、智能制造装备等五大领域已被确定为我国高端装备制造产业的重点，标准化、模式化是实现"中国制造"变为"中国创造"的战术措施。

大力开发高效装备，如大型企业的汽电联产，能源梯级利用（燃气轮机发电产汽装备、高温气体净化设备）；高温位热能回收，催化装置700℃烟气透平发电，余热锅炉产汽；低温位热能回收，300℃以下热源的利用（热泵、低温差高效换热器）；CO锅炉化学能回收；高压液体的液力透平压力能回收；优化换热网络、蒸汽网络等，都需要加大攻关力度，为国内提高能效提供装备支撑。

（3）生产研发和设计、制造一体化

产学研联合，努力推动制造业创新发展。一方面，针对不同类型的自发的产学研合作网络或者产业研发联盟，政府要加强投融资机制创新，通过引导和支持的方式促进其发展，促进政府、企业、金融、社会资金对接；另一方面，以行业骨干企业为龙头，联合科研实力雄厚的大学和科研机构，组建多种形式的产学研研发联盟，充分调动各方面的资源和力量，共同推进《中国制造2025》的技术研发和应用推广。

（4）大力提升石化装备的数字化、智能化水平

要借助新一轮科技和产业革命的兴起、世界制造业格局的变革，大力推进新一代信息技术与石化装备制造业的深度融合，不断提升石化装备的技术与制造水平，满足我国石化行业向高端发展的需要。

产品设计能力核心基础、零部件/元器件关键基础材料、先进基础工艺及产业技术基础这"四基"整体水平的提高，很大程度上决定了产品质量的优劣，是提高中国制造品质的基础，应给予高度重视。要以专业化为方向、以标准化为基础，强化中国制造工业基础，同时大力推广应用先进设计技术，开发设计工具软件，构建设计资源共享平台，制定激励创新设计的政策。

（5）努力拓展海外市场，寻求更大的发展

中国的石化装备在价格上具有优势，普遍低于国际价格。一些用量较大、技术难度相对不高的设备，正在积极扩大国际市场份额，为拓展海外市场做出贡献。

3. 石化重大装备的研发

（1）乙烯"三机"装备

国内圆满完成 100×10^4 t/a 乙烯的裂解气离心压缩机、丙烯制冷离心压缩机（蒸汽轮机驱动、轴功率 3.3×10^4 kW）和乙烯制冷离心压缩机的研制任务，已分别安装在中国石化镇海炼化分公司 100×10^4 t/a 乙烯、中国石化天津分公司 100×10^4 t/a 乙烯和中国石油抚顺石化公司 80×10^4 t/a 乙烯装置上，并正式投入运行，还承接了武汉分公司 120×10^4 t/a 乙烯"三机"的制造任务。

（2）裂解炉装备

国内于 2007 年为中国石油独山子石化公司 100×10^4 t/a 乙烯装置成功研制了单台 15×10^4 t/a 乙烯裂解炉，技术达到国际先进水平，并建立了从焊接、组装、热处理到试压的生产线。

（3）乙烯冷箱装备

国内已完成"百万吨级乙烯冷箱的开发与研制"项目，以天津 100×10^4 t/a 乙烯项目和镇海炼化 100×10^4 t/a 乙烯项目为依托工程，并根据两套装置的不同特点，采用了不同的方案。其中，天津百万吨乙烯共 3 台冷箱，最高设计压力达到 5.4MPa，最大的冷箱外形尺寸为 6500mm×4200mm×33000mm，总质量约 265t，能满足 14 股流体同时换热。而镇海炼化 100×10^4 t/a 乙烯冷箱分为一大三小共 4 台冷箱，最高设计压力达到 6.0MPa，最大的冷箱外形尺寸为 7400mm×4000mm×30000mm，总质量约 300t，能满足 16 股流体同时换热。百万吨级乙烯冷箱的研制成功，打破了国外少数公司在该市场上的垄断局面，不仅对提高我国乙烯行业的装备水平有着重大意义，而且对天然气液化、大型化肥装置以及 CO 深冷分离等其他行业冷箱设备的研制具有指导意义。

（4）乙烯低温球罐装备

国内制造企业根据乙烯装置国产化的需要，自主开发了 −50℃ 低温钢大型球罐设计制造

技术，成功解决了低温材料、板材成形、焊接以及施工现场热处理等技术难题，打破了我国大型乙烯低温球罐依赖进口的局面，填补了国内空白。国产的大型低温球罐已在石化企业广泛应用。

（5）挤压造粒机组装备

国际上只有德国 W&P 公司、日本制钢所（JSW）、日本神户制钢所（COBE）以及美国 Farrell 公司等几家企业可以制造大型混炼挤压造粒机组。近年来，国内通过不断攻关，国产化取得了进展。例如，国内制造企业为中国石化燕山分公司 20×10^4 t/a 聚丙烯装置成功研制的同向双螺杆挤压造粒机组，电动机功率为 7100kW，螺杆直径 320mm，经 8000h 以上连续运行，各项性能指标均达到设计任务书的要求，结束了我国大型挤压造粒机组长期依赖进口的局面。国内制造企业还承担了中国石化齐鲁分公司 25×10^4 t/a 聚乙烯装置挤压造粒机组的研制任务，该机组总质量 140t，生产能力 45t/h，已于 2012 年正式投产运行。

（6）反应器装备

近几年来，国内相继开发出 1000×10^4 t/a 炼油装置加氢裂化反应器、240×10^4 t/a 连续重整反应器、螺纹锁紧环式高压换热器、100×10^4 t/a 乙烯装置中的 30×10^4 t/a 环氧乙烷/乙二醇环氧乙烷反应器、45×10^4 t/a 聚丙烯复合式环管反应器、30×10^4 t/a 聚乙烯气相反应器、100×10^4 t/a 的 PTA 氧化反应器及 20×10^4 t/a 苯乙烯脱氢反应器等各类关键反应器，填补了国内空白，并且在工程中得到成功应用。

（7）PTA 工艺空气压缩机组装备

国内分别研制出 60×10^4 t/a 级和 100×10^4 t/a 级 PTA 工艺空气压缩机组。我国首台 PTA 压缩机组在重庆蓬威石化有限公司 60×10^4 t/a PTA 装置上投入运行以来，各项性能指标均满足用户要求，且各项运行指标接近国际先进水平。100×10^4 t/a 级 PTA 装置工艺空气压缩机也实现了国产化，并成功应用于江苏海伦石化有限公司 120×10^4 t/a PTA 装置上。

（8）石化用泵装备

近年来化工泵从 500×10^4 t/a 炼油装置、30×10^4 t/a 合成氨装置到 100×10^4 t/a 乙烯装置、1000×10^4 t/a 炼油装置及 45×10^4 t/a 合成氨装置，国内泵制造企业一直坚持国产化道路，目前千万吨炼油、百万吨乙烯、煤化工等石化装置中工艺流程泵的国产化率分别达到 90%、85% 和 80%。

四、关键大型石化装置自动控制系统的研究

中国石油化工股份有限公司武汉分公司的具体改造包含了 500×10^4 t/a 常规减压、120×10^4 t/a 延迟焦化、6×10^4 t/a 硫黄回收、190×10^4 t/a 煤柴油加氢四套装置，且全部选用了拥有我国自主知识产权的 ECS 自动化控制系统。

1. 500×10^4 t/a 常规减压装置

常规减压装置采用把原来的石油按照一定的标准划分为几种常见油：汽油、柴油、煤油、润滑油以及油渣等的生产加工方式。常规减压还包含以下三个工序：去盐、去水、蒸馏。

2. 120×10^4 t/a 延迟焦化

目前，我国国内的炼油厂采用的延迟焦化技术装置一般有焦化、分馏和柴油的吸收等方

式，可以依靠当前能量结构成品模型来延迟焦化装置所区分的不同部分，并且采用当前能量的作用来实现转换和分离，从而完成不同品种的能量进行转化。

3. 6×10⁴t/a 硫黄回收装置

当前中国现存的硫黄回收装置中，从 2002 年开始建成的装置基本上都是带有尾气处理装置，这样除了我国自行设计研究开发的 SSR 工艺技术还原吸收法，基本上都是采用引进的工艺技术，符合当前国家推行的节能减排标准。

4. 190×10⁴t/a 年煤柴油加氢

国家在传统的非加氢工艺的加工装置技术的投资比重较小，运行成本低下。因此，在传统的生产成本投入上较低。同时也带来了相应的严重后果，带来了严重的环境污染问题。由于所产生的废弃物处理较为困难，同时很难适应当前市场的变化。加氢工艺装置具有较强的适应能力，同时还便于操作。所以，加氢工艺在将来取代传统的原料工艺上是势不可挡的。加氢工艺的投入较高，同时运行成本也十分高。但是加氢工艺对于当前实现国产化能力的提升和带来的丰厚经济效益来说是十分可观的。

当前，我国的大型石化装置自动控制系统国产化体系随着时代的发展在不断的进步，国产化的能力也得到了不断提升。从成本方面考虑，当前，我国炼油装置的国产化率已经达到了 90% 以上，当前大型石化装置自动控制系统国产化能力的提升是我国在大型石化方面取得的重大突破，有利于其他装备的提升，为打破国外装备的控制打下了基础。

第二节　石油化工领域的创新技术

一、超声波技术的创新应用

1. 超声波技术应用

（1）超声波处理污水

水污染问题日益严峻，其根本原因是随意排放污染物多、组成复杂的工业废水和有机物含量高的生活污水。常见的废水处理技术，如活性炭法、有机溶剂脱脂法、浮选法、膜法等都存在某些问题，并不能很好地达到预期目标。

经过超声波作用后的膜生物反应器能够显著提高水的净化效率，经实验证实 10W 的超声波作用效果最为明显，净化效率提升的幅度最大。对于低温和常温下超声波对污水中生物的处理效果，进一步的探索表明：在低温时，超声波作用后，污泥活性可以增加 30%，较常温下超声波的作用效果更明显。Tian 等通过碱和超声波（ALK＋ULS）的协同作用处理污水，能够使生物降解能力提高 37.8%，可溶性腐殖酸类微生物排放量显著增加。杨铁金等将超声波与 H_2O_2 处理污水法相结合，可以大大降低氨氮含量，并将黑色的污水变为浅黄色。Ping 课题组的研究结果表明，与金刚烷胺制药废水的处理方法相比，Fenton/超声波联合作用能够更有效地处理废水中的有机物，尤其是含苯环的有机物。Abramov 等使用超声波处理油污，得到水的净化剂。利用超声波的空化作用，姜秉辰等对被工业污染的水进行了一系列实验，结果表明：频率相同时，超声波功率越大，污水黏度降低得越多，复杂油分子的裂解先增多后减少，随着超声波作用时间的增加，污水的裂解效果和黏度不断下降。王秀蘅等将超声波与膜生物反应器结合，能够有效降低水质的化学需氧量（COD）。Kotowska等结合了超声波辅助乳化-萃取方法和气相色谱-质谱联用方法（GC-MS），检测并处理城市污水中的氯，在处理含量 $0.06 \sim 551.96 \mu g/L$ 的酸性化合物和 $0.03 \sim 102.54 \mu g/L$ 的酚类化合物的污水时，去除率分别达到了 85% 和 99%。

（2）超声波合成有机物

超声波可以使合成反应的条件更温和、效率更高、时间更短。张素风等通过超声波水解胶原蛋白合成施胶剂，超声波处理后的胶原蛋白分子结构不变，分子变小且分布均匀。安琳通过超声波辐射，由叔丁基杯 $[n]$ 芳烃制备磺化杯 $[n]$ 芳烃。通过超声辐射，合成糠酸正丁酯，与传统方法相比较，超声波合成有机物具有用时短、收率高、能耗低等特点。Shabalala 等通过超声波辐射合成吡唑，避免了传统色谱法中纯化的步骤，其选择性高、无副产物。

（3）超声波电化学

超声波可以提高电流效率，改善电路微观分布，还能影响电沉积过程中的金属镀层。盛敏奇等通过超声波提高 Co-Ni 合金层平整度，与传统方法相比，该合金没有裂纹、硬度变大、抗腐蚀性高。有研究表明通过超声波辅助化学电镀，在室温下进一步活化合成亚微米级的 $Co-Al_2O_3$，随着粉末负载的增加，$Co-Al_2O_3$ 相对含量降低。在泡沫炭上用真空法和超声波协同无电镀铜，泡沫炭内壁及表面涂层均匀，其机械性能明显改善。

超声波与电化学的协同作用还可以合成纳米材料。通过超声波作用合成的纳米 $Ni(OH)_2$ 有 α 相和 β 相混合结构。张仲举等将超声波与共沉淀法协同作用制备 $\alpha-Ni(OH)_2$，实验表明，该方法制备的样品化学性能更好，放电比容量更大。

（4）超声波除垢、清洗技术

超声波除垢技术具有安全、可靠、高效等特点，近年来已广泛应用于各种换热器中。例如，大港石化公司在油浆换热器中应用超声波在线除垢技术，该技术可以使油浆换热器的传热系数大幅度增加，运行周期有所延长，汽包发汽量增加 0.404t/h，油浆系统的运行状况得到了较大改进。超声波由于空化作用产生的微射流能够不断冲击物体表面，使得污垢难以在表面附着，Chang 等将超声波应用于一种数码设备清洗过程中，并设计和制作了一个多功能的超声波清洗系统，极大地提高了清洗效率。对于超声波参数与除垢效果的相关性，黄磊落等经实验证明，随着超声波功率和流体流速的增加，除垢效果越来越好，当流体温度为60℃时，除垢效果最佳。

（5）超声波的乳化作用

超声波的乳化是指在超声波作用下，使两种或两种以上的不相溶液体及其微小的液滴均匀分布在另一种液体中形成乳状溶液的过程。李博等通过超声波-机械搅拌联合乳化重油工艺，研究影响乳化重油中分散相（水）的分散度的因素。结果表明：联合法乳化重油比超声波法乳化重油分散度高。使用超声波乳化技术可以洗煤，Sahinoglu 等实验表明，超声波作用后，灰分和黄铁矿含量显著降低。Lemos 等利用一种基于超声波辅助乳化微萃取的火焰原子吸收光谱法进行镍的测定，该方法简单、经济、快速、高效，被用于测定参考材料和水中的镍。

近十年，超声波乳化应用于越来越多的方面，其在食品、涂料、高分子聚合以及液-液不相溶液体反应等方面都具有重要影响。例如，Tonanon 等利用超声波的乳化作用得到一种亚微米级的介孔碳球，其表面纹理和介孔性能较机械乳化法制得的碳球有明显改变，且其尺寸更小、数量更多。Gashti 等使用超声波辐射软水剂，发现其乳化作用可以提高软水剂的分散性。目前，大部分研究都属于工业应用研究，对于其乳化机理的理论研究较少，这将是未来的研究热点问题。

2. 超声波技术研究前沿

（1）超声波改善油品性质

在一定条件下，通过超声波作用可以改善分散体系的稳定性并可用于降黏。张龙力等在超声波的作用下处理中东常压渣油，用质量分率电导率法研究胶体稳定性的变化，实验表明，超声波作用越强，胶体稳定性的改善效果越好，其改善作用主要来自于物理作用。超声波可以改变渣油四组分的变化，包括结构、含量和分布状态。渣油中的沥青质对胶体的稳定性有很大影响，超声波使沥青质的结构和含量发生改变，并增加了胶质含量，增加了胶体的稳定性。杨帆等用超声波处理乳化基质，提高其稳定性。

在高能超声波作用下，钟伟华等研究了减压渣油的降黏实验，实验证明超声波作用时间越长，输出电压越大，降黏率越高。陈洁实验组对于降黏率最大时超声波的最佳工艺参数进行了进一步研究，研究认为：温度 70℃、时间 70min、功率 750W 时，降黏率最大。Mulla-kaev 等在超声波作用下对各种不同原油的黏温性能进行了研究，超声波的效率与原油的组成和处理时间有关，通过增加处理时间来增加超声效率会导致黏度和倾点的显著降低。Gridneva 等使用各种催化剂和一系列超声波处理过但没有失去其特性的汽油，研究表明超声波作用可提高所研究的汽油的辛烷值。许洪星等研究超声波辅助催化剂裂解超稠油，结果显示，超声波辅助下，水的热裂解效果显著，十分具有可行性。进一步实验表明，与单纯催化水裂解相比，超声波作用可降低稠油分子质量、增加轻组分含量。Wang 课题组和 Pawar 等也深入研究了超声波对黏度的影响。

随着世界原油日益重质化，常规重油密度大、黏度大，开采和运输具有一定困难，因此，降黏就成为亟待解决的热点问题之一。目前，降黏手段包括稀释降黏、升温降黏和表面活性剂降黏等，超声降黏已取得一定的进展。由于超声波是一种既清洁又环保的绿色技术，其在降黏方面将会拥有更好的市场前景。

（2）超声波脱金属

完成三次采油后，采出液通常是稳定的二维分散体系，其中含有一些影响其性质的不良物质，如钒、镍等。这些杂质不但对原油加工影响恶劣，而且对环境造成污染。如何高效地实现脱盐过程，净化原油成分，去除杂质，是目前亟待解决的难题之一。超声波脱盐技术成为原油预处理的一种新途径，可以加强炼油生产的稳定性。

叶国祥等研究了影响超声波强化原油脱盐脱水预处理工艺的一些因素，实验表明，随着电场强度和超声波功率的增加，原油的脱盐脱水效率也增加，当电场强度为 12000V/cm、超声波功率为 150W 时，达到最好的脱盐脱水效果。陈菲菲等对超声波脱金属进行研究，超声波作用后，脱钙率为 85.24%，脱镍率为 83.24%，其脱除效果较好。宋官龙等以焦化蜡油为研究对象，采用超声波辅助，脱锌率达到 90%，钙和镍的脱除率超过 80%。对于脱除页岩油中的金属，张蕾等的实验结果表明，超声波作用下，金属脱除效果显著，Fe 脱除率为 80% 以上，Mg 脱除率超过 90%。

以鲁宁管输原油为实验对象，以工厂的实际电脱盐流程为参照，谢伟等设计了超声波-

电脱盐联合破乳实验装置。在超声波-电脱盐联合作用下，盐水质量浓度大幅度降低。宗松等以钙含量为 $180\mu g/g$ 的新疆重质原油为研究对象，采用超声波破乳技术对重质原油脱水脱钙进行研究。实验表明，原油脱钙率达到 37.8%，含水量降低至 0.64%（体积分数）。Sun 等发现，通过超声波辐射可以从金属卟啉中喷射出大量金属离子，用超声波代替合成金属盐法，脱除金属离子效果显著。

（3）超声波脱硫

目前，环境污染愈加严重，已经成为大众关注的重点，尤其汽车尾气中硫的排放已经成为环境污染的首要问题，严重威胁着人们的健康。现已研究出多种解决方法，其中采用超声波能有效脱硫，促使空气更加清新，从而最终满足人们渴求良好环境的要求。超声波脱硫工艺是一种有前景的深度脱硫技术。

为降低柴油中的硫含量，达到低硫或超低硫柴油的标准，在超声波作用下，搭建超声波/类 Fenton 试剂的柴油氧化脱硫反应体系。结果发现，当类 Fenton 试剂的水相 pH 值约为 2.0 时，脱硫成效显著；随着超声波功率的增大，有助于氧化脱硫，使反应进行完全。进一步研究得知，反应时间相同时，超声波-类 fenton 体系氧化脱硫效果最佳。

在不加氢的情况下，通常采用催化氧化脱硫来降低硫含量。例如韩雪松等在催化氧化溶剂抽提的前提下，通过超声波的引入提供反应能量。结果显示，加超声波的萃取脱硫率为 94.8%，而不加超声波的脱硫率只有 67.2%，此实验说明超声波氧化脱硫效果较好。在前人基础上，董丽旭等通过加入 Fe 盐、Cu 盐和其他吸附剂研究影响超声波脱硫的因素，结果表明，使用 H_2O_2 为氧化剂，Fe 盐和无机酸为催化剂，其脱硫率最大可达到 97.7%。Sister 通过高强度的超声波振动研究原油和柴油脱硫过程发现，超声波处理后，在一个两相系统中，聚集在水相中的硫比聚集在烃相中的硫减少了 30%～40%，其脱硫作用明显。此外，还有学者通过超声波处理改善了 Fe-Zn 吸附剂的硫化特性，使得金属氧化物粒子更小，且更均匀地分散在焦炭基质上，其脱硫效果显著。

（4）超声波分离技术

用超声波分离油砂或从油砂中提纯石油产品的研究并不多，即使对于研究最多的沥青-油砂系统，沥青回收率的工艺参数的探讨也很少。在上述条件基础上，Swamy 等在大功率超声波流动型系统中设计一个工业规模的高容量分离设备，超声波反应器的功率高达 10000W。

从超声处理过的油砂中提取沥青质、石油和残余燃料油，Abramov 等的实验表明，超声波装置可以替代目前使用的从页岩油和油渣中萃取沥青和石油产品的工业设备。Lu 等通过超声波雾化从掌叶大黄中萃取蒽醌类化合物，与传统方法相比，此方法高效、快捷、成本低、更容易操作。也有学者在超声波作用下从烟草种子中萃取净油，随着萃取温度的增加，种子和溶剂的比重减少，净油产率增加。超声波萃取的优点是，能够在相对短的时间内，获得较大的萃取率。

3. 超声波技术研究的未来发展

随着世界经济技术的迅猛发展，超声波还可应用于石油化工的其他方面，如干燥、结晶、雾化、过滤、强化膜分离以及纳米材料制备等方面。超声波作为一项世界公认的高科技手段，由于其空化作用、热作用和机械作用，广泛用于科研生产中，如化工、医药、航空、国防，创造巨大的市场价值。

目前，对于空化作用与物质间的具体作用机制理解还不够全面；超声波设备的针对性也需要进一步加强；超声波的空化作用及热作用等促进反应的同时也产生一系列异常的副反应，如何减少副反应的发生是研究的难点之一。

二、地热利用及超疏水材料创新技术

1. 地热利用研究

地球内部由于放射性元素衰变而产生的热量，平均为每年 5 万亿亿卡，因此地球是非常巨大的热源。据报道，全球地热的潜在资源，约相当于全球能源消耗总量的 45 万倍。地下热能的总量约为煤全部燃烧所放出热量的 1.7 亿倍。丰富的地热资源正在等待着人类去开发。此外，地热清洁、可再生的性质，也使这种新型能源具有十分广阔的开发前景。

地热能源在国内发展取得了不错的进展，特别是中石化成功创建了地热应用的雄县模式，实现了地热资源的高水平综合利用，为地热大发展开了个好头。这一发展模式不仅获得国内能源界普遍好评，在国际上也引起了不小反响。

不过，我国目前地热利用较为初级，代表地热高水平利用的地热发电较为滞后，与欧美部分发达国家存在较大差距。目前利用领域主要集中在中浅层，适合发电的深层及干热岩开发程度低，而后者资源要远比前者丰富。不过，地热资源虽然丰富，但若要对其加以高水平综合利用，还是需要产业通过时间和积累，形成自身的核心竞争力。

2. 超疏水材料研究

武侠片里，各路大侠一言不合就纷纷施展"水上飞"的功夫。对于生活在现实中的人们来讲，"水上飞"似乎只能是一个美好的愿望。不过，近几年化工学界在超疏水材料研发方面取得的突破性进展，不仅让"水上飞"成为可能，还将会在人类生活的多个方面得到应用。

超疏水材料是一种神奇的材料，它可以自行清洁需要清洁的地方，还可以放在金属表面防止水的腐蚀生锈，用于船的表面，可以减小阻力、节省能源，应用前景十分广泛。但该材料存在功能单一、无法快速大规模制备、表面结构易被破坏而导致材料失效、耐久性差等缺陷，从而严重限制了其应用。

近几年，我国对于超疏水材料的研发取得了可观的成就，研究开发出一种简单、高效制备耐久性超疏水材料的新工艺，克服了超疏水材料表面结构易损坏、耐久性差及难于大规模制备等难题。制得的材料可耐砂纸摩擦，经过严重机械破坏后仍具有良好的超疏水性能。此外，该材料还具有快速、可重复的自修复功能，破坏后的表面可通过加热使疏水材料重新生成超疏水表面，实现快速自修复，且经染料染色后超疏水性能不变，从而进一步扩大了其应用范围。

除了超疏水材料外，化工研究者们还认为，有超疏水材料就一定有超疏油材料。超疏油材料可以用于石油的分离，减少原油损失；可以用于石油输送管道，使石油得到最大限度的使用；还可以放在排风扇表面，保持其洁净。相信通过对超疏水材料的不断深入研究，有朝一日其研究成果对开发超疏油材料也会起到巨大助推作用。

三、生物柴油和石墨烯创新技术

1. 生物柴油

生物柴油是生物质能的一种，它是生物质利用热裂解等技术得到的一种长链脂肪酸的单烷基酯。生物柴油是含氧量极高的复杂有机成分的混合物，这些混合物主要是一些分子量大的有机物，几乎包括所有种类的含氧有机物，如：醚、酯、醛、酮、酚、有机酸、醇等。

生物柴油基本不含硫和芳烃，十六烷值高达 52.9，可被生物降解、无毒、对环境无害，非常有利于压燃机的正常燃烧，从而降低尾气有害物质排放，所以被称为低污染燃料。

与柴油相比，生物柴油有较好的发动机低温启动性能，无添加剂时冷凝点达 $-20℃$；有较好的润滑性能，可降低喷油泵、发动机缸和连杆的磨损率，延长其使用寿命；闪点高，有较好的安全性能；含氧量高，十六烷值高，燃烧性优于普通柴油；生物柴油的生物降解性高达 98%，降解速率是普通柴油的 2 倍，对土壤和水的污染较少，可以降低 90% 的空气毒性，降低 94% 的致癌率；生物柴油闪点高，储存、使用、运输都非常安全；硫含量低，二氧化硫和硫化物的排放低；特别是生物柴油具有可再生性，作为一种可再生能源，资源不会枯竭。

另外使用生物柴油的发动机也可使用普通柴油，除有些机型仅需换密封圈和滤芯外，无需做任何改动，生物柴油可与普通柴油在油箱中以任何比例相混合。生物柴油生产过程中产生的甘油、油酸、卵磷脂等副产品的市场用途也是非常广泛的。

然而，生物柴油也存在着一定的缺陷。如含水率较高，最大可达 30%～45%。水分有利于降低油的黏度、提高稳定性，但降低了油的热值；生物柴油具有较高的溶解性，作为燃料时易于溶胀发动机的橡塑部分，橡塑部分需要定期更换；生物柴油作为汽车燃料时 NO_x 的排放量比石油柴油略有增加。此外，由于受到销售渠道不畅、原料供应不足、扶持配套不够等因素影响，我国生物柴油产业发展举步维艰，与国外的差距正在不断拉大。

2. 二维材料

石墨烯是 2004 年首次被分离出来的，由碳原子组成的蜂窝状结构的二维材料，和其他类型的材料相比，石墨烯具有诸多突出的优点，例如，在极低温度下，电子在石墨烯中的传输速率比硅快 100 倍；拥有非常出色的导热性能；可见光透过率高；强度极高，是钢铁的 100 倍；原子层只允许水分子通过等，这些特点让石墨烯在多个领域备受关注。

黑磷是另一种极具潜力的二维材料，其光电和能带的特性赢得了研究人员的广泛关注。由于具有带隙，黑磷在半导体领域显示出了不同于石墨烯的特性。目前研究人员已经成功地用黑磷制作出晶体管、柔性电路、光电器件，并通过与其他二维材料结合，收获了更好的应用。因而在半导体领域，黑磷的前景比石墨烯更加光明。

二维锡则是真正的零产热材料，二维锡只有一层原子构成，对电子运动方向拥有超强的约束能力，使电子只能沿材料的边缘移动，而且低温、常温都一样起到约束作用。如果运用到手机等电子领域，可以解决长时间运行造成的电子产品发烫、死机等问题。该材料可能首先被用于制造微处理器芯片的导线，可以极大地降低能源消耗和废热。当然，这种膜也可以用作把热能直接转化为电能的热电材料。不过，现在要大量做出真正的单层锡原子膜产品为时尚早。假如单层锡原子膜能做出来，实现表面 100% 导电效率，就会迅速应用于各种电子产品。

四、其他创新技术进展

1. 新型 3D 打印材料

3D 打印的风暴正席卷全球。在某种程度上，材料的发展决定着 3D 打印能否有更广泛的应用。目前，3D打印材料主要包括工程塑料、光敏树脂、橡胶类材料、金属材料和陶瓷材料等，除此之外，彩色石膏材料、人造骨粉、细胞生物原料以及砂糖等食品材料也在3D打印领域得到了应用。

近年来，3D打印技术逐渐应用于实际产品的制造，3D打印产品如图3-1所示。采用3D打印技术制造的钛合金和钴铬合金零部件，强度非常高，尺寸精确，能制作的最小尺寸可达1mm，而且其零部件机械性能优于锻造工艺。3D打印用的陶瓷材料是陶瓷粉末和某一种黏结剂粉末所组成的混合物。陶瓷粉末在激光直接快速烧结时，液相表面张力大，在快速凝固过程中会产生较大的热应力，从而形成

图3-1　3D打印产品

较多微裂纹。目前，陶瓷直接快速成形工艺尚未成熟，在国内外正处于研究阶段。

增材制造工艺重点在其材料上，材料是其不可或缺的物质基础，决定了最终成品的属性。3D打印关键性材料的"缺失"已经影响3D打印产业，如何寻找优质的3D打印材料成为整个产业界关注的焦点。

2. 太阳能涂料

虽然太阳能组件的成本迅速下降，但安装和维护费用仍然很高。而太阳能涂料能使太阳能发电更便宜，也更容易安装。使用这种材料，能在任何表面上将太阳能转换为电：如屋顶、墙壁、汽车、移动电话以及其他。

目前人员正在努力改进这种光敏材料。最有效的光敏材料是称为钙钛矿的化学物质，他们能将20%左右的太阳能转化为电能，是最有效的。可惜这个化学物质中含有铅，是有毒的。研究人员还需要开发无毒高效、稳定的材料，能应用在任何有阳光的地方。

3. 燃料电池汽车

燃料电池汽车也可以算作电动汽车，能在五分钟内给电池灌满燃料，而不是等上几个小时来充满电。燃料电池汽车的"电池"是氢氧混合燃料电池，可以补充燃料，通常是氢气，也有一些燃料电池能使用甲烷和汽油作为燃料。

然而，目前燃料电池汽车的发展也面临着诸多问题，其中最致命的弱点在于路上没有可以冲压缩氢气的气站。因此就产生了一个"鸡和蛋谁先谁后"的问题：没有气站，消费者不会买这种车；而没有这种汽车，气站也不会开。不过，目前美国加州和欧洲境内的基础设施数量已经开始增加。相信随着时间的推移，燃料电池汽车会迎来更好的发展阶段。

4. 自修复高分子材料

想象一下：汽车能自我修复刮痕，不需再次喷漆，不用织补沙发座椅；大桥不会老旧，桥墩和桥梁能自我翻新；飞机的机翼和机身能不断自我更新，永不磨损和锈蚀，乘坐永远舒适、安全。

这些设想已不再是遥不可及的梦。科学家研制了一种类似塑料的材料，由很多微型胶囊构成，一旦某处出现裂痕或空洞，里面的微型胶囊就会破裂，向破损处释放具有修复作用的

试剂，使裂痕得到修复，材料再次聚合。

真正商业化的自我修复高分子材料目前并不多见，不过，一些实验室研发的新材料，已经显示出自我修复的潜力。一种叫聚六氢三嗪的高分子材料（PTH），既可以是固体，也可以是液态胶水，与碳纳米管等超强材料化合在一起，可以替代金属做汽车的零配件，也可以用来生产特殊的指甲油。这种指甲油女士仅需涂一次，以后就不用再涂，因为它不会褪色，不怕磨损。

目前绝大多数自我修复高分子材料只能修复很小的裂纹或凹痕，修复宽度大概 $100\mu m$，相当于一根头发丝的直径。2014 年初，美国研发团队宣布发明了一种可修复 3 厘米宽裂痕的材料。这种材料内布满很细的管道，里面含有化学前体物质：一种黏性物质，能迅速凝结而堵住裂缝，弹性高分子物质则起到加固作用。目前这种材料实现大规模生产还有很多路要走。不过，只要科学家努力，再加上些研究经费，10 年内有可能造出实用的修复大尺寸裂纹的自我修复材料。

研究人员把更长远的目标锁定在能够完全自我再生的材料上，例如造出一个可以自我过程装备更新的工程结构件。科学家们认为，这需要考虑一些智能的、可逆的化学反应。在这些化学反应中，一部分高分子聚合物的化学键断裂，而另一部分则在重建，始终处于破坏-重建-加固的动态过程中。实现这一过程，则需要智能材料的结构中有适当的处于亚稳态的起始物质。这样才能制造出可以代谢的高分子材料。

第三节　碳纤维材料研发

一、碳纤维(Carbon Fiber)概述

1. 碳纤维

碳纤维主要是由碳元素组成的一种特种纤维，分子结构界于石墨与金刚石之间，为轴向排列的不完全石墨晶，各平行层原子排列不规则，表面呈黑色，是一种力学性能优异的黑色材料。有"黑色黄金"之称，具有密度低、模量高、强度高、耐高温、耐化学腐蚀、热膨胀系数小、电阻低、耐辐射等优异性能。

图 3-2 为部分碳纤维制品，碳毡一般用作保温材料，碳板可作为承载构件用于保温或者体育用品如钓鱼竿、球拍、自行车等。

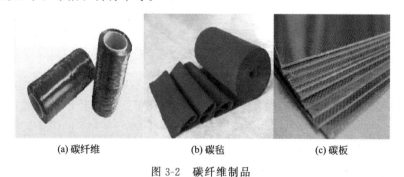

(a) 碳纤维　　　　　(b) 碳毡　　　　　(c) 碳板

图 3-2　碳纤维制品

2. 碳纤维的分类

碳纤维按照原料组成不同主要分类为：黏胶基碳纤维、聚丙烯腈（PAN）基碳纤维、沥青基碳纤维。根据制造过程和处理温度的不同分为：氧化纤维（预氧化温度200～300℃）、碳纤维（800～1600℃）、石墨纤维（2000～3000℃）、活性炭纤维、气相生长法而成的碳纤维（VGCF）。

按使用规格的不同被划分为宇航级和工业级两类，按丝束的大小分为小丝束和大丝束。一般把丝束大于48K的称为大丝束碳纤维，包括120K、360K和480K等。碳纤维按力学性能能分为通用级（GP）和高性能级（HP），高性能级又分为中强型（MT）、高强型（HT）、超高强型（UHT）、中模型（TM）、高模型（HM）和超高模型（UHM）。通用级碳纤维拉伸强度低于1GPa，拉伸模量小于100GPa，而高性能级碳纤维拉伸强度要高于2.5GPa，拉伸模量高于220GPa。

二、碳纤维的生产工艺及性能

1. 碳纤维的原材料

可以用来制取碳纤维的原材料有很多种，根据原材料来源主要分为两大类别，一类是人造纤维丝，例如黏胶丝、木质素纤维丝与人造棉等；另一类是人工合成纤维，它们主要是从石油、矿物等自然界资源中人工提纯出来的原料，再经过特定的工艺处理后纺成丝，比如沥青纤维、聚丙烯腈（PAN）纤维等。经过多年的不断发展，目前来说，仅有黏胶（纤维素）纤维、沥青纤维和聚丙烯腈（PAN）纤维这三种原料合成制备碳纤维的工艺较为成熟，达到了工业化。

2. 碳纤维的工艺

PAN基碳纤维的碳化收率比黏胶纤维高，高达45%以上，又因为生产工艺流程、溶剂回收、三废处理等方面要比黏胶纤维简单很多，再加上成本低、原材料来源丰富方便，尤其PAN基碳纤维的综合力学性能，特别是拉伸强度、拉伸模量等性能较好。因此，PAN基碳纤维是目前应用领域最广、生产量最大的一种碳纤维。PAN基碳纤维的生产制备工艺流程如图3-3所示。

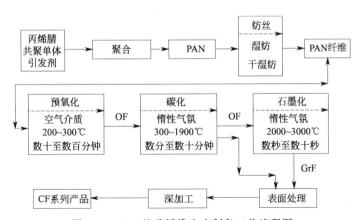

图3-3　PAN基碳纤维生产制备工艺流程图

3. 碳纤维的性能

碳纤维的常见特性如下所述。

（1）密度小、质量轻，碳纤维密度为 $1.5\sim2g/cm^3$，大约为钢密度的 1/4、铝合金密度的 1/2；

（2）强度大（$3\sim7GPa$）、弹性模量高（$200\sim500GPa$），其强度比钢大 $4\sim5$ 倍，弹性回复为 100%；

（3）热膨胀系数小，在温度极限变化下其尺寸不会发生太大的变化，导热率随温度升高而下降；

（4）摩擦系数小，润滑性好；

（5）导电性强，碳纤维类型不同其比电阻也不同；

（6）极限高温和低温下，性能不会发生太大变化，在几千度高温真空气氛下不会发生熔化，也不软化，在液氮温度下依旧保持其柔韧的性能；

（7）耐腐蚀性能好，通常对浓盐酸、磷酸、硫酸等呈惰性；

（8）与其他材料的相容性较好，又具备纺织纤维材料的柔软、可编制性。此外碳纤维可进行多种自由设计，来满足不同产品的性能和要求。碳纤维也有其固有的缺点：本身较脆、抗冲击性能差、高温环境下易氧化。

三、碳纤维研究状况

1. 我国碳纤维的研究

我国对碳纤维的研究始于 20 世纪 60 年代中期，我国第一条聚丙烯腈基碳纤维生产线诞生在 70 年代初的中国科学院山西煤炭化学研究所（简称为中科院山西煤化所）。近年来，在国家的大力支持和企业的参与下，我国碳纤维事业取得了明显的成果。碳纤维增强的复合材料因具有其他复合材料不具备的特性而受到国内外材料研究者的青睐。

目前，国内材料界研究者对于碳纤维增强复合材料的研究热点主要集中于复合材料的制备与工艺优化的研究，此外也参与分析研究了复合材料承载能力情况及其高载荷下发生的结构损伤和破坏。但我国在复合材料的制备、性能分析和设备设计等方面还比较落后，与西方发达国家和日本相比，碳纤维增强的复合材料在航空航天、先进武器制备等领域的应用还存在较大的差距。要想进一步扩大我国碳纤维及其复合材料的应用范围，一方面应该自行研究开发高性能的碳纤维来满足我国军事、航空航天、汽车工业等行业的要求；另一方面以降低制造成本为原则研究开发有特色的低成本碳纤维生产技术以及成型费用较低的碳纤维复合材料制备新方法。

我国碳纤维及其复合材料一定能够广泛应用于航空航天、汽车工业、民用等领域。目前国内以中科院山西煤化所为代表的很多科研机构和大学院校相继开始了对碳纤维及其复合材料的设计与研发。据不完全统计，截至 2010 年，我国碳纤维消费量约 5000t，90% 来自国外进口，主要应用于民用飞机、民用汽车行业等，约占世界碳纤维总消费量的 15.6%。

2. 国外碳纤维研究状况

1969 年召开的第十次国际碳素会议上正式确认了聚丙烯腈基碳纤维的地位，此后 PAN 产业化规模越来越大，质量也在不断提升。目前国外碳纤维工业化产品主要有聚丙烯腈基碳纤维和沥青基碳纤维两种，聚丙烯腈基碳纤维是日本三大造丝集团日本东丽、东邦人造丝、三菱人造的主要碳纤维产品，约占到全球碳纤维生产量的55%，美国卓尔泰克、阿克苏、阿尔迪拉和德国 SGL 公司等在聚丙烯腈基碳纤维生产中也占有一席之地。

日本吴羽（Kureha）公司是最大的沥青基碳纤维生产厂商，此外还有日本三菱、美国 Amoco 以及美国氰特（Cytec）公司。聚丙烯腈基碳纤维仍然是当今世界碳纤维发展的主流，占全球碳纤维市场的 90% 以上。全球只有美国 Cytec 公司和日本多家公司掌握了碳纤维生产的核心技术。日本作为碳纤维的发源地，多年来以绝对优势享誉世界，并具有碳纤维生产技术和产量第一的称号，日本东丽公司独家掌握着世界最高端的生产技术，迄今能够生产出抗拉强度达到 7000MPa 的碳纤维；全球碳纤维的制造商大都有日本公司的技术支持和资本背景；如今全球碳纤维市场为日、美、法、德等企业所垄断，日本企业产能占全球碳纤维产能的 55%，美国企业占 18% 的市场份额。其中，日本东丽、东邦、三菱 3 家公司就占有全球小丝束碳纤维的 78.4% 的市场份额。图 3-4 为世界主要碳纤维生产企业分布情况。

图 3-4　世界主要碳纤维生产企业分布图

碳纤维增强的金属基复合材料比基体具有更高的比强度、更高的比模量、耐腐蚀、耐疲劳、热膨胀系数小、尺寸稳定性好等一系列优点，是航空航天、国防科技、先进军事武器系统、军用和民用飞机发展的基础。在飞机上采用碳纤维复合材料可以大幅度减轻机体质量、降低油耗，提高飞机的综合性能，因此碳纤维增强的复合材料在军用飞机和民用飞机上的应用将会得到不断扩大。当前美国在航空航天领域应用先进复合材料的市场值达到了 70 多亿美元，新型的民用客机也大量使用了碳纤维增强的铝基、钛基复合材料。众所周知，美国波音公司是民用飞机最有名制造商之一，波音 B787 梦想飞机（Dreamliner）是波音公司推出的首款全新机型，其制材大量使用了碳纤维增强的铝基、镁基、钛基等复合材料，大大降低了其燃料消耗、提高了巡航速度、提供了舒适的客舱环境。波音 B787 采用碳纤维增强的复合材料制造机翼和机身结构，每制造一台 B787 就需要大约 30t 的碳纤维。

3. 碳纤维的应用

碳纤维既具有碳材料导电性好、耐蚀、耐热、比重小、热膨胀系数小等优良的性能，又具有高比强度、高比模量等优良的力学性能以及纤维固有的柔曲性和可自由设计性，是一种重要的工业纤维材料，常常被选作理想的复合材料增强体，广泛用于各种复合材料制作。随着科技的大力发展，碳纤维的应用领域已不再局限于航空航天和军事领域，碳纤维及其增强的复合材料在工业和民用产业中已经得到了广泛的应用。碳纤维本身虽然有很多优点，但单纯的应用并不广泛，它最为突出的特点轻质量、高阻尼、强导电性使得其在航空航天和军事领域的应用最为广泛，碳纤维复合材料主要应用于飞机、无人战斗机、导弹、火箭和人造卫星，作为耐热材料并且减轻质量来降低油耗，其次也应用于体育制品如高尔夫球杆、滑雪板、网球拍以及休闲制品如钓鱼竿等。与传统的铝合金制品对比，质量更轻，手感更好且硬度更高，对震荡和振动的吸收效果更好。碳纤维复合材料耐磨的特点也得以在汽车用刹车片、水泵涡轮叶片等工业领域应用。著名意大利跑车兰博基尼车架用碳纤维层中注入树脂，成就其百公里加速 2.9 秒的奇迹，波音 787 梦想客机的机身、机翼等主要结构件都是由碳纤维复合材料制成。

第四节　碳纤维复合材料创新技术

一、复合材料

1. 概述

复合材料是组合两种或两种以上物质构成的一种多相固体材料。在大多数情况下，这两种物质的物理化学性质完全不同。保持各自独立性的组分材料，从而使得复合材料的性能有巨大的改进和提高，并且有了综合性的质的飞越。复合材料的性能主要取决于：基体的性能；增强材料的性能；基体和增强材料之间的界面性能。

复合材料各组分之间相辅相成，扬长避短，获得了单一材料所不具有的新性能。复合材料的出现和发展对材料事业的发展有着深远且巨大的影响，同时也是材料设计方面的一个新突破。

2. 复合材料的分类

复合材料的分类方法很多，分类方法可分为以下四种。

（1）按增强材料的形态分类。

（2）按聚合物基体分类。

（3）按增强纤维的种类分类。

（4）按材料作用分类。

3. 复合材料的性能

（1）综合发挥出组分的各个优势，使复合材料成为拥有多种优异性能和独特优势的综合体。

（2）可根据材料性能的需要，对材料进行剪裁设计加工。

（3）根据自己需要制成满意的形状，避免多次加工工序。

复合材料的界面不是一个几何面，而是一个过渡性的区域。这个区域内物质的微观构造、性质与增强体和基体都不相同，另成一相或几相，称为相界，如图 3-5 所示。

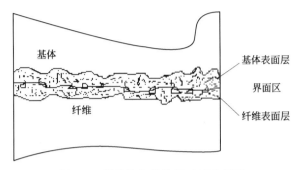

图 3-5　增强体与基体界面区示意图

4. 复合材料的两相构成理论

在组成复合材料的两相物质中，与另一相接触的相总是呈溶液或熔融状态，两相进行固化反应，经反应后两相紧密结合在一起。在固化反应中，两相间的作用以及构成理论包括如下几种情况。

（1）化学键理论认为基体与纤维通过表面的官能团发生化学反应结合在一起，形成界面。

（2）浸润理论认为两相之间是通过润湿吸附与机械黏结的方式结合的。物理吸附是指在分子间作用力的作用下两相间进行黏附。机械黏结方式属于一种机械铰合现象，是指树脂固化后，在纤维缝隙和不平的凹槽中，大分子的物质存在其中，形成机械铰链。

（3）减弱界面局部应力理论表明存在于基体和增强材料之间的化学键属于一种动态平衡过程，在这个变化过程中，应力松弛，从而促进了松弛界面局部应力的作用。

（4）摩擦理论表明复合材料的强度主要受基体和增强材料之间的摩擦系数的影响。偶联剂能够提高基体与增强体之间的摩擦系数，因此复合材料的强度获得增强。当水等浸入界面后，摩擦系数减小，强度降低，干燥后界面内的水分变少，摩擦系数增大，相应界面处传递应力能力增强，故强度得到部分的恢复。

一般来说，界面的作用就是把增强材料和基体黏结在一起形成一个整体材料，并且承担把负载从基体传递到纤维的作用。对于给定的复合材料来说，界面的结构和性质对材料性能的影响是巨大且深远的。因此，研究复合材料的界面行为是一项重要且有意义的工作。

二、碳纤维复合材料

碳纤维复合材料是以树脂、陶瓷、金属以及碳等材料作为基体，以碳纤维作为增强体制成的结构材料，分别称为碳纤维增强树脂基复合材料、碳纤维增强陶瓷基复合材料、碳纤维增强金属基复合材料以及 C/C 复合材料。在碳纤维复合材料中，碳纤维起到增强作用，树脂等基体起到复合材料成型的作用。

碳纤维复合材料（CFRP，以下简称碳纤维）具有高强度、高模量、耐腐蚀、轻质量、高阻尼、强导电性、耐热、耐冲击、强可设计性等优势，被广泛应用于航天、体育、发电、汽车等领域。

碳纤维表面平滑、表面能低、表面可反应基团少，与基体树脂的黏结力弱，从而导致复合材料的界面剪切强度低，限制了其应用。目前，碳纤维复合材料的研究动态中一个重要的方面是碳纤维的表面改性。现有的碳纤维表面改性方法均是围绕改变其表面形态、微晶态、表面能、表面化学组成以及除去表面的弱边界层，调整到与基体的表面性能相匹配，提高两者的相容性、浸润性、反应性以及界面粘接性能。主要的改性方法有：表面氧化法、接枝聚合涂层法、等离子体法、射线处理法等，也有采用两种或两种以上表面处理法，先后或同时对碳纤维进行复合表面处理。

三、碳纤维增强铝基复合材料的制备

对于复合材料的制备，国内学者的方法大同小异。以下是最常用的几种碳纤维增强铝基复合材料的制备方法。

1. 熔融浸渍法

熔融浸渍法是将熔融态或液态的铝及铝合金浸渍连续纤维预制体或纤维束，或是将连续纤维预制体或纤维束通过液态铝及铝合金熔池，使得每根纤维被液态金属润湿得到复合丝，再经挤压冷却而制得复合材料。该法的缺点是当浸渍时容易损伤纤维，通常对连续纤维进行表面涂层处理技术，可有效地抑制纤维与液态金属间的界面反应。目前该制备技术多用于制备连续纤维增强的镁基和铝基复合材料。

2. 压力铸造法

压力铸造法是指将熔融或液态的铝及铝合金通过外力强制压入内置纤维预制件的固定磨具中，压力一直施加到凝固结束，通过调节压力大小制备得到复合材料。压力铸造法制备技术得到的复合材料组织通常比较致密，无孔洞、空隙等常见的铸造缺陷，基体与纤维结合面较好，界面反应较弱。铸造压力对复合材料性能影响较大。该法多用以制备硼纤维、碳化硅纤维等纤维增强镁基、铝基以及锂基复合材料。

3. 真空压力浸渗法

真空压力浸渗法是在真空和高压惰性气体保护共同作用下，将液态或熔融态的金属基体通过外部施压强行压入纤维材料预制件中，然后以不同工艺冷却制备得到金属基复合材料。该法适用面广、工艺简单、易于控制参数，制备的金属基复合材料组织致密、缺陷少、材料性能好，但是设备复杂，成本高，不适用于制备大尺寸零件。真空压力浸渗法适用于制备连续纤维预制体增强的金属基复合材料以及尺寸较小的零件。

4. 粉末冶金法

粉末冶金法是一种最为传统的复合材料制备方法，多用于制备非连续纤维增强的金属基复合材料。该方法是预先将短纤维或颗粒增强相与基体粉末以一定方式混合均匀，而后经成型干燥热压，烧结成纤维或颗粒增强的金属基复合材料。该方法的优点是可以精确控制增强体和基体的体积配比，从而精确控制复合材料的性能，并且所形成的材料或制件基体组织较为均匀，制件尺寸精度好，易于实现少切削、无切削，可实现大尺寸零件的制备。该方法的缺点是制备得到的复合材料致密度往往达不到要求，容易吸附气体，增强相与基体界面结合较弱，常常出现微观孔洞和空隙。

5. 碳纤维铝基复合材料的增强创新技术

（1）经过浓硝酸浸泡处理的碳纤维表面变得粗糙，轴向沟壑状条纹明显增多；经 XPS 分析，碳纤维表面有很多亲水性含氧官能团 C—OH、C＝O、COOH 等，能够有效改善碳纤维与镀液的润湿性，使得碳纤维均匀分散在镀液中，保证了镀层的顺利实现。

（2）镀层形成分三个阶段：形核阶段、迅速成长阶段以及饱和阶段。镀层是由连续的铝颗粒堆积组成的，镀层均匀、致密，无明显的缺陷，在碳纤维表面仿形生成。碳纤维表面的轴向凹槽和镀层内侧凸轴形成了一个紧密的镶嵌体系，使得镀层与碳纤维的结合更加牢固。

（3）镀层中 Al 主要以单质的形式存在，镀层表面部分 Al 被大气环境中氧气氧化生成 AlO。镀层厚度随电镀电压、电镀时间、电镀温度的增大逐渐变厚。

（4）复合材料中碳纤维质量分数较小时，碳纤维分布较为均匀，质量分数较大时出现碳纤维团聚；镀铝碳纤维与基体结合界面较未镀铝处理碳纤维的界面结合紧密。

（5）镀铝碳纤维增强的复合材料显微硬度随碳纤维质量分数的增大而增大；相反，未镀铝碳纤维增强的复合材料显微硬度随碳纤维质量分数的增大而降低。随碳纤维质量分数的增大，复合材料的抗拉强度和弯曲强度也不断增大，当碳纤维质量分数为 6％，复合材料的综合力学性能达到最佳。

（6）热压烧结制备得到的复合材料致密度随碳纤维含量的增大而降低。连续碳纤维增强的铝基复合材料的抗拉强度和弯曲强度均优于短碳纤维增强的铝基复合材料。

四、短纤维增强树脂基复合材料的制备

短纤维增强树脂基复合材料的原材料是纤维增强体和树脂基体，其制备主要涉及怎样将纤维等增强体均匀地分布在树脂基体中，怎样按产品设计的要求实现成型、固化。树脂基复合材料的制备方法有很多，常见的主要制备方法可以按基体材料的不同分为两类：一类是热固性复合材料的制备方法，主要有手工成型法、喷涂成型法、压缩成型法、注射成型法、树脂传递成型法（RTM）和连续拉挤成型法；另一类是热塑性复合材料的制备方法，主要有压缩成型法、注射成型法和 RTM 成型法等。

1. 手工成型法

手工成型法是树脂基复合材料中最早采用和最简单的方法，具有操作简单、设备投资少、产品尺寸不受限制、制品可设计性好等优点，适用于多品种和小批量生产。同时也存在着生产效率低、产品质量不易控制、操作条件差、生产周期长、制品性能较差等缺点。

2. 喷涂成型法

喷涂成型法是用喷枪将纤维和雾化树脂同时喷到模具表面，经辊压、固化制备复合材料的方法。它是从树脂基复合材料手工成型开发出的一种半机械化成型技术，用该方法虽然可以成型形状比较复杂的制品，但其厚度和纤维含量都较难精确控制，树脂含量一般在 60％以上，孔隙率较高，制品强度较低，施工现场污染和浪费较大。

3. 压缩成型法

压缩成型法是将增强纤维和树脂等先放入底模，然后再加压、加热，使之成型、固化。用压缩成型法制成的纤维增强树脂基复合材料，具有孔隙率低、增强纤维填充量大、致密性

好、尺寸稳定、性能优异、适应性强等优点。但该方法也存在着生产周期长、效率低、制件尺寸受模具体积限制等缺点。

4. 注射成型法

注射成型法是先将底模固定、预热，然后利用注射机械在一定的压力条件下，通过一注入口将纤维和树脂一起挤压入模型内使之成型。注射成型法的特点是：易于实现自动化和大批生产。但纤维和树脂的混合物在模型内的流动会引起纤维的排列、产品的强度分布不均匀。

5. 树脂传递成型法（RTM）

RTM 是一种闭模模型工艺，先在模具成型面上涂脱膜剂或胶衣层，铺覆增强材料，锁紧闭合的模具，注入树脂基体，固化后开模取出制品。RTM 的优点是生产周期短、材料损耗少、劳动力省、制品两面较光洁。

五、碳纤维表面改性创新技术进展

1. 创新发明专利分析

对 2015 年 2 月 10 日之前世界各国家各地区有关碳纤维表面改性的专利文献进行了检索统计，检索数据库主要是 CNABS 和 DWPI，采用分类号 D06M 和 D01F，结合关键词共检索到 355 件专利申请，将其进行分析。在上述专利中，国内申请人提交的专利申请有 144件，占申请总量的 41%，国外申请有 211 件，占申请总量的 59%。国外主要申请人有：东丽株式会社、东邦造丝株式会社、三菱株式会社、帝人株式会社；国内主要申请人有：哈尔滨工业大学、东华大学、中科院山西煤炭所。通过分别分析国内和国外申请中有关碳纤维表面改性所采用的技术手段，发现自 20 世纪 60 年代至今，传统的表面改性方法在不断改进，新的方法不断出现。

2. 表面氧化法

早在 20 世纪 60 年代，国外就开始对碳纤维表面氧化法进行研究工作，2000 年以后，上述方法专利申请量明显下降。其中气相氧化法和液相氧化法因为处理效果不是很理想，所以趋于淘汰。

（1）气相氧化法的气体有空气、氧气、臭氧等，如专利 US3642513A 公开了在含氧气氛中将纤维表面进行氧化，专利 JP 特开平 4-361619A、US3723607A、CN103204A 公开了以空气、氧气为气体原料，利用臭氧发生器产生臭氧对纤维表面进行氧化刻蚀，但是因为气相氧化一般都是在较高温度下进行，会使纤维本体产生较大损伤。

（2）液相氧化法主要利用强氧化性液体氧化剂对纤维表面进行氧化，常用的氧化剂主要有浓硝酸、高锰酸钾、重铬酸钾、次氯酸钠和过氧化氢等。专利 US3413094A 采用了 HBr、HI 作为液体氧化剂对碳纤维进行了表面改性，增加表面的含氧官能团。

（3）气液双效法是指液相涂布后经空气氧化，使碳纤维的拉伸强度和复合材料的层间剪切强度双双得到提高。采用该方法进行改性处理后，涂层溶剂挥发，溶质填补碳纤维表面的孔隙缺陷，同时残留的溶质被氧化，引入了含氧官能团。设备简单，处理效果好。

（4）电化学氧化法是以碳纤维作为阳极，石墨、铂电极等作为阴极，在电解池中进行阳极氧化。电化学氧化法条件温和，速度较快，氧化均匀，易于实现工业化生产。因此，也是工业生产中应用最多的一种方法。对于该方法的研究，相关专利也比较多，如 JP 特开平 4-361619A、JP 平 1-298275A、CN101781843A 等，主要探讨了不同的电流密度、电解液组成、电化学氧化装置等条件对阳极氧化效果的影响。

3. 等离子体表面处理及射线处理法

等离子体表面处理（也称等离子处理）一方面可以改善碳纤维表面粗糙度，另一方面可以使纤维表面引入极性基团，使得纤维表面可以与基体树脂产生强的相互作用，例如形成氢键或化学键。碳纤维对等离子的反应活性主要取决于纤维表面的结构。不同基体生产的碳纤维对同一种等离子处理的效果可能不同；不同的等离子处理同样可在碳纤维表面引入不同的基团。代表的专利有 CN87208060U、CN87104425A、US5928527A、CN101321614A 等。

当然，等离子体表面处理也可以与其他处理方式结合即复合表面处理以达到更好的处理效果：专利 CN102839534A、CN101413209 中碳纤维经纳米溶胶（如碳纳米管、石墨烯等）涂覆后再经等离子体处理。专利 CN102720061A、CN103361768A 中提出先将碳纤维进行等离子体活化再接枝马来酸酐、丙烯酸等。辐照处理一般采用 γ 射线辐照，一方面可以提高 O/C（氧碳比），另一方面能刻蚀碳纤维表面，增加平行于纤维轴向的沟槽，提高表面的粗糙度，该技术具有高效节能环保等特点。

4. 接枝聚合涂层法

表面电聚合处理是将碳纤维作为阳极或阴极，由电极氧化还原反应过程引发产生的自由基使单体在电极上发生聚合。化学接枝聚合是通过化学方法在纤维表面引入可以发生接枝聚合的活性点，然后再引发单体聚合。专利 CN101787645A 公开了将碳纤维浸入含有乙烯单体、氧化性物质的电解质溶液中，碳纤维作为阴极通电发生电解反应，表面形成聚合物涂层。方法简单，成本低，经过处理的碳纤维丝束的集束性提高，省去上浆步骤，碳纤维和树脂间的黏结力增强，碳纤维增强复合材料的力学性能得到提升。专利 CN102002847A 公开了以碳纤维为阳极，石墨为阴极，可以引发马来酸酐单体的电聚合。

当然，也有直接在纤维表面涂覆一层聚合物涂层的作法，这与碳纤维上浆实质上是类似的。因为碳纤维表面呈现惰性，直接涂层也不会达到好的效果，必须经过一定的预处理。专利 CN1017109542A 公开了将碳纤维加入强氧化性酸中进行超声处理、再加入树枝状大分子溶液中超声处理，得到树枝状大分子修饰的碳纤维。采用的树枝状大分子具有三维立体结构、均一分布多而密的官能团、较低的黏度、独特的流变性质、很好的成膜性、修饰效果好的优点。

5. 其他方法

对于其他处理方法，相对研究较少，专利 CN102851939A 提出将碳纤维置于两个间隔的导电的导辊上运动，并通入氧化性气体，然后通电，利用电晕放电对碳纤维进行表面处理。专利 CN103590233A 提出深冷处理，又称超低温处理或超亚冷处理。将碳纤维置于液氮中，使其微观组织结构发生变化，能够在不损失碳纤维力学性能的前提下，增大其表面粗糙度。

思考题

1. 石化行业过程装备研究的关键技术有哪些？

2. 超声波处理污水的原理是什么？

3. 超声波合成有机物的研究趋势是怎样的？

4. 地热利用及超疏水材料创新技术有什么特点？

5. 典型碳纤维生产制备工艺流程是怎样的？

6. 碳纤维复合材料有什么特点和优势？

7. 碳纤维表面改性创新技术有哪些？

第四章
航空航天领域研究前沿及创新技术

第一节　航空航天领域的研究前沿

一、新材料新工艺在航空航天领域中的作用

　　航空航天工业是资金和技术密集型产业，也是国家战略性产业，辐射面广，带动力强，产业链长，产品附加值高。航空航天工业发展能够带动新材料、新工艺等高技术产业发展，对经济发展和国防建设具有重要促进作用。

　　航空航天材料按材料的使用对象不同可分为飞机材料、航空发动机材料、火箭和导弹材料和航天器材料等；按材料的化学成分不同可分为金属与合金材料、有机非金属材料、无机非金属材料和复合材料。用航空航天材料制造的许多零件往往需要在超高温、超低温、高真空、高应力、强腐蚀等极端条件下工作，有的则受到质量和容纳空间的限制，需要以最小的体积和质量发挥在通常情况下等效的功能，有的需要在大气层中或外层空间长期运行，不可能停机检查或更换零件，因而要有极高的可靠性和质量保证，不同的工作环境要求航空航天材料具有不同的特性。

　　1. 新材料、新工艺在航空航天中的研究重点

　　（1）材料科学理论的新发现

　　例如，铝合金的时效强化理论促进硬铝合金的发展；高分子材料刚性分子链的定向排列理论促进高强度、高模量芳纶有机纤维的发展。

　　（2）材料加工工艺的进展

　　例如，古老的铸、锻技术已发展成为定向凝固技术、精密锻压技术，从而使高性能的叶片材料得到实际应用；复合材料增强纤维铺层设计和工艺技术的发展，使它在不同的受力方向上具有最优特性，从而使复合材料具有"可设计性"，并为它的应用开拓了广阔的前景；

热等静压技术、超细粉末制造技术等新型工艺技术的成就创造出具有崭新性能的一代新型航空航天材料和制件，如热等静压的粉末冶金涡轮盘、高效能陶瓷制件等。

（3）材料性能测试与无损检测技术的进步

现代电子光学仪器已经可以观察到材料的分子结构，材料机械性能的测试装置已经可以模拟飞行器的载荷谱，而且无损检测技术也有了飞速的进步。材料性能测试与无损检测技术正在提供越来越多的、更为精细的信息，为飞行器的设计提供更接近于实际使用条件的材料性能数据，为生产提供保证产品质量的检测手段。

2. 飞行器制造工程的发展推进新材料、新工艺在航空航天中的应用

（1）严格的质量控制

飞行器质量的优劣直接影响着国防安全和乘员的生命安全。一架大型客机关系到数百名乘客的安全。一枚运载火箭包括上千万个零部件，控制系统中一个小零件的失灵可能会造成无可挽回的巨大损失。应该完全杜绝由于质量不合格造成的事故，要求在飞行器制造中有更为严格的工艺、纪律和人员素质，确保制造质量的稳定性。

（2）多种技术的结合

飞行器的发展一方面要求设计结构上的改进，另一方面要求应用新的材料、新的工艺，制造技术在其中起着关键性的作用。如钛合金具有航空结构要求的卓越性能，早在20世纪50年代就受到人们的重视，但由于钛在常温下的可加工性差，只能制造简单形状的纯钛或低强度钛合金零件，后来因热成形方法和设备得到了发展，先进的钛合金结构才在航空航天飞行器上扩大应用。钛合金在高温下的超塑性成形和扩散连接组合工艺技术的发展，为制造复杂形状薄壁整体构件提供了可能的途径，实际上就是设计、材料与制造工艺多种技术的结合。这种设计、工艺和材料相互促进的趋势，在飞行器制造中较一般机器制造更为明显。飞行器的更新不断给工艺和材料的研制提出新的课题，而工艺和材料的新突破，又会有效地支持飞行器的开发和创新。

（3）加工方法的先进性

飞行器零件形状复杂，材料品种多，这些条件决定了加工方法的多样化。一般机器制造的基本加工技术在飞行器制造中大多得到应用，但许多技术具有高于一般机器制造方法的先进性。例如飞行器制造中对大量高强度钢、钛、铍和高温合金等难切削材料的加工、微米级以上的精密加工和超精加工，是一般机器制造技术所难达到的。飞行器的许多外形复杂的零件需要除去多余的材料，要求进行高精度的型面加工，为此发展了各种靠模机床、多坐标联动的大型数控机床和各种测量仪器和装置。其他特种加工方法有：化学铣切、电加工和激光束加工等。

融入当代众多学科先进成果的新材料、新工艺，是发展先进制造业和高新技术产业的基础、先导和重要组成部分，世界范围内新材料、新工艺的发展已步入了前所未有的历史发展新阶段，正在深刻影响和改变着经济发展格局，其规模和水平在一定程度上决定着一个国家和地区在未来世界经济中的地位和国际竞争力。

二、金属基复合材料在航空航天领域的应用与发展

1. 概述

金属基复合材料（简称为MMC），是以某种金属或者金属合金为基体，与一种或者多

种金属、非金属增强相经人工合成获得的复合型材料；金属基复合材料，与当前的聚合物基复合材料、陶瓷基复合材料及碳-碳复合材料构成了现代复合材料体系。金属基复合材料，以其高比强度、高比模量、耐热、耐磨、导电、导热、不吸潮、抗辐射和低热膨胀率等性能、优点，应用于电子工业、汽车工业及航空航天领域。已有研究表明，金属基复合材料在航空航天领域的探索应用，能有效提高航空航天产品的质量水平和技术可靠性，从而极大促进了世界范围内航空航天事业的健康发展。

2. 分类

就金属基复合材料分类而言，可以采用的分类依据较多。依据可观察性，可以将金属基复合材料分为宏观组合型和微观强化型两类，宏观组合型金属基复合材料主要指可以用肉眼来识别材料组分及同时具备两组分性能的材料，如：双金属、包履板等；微观强化型金属基复合材料是指其内部组分需要使用显微镜等观察设备才能分辨，而多种材料复合的主要目的在于提高材料强度。依据金属基复合材料所使用的基体不同，可以将金属基复合材料分为钢基、铝基、镁基、铁基和铝合金基等。依据增强相形态的不同，可以将金属基复合材料分为颗粒增强金属基复合材料、晶须或者短纤维增强金属基复合材料、连续纤维增强金属基复合材料等；所谓颗粒增强金属基复合材料，是指借助于某种颗粒自身的强度，依靠基体将颗粒与材料组合在一起，颗粒平均直径在 $1\mu m$ 左右，强化相容积比达 90％ 以上；纤维增强金属基复合材料，则是借助于无机纤维、金属细线等达到增强材料性能的目的，纤维直径保持在 $3\sim150\mu m$ 之间，如果使用的是晶须则保证直径不超过 $1\mu m$，长度与直径比保持在 10^2 以上。上述分类中获得认可较多的是以"基体"为分类依据和以"增强相形态"为分类依据的金属基复合材料。金属基复合材料以其独特的性能、优点，应用于航空航天零部件产品的生产制造，是一种具有很好发展前途的材料。

3. 相关应用

航空航天领域向来对产品的安全系数、使用寿命要求较高，这也使得航空航天领域成为金属基复合材料应用最具挑战性的领域，特别是在民用飞机、军用飞机及其零部件的生产应用上。这方面国外的探索、应用较国内要稍早一些，应用也更多一些，为金属基复合材料在国内相关领域的应用提供了可供借鉴的经验。早在 20 世纪 80 年代，美国著名的武器制造公司洛克希德·马丁公司就开始探索将 DWA 复合材料公司生产的 25％ 的 SiCp/6061Al 复合材料作为飞机上承放电子设备的支架来使用，被认为是最早的金属基复合材料应用案例。由于传统的铝合金材料在飞机扭转、旋转引发的力载荷作用下会发生严重变形，进而影响到飞机机体结构的安全；这也使得最近几年，以颗粒增强铝为代表的金属基复合材料开始在飞机上作为主承载结构件使用。

在美国国防部 "Title" 项目的大力支持下，DWA 复合材料公司与洛克希德·马丁公司及空军军方合作，应用粉末冶金法成功制备了碳化硅颗粒增强铝基复合材料，并大胆尝试用作 F-16 战斗机的腹鳍材料，完全替代了原有的铝合金蒙皮材料，不仅将刚度提高了 50％，有效保证了飞行安全性，也将使其全寿命由原来的数百小时提高到 8000 小时以上，大大延长了飞机及相关零部件的使用寿命。鉴于良好的应用效果，美国空军军方正准备将这种铝基复合材料腹鳍作为现役 F-16 战斗机的备用件，逐步进行全面更换。美国空军后勤中心就铝基复合材料应用的评估结果表明：铝基复合材料腹鳍可以大幅减少设备的检修次数，全寿命周期内可以节约检修费用 2600 万美元以上，更重要的是可以大大提高飞机的机动性、安全性。

美国除在 F-16 战斗机中尝试使用铝基复合材料外，F-18（大黄蜂）战斗机上的液压制动器缸体使用的则是碳化硅颗粒增强铝基复合材料，用来代替传统的铝青铜材料，不仅使机体质量得到明显减轻、有效降低缸体的热膨胀系数，最重要的是使缸体的疲劳极限成功提高了一倍。关于金属基复合材料在直升机应用方面，欧洲国家率先取得进展，由英国航天金属基复合材料公司生产制造的碳化硅颗粒增强铝基复合材料，被用作直升机旋翼系统连接用模锻件，已在欧直公司生产的 N4 和 EC-120 新型直升机上成功应用；应用效果较传统铝合金相比，构件刚度有了 30% 左右的提高，与钛合金相比，构件质量则下降了 1/4。最值得关注的是，从 20 世纪 90 年代末，碳化硅颗粒增强铝基复合材料开始尝试在大型客机上应用；如普惠公司从 PW4084 发动机开始，将 DWA 公司生产的挤压态碳化硅颗粒增强变形铝合金基复合材料用作生产风扇出口导流叶片，并用于所有采用 PW4000 系发动机的波音 777 飞机上。

近十年来，美国、加拿大等国家开始秘密研制了不少的金属基复合材料，以轻金属基复合装甲材料研究为重点，成功研制与应用了铝基等复合材料；比如，美国空军 C-130 运输机的防护装甲使用的就是金属基复合材料。另外，美国还成功将金属基复合材料与陶瓷材料进行了结合，将金属良好的韧性、延展性、容易成形和强度高的优点与陶瓷的高硬度、耐烧蚀和质量轻等优点结合起来，形成了一种崭新的金属——陶瓷基复合材料。二者的结合既克服了传统陶瓷的脆性和不能抗弹丸多次打击的弱点，也成功弥补了金属硬度不够和较重的缺点；陶瓷作为增强物之一，为获得不同抗弹性能，其含量保持在 30%～80%，该新型复合材料被多次用于制造飞机的防弹装甲。

4. 研究与应用趋势

（1）从结构优化上改进金属基复合材料的性能

金属基复合材料的各项性能不仅取决于基体、增强体的种类和配比，还取决于增强体、基体的空间配置模式，即人们通常所说的结构。可以考虑从以下几个方面来优化金属基复合材料的结构，从而促进金属基复合材料性能的改进。第一，采用多元复合强化法优化金属基复合材料的结构，即通过引入不同种类、形态、尺度的增强相，借助于增强体本身多元的物性参数，达到优化结构、提高性能的目的；第二，合理利用复合材料强度与韧性/塑性之间的倒置影响关系，将增强体含量控制在合理配比范围内，以便获得最佳使用要求的强度、韧性和塑性；第三，强化层状金属基复合材料研究，金属基复合材料层状结构的改进，是指从微米尺度上，通过增强微叠层来补偿单层材料某些性能上的不足，以此达到满足某种特殊性能需求的目的，如：耐高温、强硬度、强隔热等；第四，加强泡沫金属基复合材料研究与应用，泡沫金属基复合材料，俗称多孔金属泡沫，是最近几年发展成熟起来的一种结构功能材料，具有轻质、高比强度、减振、吸音、高阻尼、散热、吸收冲击能、电磁屏蔽等多种物理性能与优点，是交通、建筑及航空航天等领域未来研究与应用的热点。

（2）用碳纳米管增强金属基纳米复合材料性能

在金属基体中引入均匀弥散的纳米级增强体粒子，所得的复合材料往往可以呈现出更加理想的力学性能和导热、导电、耐磨、耐蚀、耐高温及抗氧化性能。未来可以考虑将金属基纳米复合材料研究的重点放在纳米结构材料应用和纳米涂层生产上。以碳纳米管应用为例，由于其具有优良的力学、电学和热学性能，是制备金属基复合材料较为理想的增强体，随着碳纳米管制备水平提高及其成本价格走低，碳纳米管增强金属基复合材料必定是未来研究的热点，也是世界各国复合材料研究领域竞相争夺的技术制高点。因此，有必要通过加强碳纳米管增强金属基复合材料的研究，来缩短我国与世界发达国家在金属基复合材料研究方面的差距。

（3）促进金属基复合材料结构功能一体化发展

伴随现代科学技术的发展，金属基复合材料的应用需求越来越广，对金属基复合材料也不再局限于其某些优良的机械性能，对其在多场合服役条件下具有的结构、功能一体化和多功能响应特性等要求越来越高。为了强化金属基复合材料的这种结构功能一体化和多功能响应特性，通过在金属基体中引入特定的颗粒、晶须或者纤维等异质材料，一方面可以作为增强体提高金属材料的机械性能，另一方面也可以赋予金属材料本身所不具备的功能特性。比如，用高热导率的金刚石、高定向热解石墨等作为增强相，与铜、铝等高导热金属复合，可以获得高导热率、低膨胀率和低密度的理想金属基复合材料，可以在温度变化时保持尺寸的稳定性，在航空航天结构件生产等领域具有较高的应用价值。

三、复合材料在航空航天领域的未来发展

1. 材料新技术

（1）碳纤维

碳纤维是复合材料中的重要组分材料，分宇航级和工业级，其中宇航级是重要的战略物资。其发展特点总体来说是高性能化和多元化。高强度是碳纤维不断追求的目标之一，以国际上最大的 PAN 基碳纤维供应商日本东丽（Toray）为例，自 1971 年 T300（强度3535MPa）进入市场以来，碳纤维的拉伸强度得到很大提高，经过了 T700、T800 和 T1000三个阶段，T1000 的拉伸强度已达 6370MPa，T800 是目前民用飞机复合材料生产的主流纤维。

根据不同的使用要求，发展相应的产品，如东丽碳纤维目前分三大类。

第一，高拉伸强度（HT）纤维，具有相对较低的杨氏模量（200～280GPa）。

第二，中模（IM）纤维，杨氏模量 300GPa。

第三，高模（HM）纤维，杨氏模量超过 350GPa。

碳纤维另一个重要发展特点是大丝束产品。大丝束是碳纤维产品多元化的一个重要方面，主要目的是加快纤维铺放速率，从而提高复合材料生产效率，降低制造成本。这方面的研究内容主要是制取廉价原丝技术（包括大丝束化、化学改性、用其他纤维材料取代聚丙烯腈纤维）、等离子预氧化技术、微波碳化和石墨化技术等。

碳纤维按用途大致可分 24K 以下的宇航级小丝束碳纤维（1K 的含义为一条碳纤维丝束含 1000 根单丝）和 48K 以上的工业级大丝束碳纤维。目前小丝束碳纤维基本为日本 Toray（东丽）、Tenax（东邦）与 MitsubishiRayon（三菱人造丝）所垄断。而大丝束碳纤维主要生产国是美国、德国与日本，产量大约是小丝束碳纤维的 33% 左右，最大支数发展到480K。工业级大丝束碳纤维可有效降低复合材料成本，但随之带来的是树脂浸润不够充分和均匀性方面的问题。

（2）基体

基体是复合材料另一个主要组分材料，包括金属基体、陶瓷基体和树脂基体，主流是树脂基体。目前作为轻质高效结构材料应用的高性能树脂基体主要有三大类，即：150℃以下

长期使用的环氧树脂基体（简称为环氧基体）；150～220℃长期使用的双马来酰亚胺树脂基体（简称为双马基体）；250℃以上使用的聚酰亚胺树脂基体（简称为聚酰亚胺基体）。

环氧基体用量最多，具有综合性能优异、工艺性好、价格低等诸多优点，在马赫数小于1.5的军用机和民用机上得到广泛应用。双马基体主要用在马赫数大于等于1.5的高性能战斗机上。聚酰亚胺基体主要用于发动机叶片和冷端部件。

环氧基体由于固化后的分子交联密度高、内应力大，存在质脆、耐疲劳性差、抗冲击韧性差等缺点。对于航空结构复合材料，环氧树脂的增韧改性一直是重要的研究课题，双马基体也有类似问题。几十年来，增韧改性技术取得长足发展，包括橡胶弹性体增韧、热致液晶聚合物增韧、热塑性树脂互穿网络增韧以及纳米粒子增韧等，新的品种不断得到开发，使用经验在不断积累，环氧复合材料在技术上已趋于成熟。

在选定增强纤维之后，树脂基体就成了复合材料性能、成本的决定因素，因此高性能、低成本、可回收再用、环境友好型的树脂基体，是复合材料技术未来发展的长期研究课题。

2. 制造新技术

制造新技术体现生产条件改进和综合配套能力的协调发展。先进高效的低成本成型新技术包括树脂传递成型（Resin Transfer Molding，RTM）结合 2D 或 3D 纤维编织预型体技术，以及缠绕、拉挤、注塑等多种先进技术。而近年发展起来的自动铺丝机（AFP）和自动铺带机（ATL）技术得到广泛的应用，成为现代先进大型飞机复合材料部件制造的重要技术。这两种技术的优点在于能制造大型整体部件，大量节约工时，降低制造成本。同时大量减少废料率。图 4-1 是用 AFP 技术制造 A-350 复合材料前机身段，图 4-2 是用 ATL 技术制造 A-350XWB 复合材料机翼蒙皮。

图 4-1　用 AFP 技术制造 A-350 复合材料前机身段

3. 复合材料结构一体化综合技术

复合材料结构一体化综合技术包括多功能化、功能/结构一体化、智能化，满足高性能飞行器的需要，其研究和应用涉及设计、材料、制造、测试、验证、使用和维护等诸多专业技术领域，具有跨学科、跨行业的特点。

有代表性的结构/功能一体化的复合材料是结构隐身复合材料（Stealthy Structural Composites），它既能隐身又能承载，可成型各种形状复杂的部件，如机翼、尾翼、进气道

图 4-2 用 ATL 技术制造 A-350XWB 复合材料机翼蒙皮

等，具有涂覆材料无可比拟的优点，是当代隐身材料的主要发展方向。各种隐身方式的有机结合，使得飞机达到综合隐身状态。如 F-22 采用翼身融合体隐身外形，在机身内外金属件上全部采用吸波材料及吸波涂层，同时在机翼及进气道等腔体内侧采用吸波结构和吸波材料。隐身复合材料对于导弹等武器装备同样具有重要意义。

智能复合材料（Intelligent Composite），有时也称机敏复合材料（Smart Composite）是一类基于仿生学概念发展起来的高新技术材料，它是在复合材料多功能化的基础上，为适应高性能飞机越来越高的飞行速度，于 20 世纪 90 年代开始研发的新型复合材料。智能复合材料是将复合材料技术与现代传感技术、信息处理技术和功能驱动技术集成于一体，将感知单元（传感器）、信息处理单元（微处理机）与执行单元（功能驱动器）连成一个回路，通过埋置在复合材料内部不同部位的传感器感知内外环境和受力状态的变化，并将感知到的变化信号通过微处理机进行处理并作出判断，向执行单元发出指令信号，而功能驱动器可根据指令信号的性质和大小进行相应的调节，使构件适应这些变化。整个过程完全是自动化的，从而实现自检测、自诊断、自调节、自恢复、自我保护等多种特殊功能。

智能复合材料是高技术的综合，其发展将全面提高材料的设计以及应用水平。实现复合材料的智能化将显著降低工艺成本，提高飞行器服役可靠性与使用效率，拓展复合材料的应用范围。但由于涉及学科多、综合性强、技术条件要求高，在航空航天智能复合材料结构方面，大规模应用还需要加强基础性研究。

4. 新型热塑性复合材料研究和应用

以连续纤维或长纤维增强的高性能热塑性复合材料（采用 PEEK、PES、PPS 等高性能热塑性基体材料），既具有热固性复合材料那样良好的综合力学性能，又在材料韧性、耐腐蚀性、耐磨性及耐温性方面有明显的优势，且在工艺上还具有良好的二次或多次成型和易于回收的特性，有利于资源充分利用和减少环境压力，具有良好的发展和应用前景。重视发展热塑性复合材料，是先进树脂基复合材料今后发展的一个重要方面，目前主要在民用飞机上应用开发。空中客车（空客）在这方面处于领先位置，已从次承力结构件向主承力结构件发展，如空客 A-380 就采用了玻璃纤维增强的 PPS 热塑性复合材料制造机翼前沿。

5. 航空航天复合材料的发展特点

（1）需求将持续上升，其中通用航空将成为复合材料的主要市场，以 B-787、A-380、A-350XWB 为代表的新机种对碳纤维复合材料的需求将大幅增长。在未来的 10 年间，通用飞机有望增加 12400 架左右，新飞机的复合材料质量占比最高可达 54%，航空复合材料将进入新的发展时期。

（2）技术不断进步，新技术不断得到开发利用。以低成本为主导的理念对相关技术的创新将产生巨大推动，包括纤维和基体在内的新材料技术、高效自动化整体构件成型技术（AFP 和 ATL）、数字化成型技术等，各种型号、规格的自动化成型设备不断得到研发，大幅提高生产效率和降低成本。

（3）为满足高性能航空航天器的发展，新概念的复合材料技术将不断得到研发，如纳米复合材料技术、高功能和多功能、结构/功能一体化、智能化结构等，将成为复合材料的重要研究内容。

（4）可持续发展将倍受重视。如碳纤维复合材料的回收和再利用、新型绿色复合材料的开发和应用等，将会加快研究进程，取得实质性进展。

四、光纤传感技术在航空航天领域的研究

1. 光纤传感器的特点

在航空航天领域，不断进步的飞行器技术以及严酷复杂的应用环境，使得传统的电子和机电传感器渐渐无法满足实际的测量需求。例如，在航空领域，面对先进航空飞行器在高超声速飞行、大迎角机动、隐身性能等方面日益严苛的需求，传统探针式大气数据传感技术已难以实现实时准确的大气数据测量；在航天领域，航天器在轨运行期间要经历极其复杂严酷的空间环境（包括真空、低温、黑背景等），现有传统电子测温传感设备无法串行工作，而受热真空环境限制目前尚未实现声振动参量的监测，以及应变和压力参量在极限温度下的大范围多点测量，不能全面表征航天器性能，这会对航天器造成不同程度的破坏，严重影响航天器使用寿命，甚至导致灾难性事故，代价巨大。

与传统的机电或电子传感器相比，光纤传感器更符合现代传感技术的需求，特别是在航空航天领域的极端应用环境下，光纤传感器的独特优势更加凸显。作为未来国防航空航天关键技术，航空航天光纤传感技术的研究具有重要的学术价值和应用前景，对航空航天工业的发展具有重要意义。

2. 光纤传感器的研究现状

国内外研究机构和学者在航空航天光纤传感技术领域进行了大量的研究工作，并针对航空航天领域的极端应用环境，在光纤传感器特性分析、传感系统构建、多通道复用方法及解调方法等方面开展相关研究，取得了一定的研究成果。

3. 航空航天光纤传感的研究前沿

但面对严酷复杂的应用环境，航空航天光纤传感技术仍处于发展初期，面临许多挑战，需要在以下方面进行更加深入的研究。

（1）传感器的封装技术研究，需要设计结构更稳定、灵敏度更高、环境适应性更强的传感器；

（2）研究多参量的交叉敏感问题，以实现独立参量的精确提取；

（3）小型化、系统化、高可靠性、多参量网络化光纤传感系统研究；

（4）多参量网络体系结构和扩容复用方法研究，以突破传感单元复用数量的限制；

（5）大量、复杂的多模态传感数据的表征和数据特征提取理论方法研究。

大规模、高密度、高精度、多参量光纤传感系统是航空航天光纤传感技术的发展方向，目前所取得的研究成果与航空航天传感领域的复杂应用需求还存在较大的差距，仍需要在上述研究方向进行更深入的探索。

五、钛合金在航天航空领域的应用

1. 钛合金的特点

钛合金在航空航天领域的应用，主要是利用其优异的综合力学性能、密度小和良好的抗腐蚀性能，如用于制造喷气发动机的钛合金要求有高温抗拉强度和稳定性，并结合良好的蠕变、疲劳强度和断裂韧性。钛合金是继钢铁和铝合金以后应用于航空航天领域的又一种新型轻质结构材料，它的应用水平已成为衡量飞机选材先进程度的一个重要标志。

2. 钛合金的应用

钛合金是飞机机体和发动机的重要结构材料之一，作为减重效果良好的机体材料，近50 年来钛合金在民用飞机及军用飞机领域的用量伴随各自产品的升级换代呈稳步增长趋势。在军用飞机方面，国外第 3 代战斗机用钛量占机体结构总质量的 20%～25%，美国第 5 代战斗机 F-35 用钛量已高达 27%，F-22 战机用钛量更是高达 41%，钛合金在 F-22 战机上的使用部位如图 4-3 所示。

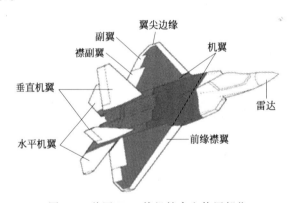

图 4-3　美国 F-22 战机钛合金使用部位

美国运输机用钛量也由早期服役的 C5 的 6% 增至 C17 的 10.3%，俄罗斯伊尔 76 运输机用钛量更是达到了 12%。在民用飞机方面，钛合金用量也在逐步增长，空客飞机用钛量已从第 3 代 A320 的 4.5% 增至第 4 代 A340 的 6%，A380 的用钛量增加到了 10%，单机用钛量就达 60t，而即将问世的 A350 客机的用钛量进一步提高到 14% 左右。波音飞机用钛量已从最初波音 707 的 0.5% 增至波音 787 的 14%，用钛量增速基本与空客飞机保持同步，如图 4-4 所示。

3. 钛合金的扩展研究前沿

现代飞机上钛合金的应用范围越来越广泛，主要有飞机机身、液压管道、起落架、座舱

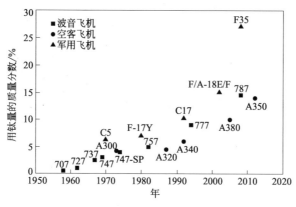

图 4-4　飞机中钛合金的应用

窗户框架、蒙皮、紧固件、舱门、机翼结构、风扇叶片、压缩机叶片等。为防止飞机外部蒙皮潜在的疲劳裂纹出现突发扩展，一般飞机机身采用钛合金做成薄且窄的环状结构；为使飞机液压管道减重 40%，多采用易变形且强度足够高的两相 Ti-3Al-2.5V 合金；因高强度钢具有应力腐蚀敏感性，在飞机上使用寿命较短，起落架大多采用钛合金制造，如波音 777 起落架几乎都采用 TIMETAL10-2-3 锻件制造。

由于飞机存在潜在的高载荷冲击，如气流或飞鸟，座舱窗户框架多采用有足够强度的钛合金锻件制造；钛合金与碳纤维复合材料有相近的热膨胀系数，化学相容性较高，从而可避免化学腐蚀，因此优先选择钛合金作为与碳纤维复合材料的连接件和支撑件；因飞机蒙皮表面与空气摩擦产生高温，大多数铝合金抗高温能力无法达到要求，蒙皮也多采用钛合金制造。

由于钛合金质量轻、强度高、耐腐蚀、低导磁率等优良特性，在飞机上钛合金紧固件的用量不断增加，目前正在试飞的国产商用大飞机 C919，单机钛合金紧固件用量达 20 万件以上，按年产 150 架计算，总需求量达 3000 万件。

4. 燃气涡轮发动机的材料升级应用研究

燃气涡轮发动机是航空钛合金应用的主要领域，现代涡轮发动机结构质量的 30% 左右为钛合金，最早应用钛合金的发动机部件是压缩机叶片，现代喷气式发动机大型前端风扇叶片也由钛合金制成。

发动机设计时采用钛合金材料，可进一步降低压缩机叶片和风扇叶片的质量，同时还可延长部件的寿命和检修周期，从而保证飞机的安全稳定性，如波音 747-8GENX 发动机风扇叶片的前缘与尖部，采用了钛合金护套，在 10 年使用过程中仅更换过 3 次，风扇叶片在波音 777 客机上经受住了严格考验。

5. 钛合金在太空的应用

随着人类探索太空步伐的加快，对航天飞行器的要求越来越高。航天飞行器在超高温、超低温、高真空、高应力、强腐蚀等极端条件下工作，除依靠优化机体结构设计外，还依赖材料所具有的优异特性和功能。

美国航天飞机计划中飞行器用钛合金压力罐，在航天工业中，因钛合金集航天产品所需的特质于一身，在制造燃料储箱、火箭发动机壳体、火箭喷嘴导管、人造卫星外壳等方面得到了典型应用，例如燃料储箱制备可将钛合金板塑性成形为半球状，通过扩散连接和常规焊接，降低其加工程度，从而制备燃料储箱；卫星舱半球形壳体可采用 Ti-15-3 合金通过简单旋压成形工艺生产等。钛合金在太空领域的应用虽有一定局限性，但近几年用量也呈稳步增长趋势。

六、隔热材料在航空航天领域的研究

1. 酚醛泡沫复合材料

酚醛泡沫材料具有低密度、低热导率及抗高温歧变的特点。其制备工艺分为以热塑性酚醛树脂为基础的干法工艺和以热固性酚醛树脂为基础的湿法工艺。在高真空度下，酚醛泡沫具有良好的绝热性能。但普通酚醛泡沫的延伸率低、质脆、硬度大、不耐弯曲，因此限制了其应用范围。需通过物理共混、化学及原位聚合方法以保证在低热导率的同时增加其韧性。

与其他材料复合可使酚醛泡沫材料得到更重要的应用。李居影等分别测得酚醛泡沫、酚醛树脂浸渍 Nomex 纸蜂窝材料的热导率，发现填充了酚醛泡沫后，Nomex 纸蜂窝材料的热导率显著降低，由 $0.167W/(m \cdot K)$ 降至 $0.045W/(m \cdot K)$，降幅达 73%。研究发现一种密度范围在 $0.130 \sim 0.175g/cm^3$ 之间的酚醛复合材料，在表观密度为 $0.131g/cm^3$ 时得到最低热导率值 $0.042W/(m \cdot K)$，同时具有高度孔隙结构。另外，酚醛泡沫材料作为前驱体与碳材料复合后在无氧条件下可加热到 3000℃ 不会熔化或软化，该碳-酚醛复合材料可应用于太空返回飞行器在超高音速飞行穿过星体或地球大气层时遭遇的各种极端加热条件，相关研究已列为碳烧蚀材料领域的重点。

酚醛泡沫复合材料具有优异的隔热性能，受到美英军方的重视，后广泛用于飞机机舱内壁等多个领域，碳-酚醛烧蚀隔热板则用于航天飞机机头锥帽及机翼前端等高温区热防护，新一代高性能复合材料的研究开发完全符合航空航天用隔热材料的需求。

2. 氧化铝泡沫陶瓷材料

氧化铝泡沫陶瓷材料具有低密度、低热导率、高比强度、高耐化学腐蚀、高耐热震性的优质特性，是一种可靠性很强的隔热材料。研究人员制备了应用于固体燃料氧化电池隔热的氧化铝泡沫陶瓷材料、高孔隙率氧化铝泡沫材料等隔热材料。

氧化铝泡沫陶瓷材料具有很好的隔热及保温性能，多用于航天飞机机身、机翼下表面热防护及导弹头强迫发汗等领域，为目前泡沫陶瓷材料研究的热点。

3. 纳米孔超级隔热材料

SiO_2 气凝胶是一种固体相多孔纳米网络非晶态功能材料，孔洞的直径为 $1 \sim 100nm$，骨架颗粒直径为 $1 \sim 20nm$。具有轻质（密度最低达 $0.001g/cm^3$）、高比表面积（约 $0.6 \sim 1.0m^2/kg$）、高孔隙率（孔隙率可达 $80\% \sim 99.8\%$）、极低的热导率［室温真空热导率可以达到 $0.001W/(m \cdot K)$］、低声传播速率（100m/s）、低介电常数（约 1.1）及半透明等优异性能，特别是应用在高效隔热材料方面。小孔能有效阻止热传导和对流传输，低的密度令热量传导通过的小路径为固态网络结构所限制。

纳米孔超级隔热材料已成功应用于火星探测器的个别温度敏感部件及星云捕获器上，同时在高超声速飞行器、超声速巡航导弹的内部热防护方面都有重要应用。

4. 研究发展前沿

(1) 改进制备工艺，通过设计复合材料，显著提升传统材料的隔热性能，向着非烧蚀、低密度发展。

（2）设计飞行器高温区防热隔热一体化复合结构，通过多种相态融合，实现优异的耐热隔热性能与良好的承载能力的兼顾。

（3）运用纳米技术等，制备热导率大幅降低的新型隔热材料，带来隔热性能的革命性突破。

第二节　太阳能航空动力创新技术

一、太阳能发展现状及趋势

世界上最大的太阳能飞机"阳光动力2号"，于2016年7月26日降落在阿联酋首都阿布扎比商务机场，完成了人类历史上首次不费任何燃料，完全依靠太阳能作为动力围绕地球飞行一周的壮举。这是人类航空史上的一个里程碑，对未来太阳能飞机的发展、清洁能源的广泛使用具有重要的意义。

1. 太阳能飞机发展的关键要素

太阳能飞机所引发的低碳环保的理念，是人类社会的发展方向，也是人类追求的目标。但太阳能飞机的发展并不能一蹴而就，也受制于多项技术。能源、动力等技术是其发展的关键，只有当这些技术取得了突破，太阳能飞机才可能实现突破。

首先，太阳能飞机最关键的地方就是能量系统，"阳光动力2号"上使用的太阳能电池为单晶硅电池，由位于美国加州的 SunPower 公司提供，转换效率为22.7%，厚度仅为135μm。单晶硅电池是当前太阳能发电最常见的一种形式，加工工艺和成本都已经趋于成熟，也广泛用于航空航天领域，比如卫星上的太阳能电池板就是一个例子，不过其转换效率更高一些，转换率可达到30%。客观看，单晶硅电池的总体水平依然没有得到很大提升，转换效率基本维持在15%～20%之间，目前最高效的单晶硅电池可达到25%，当然这是实验室内的标准，还没有得到大规模推广。从中可以看出，单晶硅电池偏低的效率是制约太阳能飞机发展的最大技术瓶颈。在利用太阳能发电的能量单元中，除了单晶硅电池外还有多晶硅电池和 CIGS 薄膜电池，后两者的转换率都不高，大约在20%左右，因此利用成熟的单晶硅电池是目前太阳能飞机发展普遍采取的技术。

其次，气动设计与动力系统也很重要，同样会制约着太阳能飞机的发展。可以说，太阳能飞机从1974年发展至今历时40余载，自第一架太阳能飞行器"日出1号"横空出世后，这种机型的气动就没有发生太大的变化，基本上沿用了非常成熟的常规气动，中规中矩的大展弦比机翼、细长的机身以及T型尾翼等都是太阳能飞机的明显标志。不过，美国国家航空航天局在1999年试飞了著名的"太阳神"号，其采取无尾翼气动，翼展达到了75m，接近空客A-380的尺寸，从外观上看就像是一块会飞的机翼，14台永磁直流电动机安装在机翼上，给世人留下了深刻的印象。太阳能飞机为了获得足够的升力除了需要在气动上下功夫外，还需要对机身材料进行升级，大量的碳纤维复合材料被用于机身制造，其目的就是降低机身质量。以"阳光动力2号"为例，全机身83%以上的部位使用了超轻复合材料和薄板技术，由德国拜耳材料科技公司提供碳纤维复合材料，还有一些环氧树脂用于提升机体强度，不仅达到了降低机身质量的目的，也能够提高机翼的强度和耐紫外线能力。但飞机大而轻，受气流的影响会很大，因此气动效率和操稳特性也是一大难点，空气阻力中的诱导阻力受到翼展影响，翼展越长诱导阻力越小。

此外，在动力系统上，太阳能飞机几乎都使用了分布式动力分配与永磁直流电机。因为这样的动力系统结构并不会太复杂，零部件数量也不多，有利于后勤保障。当然太阳能飞机的动力分配也是有讲究的，白天飞行高度较高，如"阳光动力2号"的高度可达到8500m，晚上为了节约电能可把飞行高度压低到1500m，更稠密的大气也有利于提供更多的升力，平均飞行速度控制在50~60km/h。更重要的是，太阳能飞机要时刻关注飞行环境的变化，日均太阳辐射、平均气温等都会影响动力的输出，这也是为什么"阳光动力2号"要选择一条接近赤道的环球路线，这样能够获得最大的光照能量。由此可见，太阳能飞机从设计到飞行，都受到了多种因素的制约。如果要实现大规模的商业利用，还有很多工作要做。

2. 太阳能飞机的技术特点与趋势

太阳能飞机作为航空技术与新能源技术相结合的产物，是人类技术能力进步的标志，也是人类追求能源清洁化的产物。从太阳能飞机发展的现状看，其技术特点是较为明显的，主要体现在机体平台、能源系统和推进系统三个方面。

（1）机体平台

为了弥补能源不足而保持飞行速度，太阳能飞机大多数还是采用了传统的气动布局，这些气动布局作为机体平台，在技术上是较为成熟的，风险较小，当然也有部分飞机采取了一些新的气动布局。为了提升飞机的气动效率，大部分的太阳能飞机采取的是大展弦比机翼，特别是一些在高空中作长期停留的无人机，其展弦比均在30左右。此外，为了降低机体质量，各种新型材料如碳纤维、凯芙拉等被广泛使用。加之，当前太阳能电池的转化率普遍不高，导致了其载荷不能太高，机身外形尺寸较小，特别是一些长期高空航行的太阳能飞机，大展弦比的机翼产生气动弹性可能会影响到飞机的安全和稳定。

（2）能源系统

从当前设计且运行的太阳能飞机看，大部分的飞机采用的是转化率较高的单晶硅太阳能电池，少部分采用了多晶硅电池。电池的储能器大部分是锂电池，少部分飞机为了夜间储备能源，采用的是可再生燃料的储能器。为了减轻全机的质量，能源系统安装在机体中枢，由于太阳能电池价格较贵，容易破碎，很难与机体的曲面进行很好结合，这在一定程度上影响了太阳能飞机的性能。

（3）推进系统

为了提高系统的可靠性程度，太阳能飞机采取的是分布式推进系统，通常以直驱为主要形式，只有在小型的太阳能飞机上采取减速驱动的螺旋桨系统。直驱电机效率较高，可动的部件较少，其应用范围较为广泛。但要保持长时间高空航行，多采用螺旋桨系统，主要是为了保持机体的平衡与能量的节约。

从太阳能飞机的技术特点上看，太阳能飞机要想获得技术突破与发展，必须要在技术特点上做出一定的改变。具体而言，第一，从机体平台看，未来的太阳能飞机必须要采取新的气动布局、材料、工艺来改进飞机的结构及气动效率，从整体上降低飞机的质量，减少其机翼尺寸，提高飞机的安全性和稳定性；第二，从应用前景看，小型的太阳能无人机应该是主导方向，微型的太阳能无人机也是一个发展方向；第三，从能源系统看，这是太阳能飞机发展受制最大的问题，未来的太阳能飞机必须采取更高效的太阳能电池及储能器，同时保持太阳能电池与机体曲面的贴合，这不仅可以降低全机的质量，更能够保证飞机的安全；第四，从推进系统看，新型的电机和高效的螺旋桨技术会得到广泛的应用，以保证其推进系统的效率。

3. 太阳能飞机的发展前景

太阳能飞机从研发至今也不过 40 多年的历史，总体上还是处于试验阶段。"阳光动力 2 号"的环球飞行也证明了太阳能飞机具有载人、超长时间续航的能力。研制无人机等小载荷飞机还是很有意义的。同时，可以进一步宣传绿色航空的理念，推动新技术的研发。"阳光动力 2 号"的成功，也使得人类看到太阳能作为清洁能源的无限可能。太阳能飞机大规模的应用还较为遥远，但太阳能作为清洁能源可以运用于其他领域，有很大的发展前景。

"阳光动力 2 号"是目前世界上最先进的有人驾驶太阳能飞机，与美国宇航局（NASA）"太阳神"号的区别在于它是载人的，"太阳神"号是无人驾驶，显然能够载人的太阳能飞机应用化程度更高一些。"阳光动力 2 号"的机舱仅有 $3.8m^3$，只能满足一名飞行员活动，本次环球飞行由两名飞行员轮流执飞。从中可以看出，太阳能飞机当前的技术状态是科研与实验性质，距离商业化载客飞行依然非常遥远。21 世纪初轰动一时的"太阳神"号的主要任务是科研，该飞行器在 2001 年创造了 29.5km 的高度纪录，试飞过程中测试了飞翼布局在高空环境中的特性以及柔性机翼在紊流中的气动表现。事实上，太阳能飞机在研制之初就是要获得无限的续航力，能够在高空进行长航时飞行。从科研角度看，连续数个月以上的高空飞行可收集到完整的科学数据，美国国家航空航天局计划研制的太阳能飞机指标是无人驾驶飞行 6 个月以上，这种性能无疑能大大节约相关科研项目的经费。从军事用途看，太阳能飞机也能够长时间对敌方目标进行监视，执行巡逻、中继通信等任务。不过随着光能型太阳能电池板技术的进步，今后小型有人驾驶飞行器有望使用太阳能提供电力，同时高效电机领域也将有所突破，新型轴向磁通电机可作为新型动力为太阳能飞机提供强有力的推力输出。

尽管"阳光动力 2 号"在研发和设计上没有任何的军事动机，但不可否认的是，此次飞行的成功，更激发了其在军事上应用的可能性，也可以看到其军事应用潜力的巨大，特别是太阳能无人机。因为其能够保持较长时间的续航，且飞行高度是普通飞机不可比拟的，与其他的空中平台相比，太阳能飞机的优势是十分突出的。与常规的军事飞机相比，其不需要燃料，能够较长时间留在空中，可以保持其执行任务的连续性；与空中飞艇相比，其隐蔽性、机动性的优势也是十分突出的，契合了军事应用的目的。伴随着技术的发展，太阳能飞机的性能、设计等方面还会继续提高，其在军事上的应用性趋势也会更加突出。

目前，在世界太阳能飞机的研发中，其军事动机是非常明确的。波音公司的"太阳鹰"无人机项目就是为军事设计的，当前波音公司对其性能的改进也是基于军事的需要。美国国防部表示，改进后的"太阳鹰"太阳能无人机可以携带超过 500 公斤的装备，在地球表面 2 万米以上的高空中能够连续不间断地飞行 5 年，并能够保证其不偏离预设的航线，进而实现了美国不需要国外地面基地就可以监视全球的梦想。还有，美国航空环境公司正在研发的"探路者号"太阳能无人机，也有超强的续航能力，被用来当作弹道导弹的防御机使用。从其设定的性能看，"探路者号"可以在弹道预警、高空监视、高空侦察方面发挥一般无人机没有的优势。

此外，太阳能无人机还可以成为通信中继的平台，其长时间停留在高空中的能力可以使其弥补通信陆基和天基可能中断的不足，为卫星通信构建一个立体化的通信网络。这种通信中继平台，与地面基地相比，作用距离远，覆盖面大；与卫星平台相比，能够促使无线电波快速返回地球，减少电波信号的衰减，且其对地面接收终端的技术要求不高，特别是对地面接收终端的功率要求不高，如此可以促使地面终端实现小型化和便捷化。

二、太阳能无人机作为临近空间飞行平台的优势

太阳能无人机相较于其他临近空间飞行平台，具有环保、造价相对低廉、高飞行性能、稳定性强，载荷能力突出等优势，是一款具有高可持续性的飞行器平台种类。

1. 太阳能飞行平台是实现高空超长航时任务的理想选择之一

太阳能飞行平台是一种以光能作为主要能量来源的电动无人飞行器。白天，它依靠其上安装的太阳电池进行光电转换，为动力系统、机载设备及任务装载提供能量，维持正常飞行，同时将多余的能量储存为蓄电池的电能和高度势能；夜晚，依靠白天蓄电池储存的电能维持正常运行。如果太阳能飞机每天白天存储的能量可以满足夜晚飞行的需要，就能够实现不间断的昼夜持续飞行。高空长航时太阳能无人飞行平台具有空域机动、长航时、高空巡航的特点，其飞行高度可达 20～30km，航时可达数月甚至数年，是实现高空超长航时任务的理想选择之一，可作为类"亚卫星"的空中信息化平台，执行侦察、监视、通信中继等任务，在军事上具有广泛的应用前景。

2. 太阳能无人飞行平台的军事应用价值

"太阳能无人飞行平台综合一体通信中继系统"的基本概念是以平均飞行高度约 20km 的太阳能无人飞行平台为载体，一是利用太阳能飞行平台大翼展的优势，机体和通信中继设备一体化，有效增大通信天线的功率孔径积，与低频通信体制结合，实现对隐身目标的高效、远距探测；二是利用太阳能飞行平台的长航时优势，在战区上空形成持续的通信中继能力；三是利用太阳能飞行平台使用维护低成本的优势，可大量装备，具备多种使用环境的作战能力。"太阳能无人飞行平台综合一体通信中继系统"结合飞行平台自身的技术优势，可实现对我方通信节点持续、高效、远距的中继能力，为未来我军通信中继体系建设和能力的提升提供新型技术储备，探索新的信息化发展道路。

3. 太阳能无人飞行平台的技术发展趋势

太阳能飞行平台方面，逐步向具有大载荷能力，可高空超长航时飞行的方向发展，以满足长期高空飞行的军事需求为主，填补临近空间的飞行器空白。主要的技术发展趋势为以下六点。

（1）卫星模式的高可靠性设计。

（2）太阳能的高效收集、存储、消耗。

（3）高升阻比的高效率气动设计。

（4）低结构系数设计。

（5）高效电推进系统设计。

（6）结构与载荷的一体化设计。

4. 太阳能无人机飞行平台的应用前景

太阳能无人飞行平台续航时间长，巡航高度较高，任务适应性强，能够随时降落加以维修和变更有效载荷，效费比高，因而有着十分广泛的潜在应用前景。

在军事应用方面，太阳能无人飞行平台能够利用其飞行高度和续航时间优势，完成长时

间不间断侦察与监视、目标定位、电子情报收集、电子干扰、通信中继等作战任务，生存能力较高。与卫星和巨型飞艇相比，具有成本低、机动性强、部署相对容易等特点。

在民用方面，太阳能无人飞行平台可应用于国土资源调查、气象观测、环境监测、边境巡逻、通信中继、空中和地面交通管理等任务；可在信号覆盖地区以低成本代替通信卫星提供电视和电信服务；可在发生洪灾、地震或森林火灾等大型灾难造成通信中断时保持受灾地区与外界的通信联络。

太阳能无人飞行平台技术的研究，可实现对我方通信节点持续、高效、远距的中继能力，为未来我军通信中继体系建设和能力的提升提供新型技术储备，探索新的信息化发展道路，将推动我国相关学科科学和技术的发展，如气动技术、高效能源系统、材料科学和控制技术等。因此，结合军事、民用及对相关科学技术的带动，开展太阳能无人飞行平台的研究对我国国防和国民经济建设以及科学技术的发展均具有重大意义。

三、太阳光光纤照明在空间站应用的创新技术

1. 概述

目前绝大多数空间照明系统的供电来源于太阳能电池阵/蓄电池供电系统。在航天器光照区，通过太阳能电池的光伏效应把太阳能转换为直流电能供给负载，并将部分电能转化为化学能储存于蓄电池组中。当航天器进入地影区或在光照负载功率超出太阳电池阵供电能力时，则由蓄电池通过控制单元中的调节装置向负载供电。

太阳能电池主要是基于光电转换实现的，其基本原理是利用电池将收集到的光能根据一定的原理转化成为可以直接使用或者可以存储的电能，目前太阳能电池的转换效率一般在10％～20％之间。当前这种技术的应用范围很广阔，但其局限性是如何提高这种光能向电能转换的效率。近年来，虽然越来越多的飞行器开始采用功率较低、性能更优的 LED 光源替代传统的荧光灯，但是长时间不间断的照明仍会产生较大的功耗。为了充分利用太阳光以达到节约资源的目的，基于地面上应用的光纤照明系统，提出一种应用于空间照明的太阳光光纤照明方案，直接利用太阳光进行舱内照明。

2. 空间光纤照明系统关键技术

典型的光纤照明系统主要由聚光装置、光纤束、末端发光装置以及辅助照明装置等部分组成。系统的工作原理为：聚光装置将入射的太阳光进行会聚，会聚后的太阳光通过光纤束传输到任何需要照明的场所，再通过合理的配光设计使传输过来的太阳光均匀地散射出去。当无太阳光照射或阳光不足时，利用辅助照明装置进行补充照明，以保证高质量的照明环境。

太阳光光纤照明系统应用于空间照明的关键技术为：聚光装置的设计；聚光装置与光纤的耦合；末端发光装置的设计；辅助照明装置的设计。研究上述应用的技术难点，对于将光纤照明系统应用于空间照明并节约照明功耗具有很大的作用。

目前，地面上的太阳光光纤照明系统与传统照明技术的有机结合使得太阳能被广泛应用，大大节约了照明供电系统的资源和成本，具有较高的学术价值和重要的应用价值。而且，国内外关于太阳光照明与传统照明结合的性能更优的系统和新装置不断被研制出来，各国科研人员对太阳光光纤照明实用系统的开发研究正在进一步深入，各种新方案、新器件不断被运用到系统的设计和制作当中，太阳光光纤照明系统将是未来照明的一个大趋势。然

而，由于太空所处的环境与地面相差甚大，例如，轨道特性和卫星姿态的不同对系统的影响、系统安装条件的差异以及结构复杂的太阳跟踪装置等，使得地面太阳光照明系统并不适用于空间照明，要使太阳光光纤照明系统真正应用于空间照明，还需要大量深入的研究以提供理论依据和技术支持。

第三节　太阳能储能研究前沿

一、太阳能能源利用研究

1. 太阳能概况

太阳能（Solar Energy）是指太阳的热辐射能，主要表现就是常说的太阳光线。在现代一般用作发电或者为热水器提供能源。自地球上生命诞生以来，就主要以太阳提供的热辐射能生存，而自古人类也懂得以阳光晒干物件，并作为制作食物的方法，如制盐和晒咸鱼等。

在化石燃料日趋减少的情况下，太阳能已成为人类使用能源的重要组成部分，并不断得到发展。太阳能的利用有光热转换和光电转换两种方式，太阳能发电是一种新兴的可再生能源。广义上的太阳能也包括地球上的风能、化学能、水能等。

2. 新一代太阳电池和超高密度的能量存储系统

美国北卡罗来纳州立大学的研究人员"培育"出一种粉红的金属硫化锗（GeS）"纳米花朵"，可以用来创建下一代太阳电池和超高密度的能量存储系统。"纳米花朵"只有 20～30nm 厚，没有香味，但可以存储比传统能源存储电池存储更多的能量，有望带来一场电池革命。

北卡罗来纳州立大学科学家在熔炉中加热硫化锗粉末，直到它开始蒸发气化。一旦硫化锗粉末的粒子游离进入空中，便被吹到熔炉内温度相对低的区域，在那里沉淀固化为 20～30nm 厚、100nm 长的薄片。随着越来越多的薄片不断增加，它们开始相互分叉，形成一种看起来酷似花的结构，最终研制出硫化锗"纳米花朵"。它尽管很小，但花瓣的形状使其表面积变大，因此可储存不少的能量。硫化锗是一种半导体材料，具有价廉无毒的特点，从而使它成为制作下一代太阳电池的理想材料。而且它还能扩展锂离子电池的容量，为超级电容器增加存储。

3. "全碳"太阳电池

美国加利福尼亚州斯坦福大学科学家鲍哲南领导的研发团队成功地开发出一种"全碳"太阳电池。他们选用 3 种类型的碳材料用于电池的制造，其中由碳纳米管和巴基球组成的材料作为光吸收层，石墨烯则作为电极的材料。

研究人员指出，尽管以前也出现过所谓的"全碳"太阳电池，但是碳材料仅局限于电池中间的"活跃层"。而他们制造的"全碳"太阳电池包括电极在内的所有部件均采用碳材料。斯坦福大学研发团队推出的全球首块"全碳"太阳电池有三大特点：一是由夹在两个电极之间的可吸收阳光的光敏薄膜组成，可以作为涂层加以应用，加涂在建筑物以及汽车窗户的玻璃上用于收集能源，以较低成本获得出色性能；二是整个装置仅需通过简单的覆膜法就能制成，无需昂贵的工具和设备；三是用碳材料替代昂贵的光电设备，地球的碳材料藏量丰富，成本很低，利于大范围推广。据研发团队的负责人介绍，"全碳"太阳电池目前只能吸收近红外光谱部分的光，致使能量收集效率还不到1%，暂时还无法与传统的硅系太阳电池相提并论。但是随着材料的改善和技术的不断创新，能量收集效率将会很快得到提高。科学家正在寻找其他形式、结构特殊的碳纳米材料，以进一步增加可吸收光的范围。他们同时希望借助结构的改进来提升能源吸收率。尽管"全碳"太阳电池现在还处于起步阶段，然而由于采用的全部是碳材料，因此在很多极端环境下（最高可在593℃温度下）仍能稳定、正常使用，很有发展前途。

"全碳"太阳电池有望替代昂贵的传统硅光电设备，为充分利用太阳能开辟一条新路。机器人管理太阳能跟踪系统在太阳能电厂中，太阳能跟踪系统的设计至关重要。只有确保太阳电池板始终面对空中移动的太阳，才能够提高大型太阳能设施的效率。最近，位于美国加利福尼亚州门洛帕克的Botix公司开发出新款的QBotix跟踪系统（QTS），很引人注目。这套双轴跟踪系统使用一对移动式机器人，动态控制和运营装机容量200kW～5MW的太阳能电厂。其中的一个机器人唱"主角"，另一个备用。

4. 机器人安装太阳电池板

太阳电池板安装在QBotix设计的支架系统上，没有装备任何可提供动力的发动机，全靠机器人在轨道上巡视，负责逐个调整太阳电池板支架系统，以保证它们持续面向太阳，获取最多的太阳能，从而达到优化其太阳能集热性能的目的。虽然用机器人代替电机和控制器等设备的费用与现有的单轴跟踪系统相差不大，但是其具有更高的性能和能量输出。使用QTS后采集的太阳能增加15%，新配置的能量输出超出固定式太阳电池板40%。QTS能与所有的太阳电池板和支架地基相兼容，不但能跟踪平板型太阳电池板，而且可以对聚光型太阳电池板进行跟踪。

德国PVKraftwerker有限公司在慕尼黑国际太阳能博览会推出移动机器人Momo。它可以不分日夜，在各种天气条件下自动组装发电厂级的巨型太阳电池板，这种电池板的面积相当于家庭屋顶电池板的4倍。另外还能够拆卸光伏电站，进行逆向操作。

由于安装了一种"钳夹"系统，并配有传感器，因此可以使Momo在一定范围的地域内进行固定系统组件的自动化装配。它还设有一个三维网状的立体摄像头，可以调整安装时任何微小的偏差，精确地安装组件。在安装电池板的过程中，框架组装是人工操作效率较低的工序，串接组装和焊接工艺很耗时间。而移动机器人Momo能够稳定施加需要的压力，保证所有紧固工具准确定位，并且以高度重现的方式组装框架，大部分串接和标记操作都自动进行。

对于一个装机容量14MW的太阳能发电厂来说，人工安装电池板的成本大约要200万美元，而使用这种机器人，成本可以减少将近一半。以前需35人才能完成的安装工作，现在只需3人，耗费的时间也只有原来的1/8。

对于架设在地面上的大型太阳能场安装工程，机器人就可以大有用武之地了。现在，PVKraftwerker联手其他同类型的公司，在研发另外一种机器人。凭借全球定位系统的引导，它能在地面上凿出洞来，再把电池板装在里面，不需要工人来安装金属架。一些较新型的太阳电池组件也无需人用螺钉固定，可以被"抓"到或粘到位置上，特制的插头甚至可以让机器人进行电路连接。随着机器人其他组件逐渐变得自动化，使用机器人安装太阳能将会变得越来越普遍。在未来，德国计划到2050年80%的电力都来自于可再生能源。这种机器人辅助安装的方式被认为将有利于这一目标的实现。

二、太阳能热化学储能研究

1. 高温热能储存技术

（1）显热储热

显热储热指通过储能介质温度的变化来实现储能过程，可分为固体显热储热、液体显热储热以及液-固联合显热储热 3 种。高温混凝土由于单位储热量成本低而成为太阳能热发电系统中具有代表性的显热储热介质，但同时也存在着热导率低的缺陷，在使用中需要添加一些高热导率的组分，如石墨等，或优化储能系统的结构设计来提高储热系统的传热性能。液态储热材料主要有水、油、高温熔盐。LUZ 公司建立的大型槽式抛物面聚焦太阳能发电系统 SEGSI 即采用矿物油作为传热介质和储能材料，但是其成本高且易燃易爆。

在后来的设计中选用高温熔盐作为储热介质，但在实际应用中为了得到适宜的温度、熔点、储能密度及降低单位储能成本，通常会将几种无机盐混合共晶形成混合熔盐，如美国 Solar Two 以及西班牙 Solar Tres 电站均利用 Solar Salt（40％KNO_3-60％$NaNO_3$）作为储热材料。此储能系统应用在槽式太阳能发电系统中仍需解决两个问题：①开发研究出性能优良包括高熔化焓、腐蚀性小且成本低的储热材料；②提高高温熔盐的热导率，研究发现使用添加剂如泡沫金属、膨胀石墨以及纳米材料能有效改善储热系统的传热性能。

液-固联合显热储热结合了固体、液体显热储热的优势，成为目前显热储热的重要研究方向，James 等研究发现采用液-固联合显热储热方式的斜温层单罐的投资成本约为双罐熔融盐储热系统的 65％。显热储热在目前的太阳能热发电中是技术最成熟、应用最多的储热方式，但是采用显热储热方式还存在储能密度低、储能时间短、温度波动范围大及储能系统规模过于庞大等缺点。

（2）潜热储热

潜热储热又称相变储能、相变储热，主要通过储热材料发生相变时吸收或释放热量来进行能量的存储与释放。现阶段的研究主要集中在固液相变储能材料，较显热储热相比，相变储热材料（PCM）一般具有储热密度大、相变温区窄等优点，可显著降低储能系统的尺寸。1993 年德国太阳能及氢能研究中心共同提出 PCM/显热储热材料/PCM 的混合储热方法，储热容量高达 200MWh。2004 年，欧洲的 DISTOR 项目就采用 $NaNO_3$ 和 KNO_3 的混合熔盐为直接蒸汽发电槽式系统设计完善的相变储热系统。

现阶段主要研究的高温相变储热材料主要有高温熔盐、金属以及合金。高温熔盐作为储热材料应用于太阳能热发电系统，目前只在显热储热方式中得到一定规模的应用。金属相变材料由于具有储能密度大、循环稳定性好以及良好的传热性能等特点，在中、高温相变储能的应用中具有极大的优势，其中铝基合金由于具有适宜的相变温度以及相对低的腐蚀性，成为太阳能热发电系统中高温相变储热材料的研究焦点。但目前对于合金相变材料的热，物性变化如热导率的研究还很不充分，且金属合金在高温下的液态强腐蚀性都极大地限制了金属合金在高温相变储热领域的应用。相变材料的选择或开发以及换热器的设计都是实现高温相变储能在太阳能热发电系统的难点，因此目前相变储热技术在太阳能热发电系统中仍处于试验阶段。

（3）热化学储热

热化学储热主要是基于一种可逆的热化学反应，如 C＋ΔH $\longrightarrow$ A＋B，在这个反应中储能材料 C 吸收能量（如太阳能）转化成 A 和 B 单独储存起来。当需要供能时，将 A 和 B 充分接触发生反应生成 C，同时将储存的化学能释放出来。只要将储能介质构成闭式循环，并妥善储存，其无热损的储能时间就可很长。一般来说，热化学储能过程可以分为 3 个步骤：储热过程、储存过程和热释放过程。

（4）三种热能储存方式的比较

不管选择何种热能储存方式，要从以下几方面来进行考虑：储能密度、储能温度、储能周期、材料运输的可能性、储能方法成熟与否以及相关技术的复杂性。表 4-1 是三种储能方式对比。对比其他储热方式，热化学储能具有以下的优势：①储能密度分别是潜热储热和显热储热的 5 倍和 10 倍；②热化学储能在环境温度下可实现长期无热损；③适合长距离运输。这些特性为太阳能的高效转换、储存及传输提供了一种极具前景的方法，并能使太阳能得到 24h 的连续供给，特别适用于电厂峰谷负荷调节，并于尖峰发电时释放出热能，推动汽轮机发电。

表 4-1　三种储能方式的比较

特性	显热储热	潜热储热	热化学储热
体积密度 /(kW·h/m³)	50	100	500
质量密度 /(kW·h/kg)	0.02～0.03	0.05～0.1	0.5～1
热损失	长期储存时较大	长期储存时大	低
储能温度	充能阶段的温度	充能阶段的温度	环境温度
储能周期	有限（有热损失）	有限（有热损失）	理论上无限
运输	短距离	短距离	理论上无限制
优点	成本低、技术成熟	储能密度中等、储能系统体积小	储能密度高、长距离运输、热损失小
缺点	热损失大、所需储能装置庞大	热导率小、材料腐蚀性强、热损失大	技术复杂、一次性投资大

2. 各种热化学储能体系的研究概况

目前已经研究过七十多种热化学反应，在选择合适的热化学反应用于化学储能时要考虑以下的条件：储热反应发生在 1000℃ 以下；释热反应发生在 500℃ 以上；反应焓大，产物的摩尔体积小；反应完全可逆，无副反应，循环性能好；反应储热、释热速率快；反应物成本低，无毒，无腐蚀性；反应条件温和，不需要高压或高真空操作。

表 4-2 列举了几种常见热化学储能体系。

表 4-2　常见热化学储能体系的性能及参数

热化学储能体系	反应式	储能密度/(kW·h/m³)	反应温度/℃
氨	$NH_3 + \Delta H \rightleftharpoons 1/2 N_2 + 3/2 H_2$	745	400～700
氢氧化物等	$Ca(OH)_2 \rightleftharpoons CaO + H_2O$	437	350～900
	$Mg(OH)_2 \rightleftharpoons MgO + H_2O$	388	250～450
甲烷重整	$CH_4 + CO_2 \rightleftharpoons 2CO + 2H_2$	7.7	700～860
	$CH_4 + H_2O \rightleftharpoons CO + 3H_3$	7.8	600～950
碳酸钙	$CaCO_3 \rightleftharpoons CaO + CO_2$	692	700～1000
碳酸铅	$PbCO_3 \rightleftharpoons PbO + CO_2$	303	300～1457
金属氢化物	$MgH_2 \rightleftharpoons Mg + H_2$	580	250～500
金属氧化物	$2BaO_2 \rightleftharpoons 2BaO + O_2$	328	690～780
	$2Co_3O_4 \rightleftharpoons 6CoO + O_2$	295	700～850

3. 创新技术展望

世界范围内的能源日趋紧张与环境污染问题以及我国目前的能源结构调整策略为热化学储能的应用带来了很大的契机。热化学储能以自身具有的特殊功能，在大规模千兆瓦级电力调峰、太阳能热力发电、工业和民用废热和余热的回收利用等领域具有广泛的应用前景。

目前，热化学储能方法仅仅处在小试研究阶段，还没有建成大规模的热电站，在实际应用中还存在着许多技术问题：如反应条件苛刻，不易实现；储能体系寿命短；储能材料对设备的腐蚀性大；产物不能长期储存；一次性投资大及效率低。为真正实现热化学储能从单纯的理论研究到实际应用，未来的研究热点应主要集中在以下几个方面。

（1）选择合适的储能体系，包括反应可逆性好、腐蚀性小、无副反应、有适宜的操作条件；

（2）储能、释能反应器和热交换器设计，高温热化学储能系统能量储、释过程研究；

（3）热化学储能系统能量储、释循环的稳态和动态特性及其建模；

（4）储能系统烟流结构模型和反应物物料流到能量流转换过程的理论与模型；

（5）热化学储能式太阳能发电的中试放大研究及整个发电系统的技术经济分析。

三、硅型太阳能电池研究

1. 基于硅微纳结构的有机-无机杂化太阳能电池

平面硅和有机物可以形成很好的电学接触，当选择了合适的有机物对其进行改性处理，以及对电极的优化实现更优异电学传输和接触性能之后，器件可以得到较高的开路电压和填充因子，但是杂化太阳能电池的效率并没有和晶硅电池相当。

限制杂化电池性能提升的主要因素就在于对太阳光的吸收能力，平面硅对太阳光高达30％的反射率使得绝大部分这种电池的短路电流都在$30mA/cm^2$以下，与传统方法制备的晶硅电池的短路电流$42mA/cm^2$相比，仍有极大的差距。利用硅的微纳结构降低硅片表面反射，进而提高短路电流的有效方法。硅的纳（微）米线、孔、锥、金字塔等表面不仅能对光进行减反和散射作用从而提高吸光能力，其大的比表面积也提供了更大的接触面积，从而提高载流子的分离效率，同时也可以减少材料的使用和对硅纯度的依赖。

一个表面制备了纳米结构的"黑硅"电池在没有制备减反层的条件下取得了$36.45mA/cm^2$的短路电流和18.2％的转化效率，与制备减反层的工业电池性能相当。在硅基杂化太阳能电池中，利用硅结构也取得了显著进展，显示出了广阔的研究前景。

2. 基于硅纳米线的杂化太阳能电池

在众多硅结构中，硅纳米线（SiNWs）不仅有出色的陷光能力，其独特构造形成的核壳结构能够给载流子提供更短传输路径的径向通道，从而提高电池的性能；载流子传输路径的缩短又能够克服低纯度硅片载流子迁移率较低的缺陷，降低了硅片的制作成本。

硅纳米线阵列可以通过"自下而上"的金属颗粒气-液-固（VLS）、化学气相生长（CVD），"自上而下"的金属辅助催化湿法刻蚀（MACE）和离子反应刻蚀（RIE）等方法制备，RIE因为工艺的简便以及对硅线晶型的良好控制得到了广泛的应用。利用单根的硅纳米线或者硅纳米线阵列制备的硅 p-n（p-i-n）结太阳能电池首先引发了许多研究，理论研究表明利用硅纳米线结构的电池采用不同的尺寸和质量可获得15％～18％的转化效率，但是通过这种方法制备的硅纳米线电池需要经受高温处理过程（～1000℃），带来了金属离子杂质的掺入，会降低器件的少数载流子寿命，这种效应在高比表面积的硅纳米线中更加显著，界面处的剧烈复合对电池性能产生不利的影响，所以目前该类器件的效率并没有取得很大突破，而在低温过程中形成的有机/无机异质结则克服了这个问题。

3. 基于其他微纳结构的杂化太阳能电池

除了硅纳米线之外，其他的微纳结构同样能够显著提高电池的电流和转换效率。采用了微米金字塔结构和 PEDOT：PSS 的杂化太阳能电池取得了 30.50mA/cm^2 的短路电流和 9.84％的效率，有课题组用更规整的纳米压印方法制备的电池在 4cm^2 的面积上获得了 32.5mA/cm^2 的电流和 10.86％的效率。

在硅金字塔表面生成一层自然氧化层以及背面重掺形成背场，在同样的面积上得到了 12.3％的效率。在金字塔上面刻蚀硅纳米线即可以增大结区的面积（如图 4-5 所示），用短的硅纳米线就可以获得很低的反射，硅纳米线长度的减少能降低表面的复合区域，这种结构的硅和 PEDOT：PSS 杂化器件的效率也达到了 10％～12％。采用硅纳米锥、硅纳米管和 PEDOT：PSS 杂化的电池效率也分别达到了 11％和 10％。

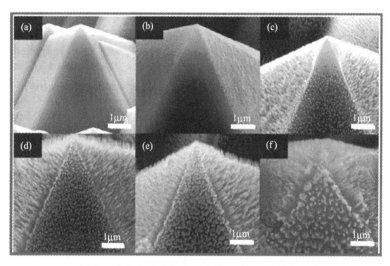

图 4-5 硅金字塔上制备硅纳米线的 SEM 示意图

硅的带隙大约在 1.1eV，同时其块体材料间接带隙的特性也限制了对光的吸收转化，尺寸在几纳米的硅纳米晶（SiNC）因其量子尺寸效应能够调节带隙，显示出了独特的电学性能。Liu 等就制备了 3～5nm 尺寸的硅纳米晶，带隙约为 1.5eV，并与 P3HT 共混制备杂化电池，观察到了开路电压和短路电流依赖于纳米晶的尺寸变化，取得了 1.15％的效率。之后他们又研究了退火温度、时间和金属电极对电池性能的影响并进行了优化，将效率提升到了 1.47％。由于量子尺寸效应带来带带位置的上移，器件得到了 0.8V 的开路电压，超过了 P3HT：PCBM 有机太阳能电池。

通过比较 P3HT 和 PTB7 两种有机物与硅纳米晶形成的杂化太阳能电池的性能，发现更窄带隙的 PTB7 能吸收更宽的光谱，同时将纳米晶表面的硅氯键替换为硅氢键，因前者有过多对器件性能不利的载流子，表面处理使电池效率提高了 3 倍，在 SiNC：PTB7 杂化太阳能电池中取得了 2.2％的效率。这种类型电池效率低下的主要原因是硅纳米晶容易团聚，造成形貌不均匀，电荷的分离和传输效率低，电子和空穴的复合比较严重。

除了以上的介绍，基于硅的有机/无机杂化太阳能电池方面的研究还有许多优秀的工作，对于这个领域的发展做出了重要的贡献。此外，在最近几年出现的叠层杂化太阳能电池也取得了令人瞩目的研究进展，通过选用合适的各层材料，双结电池的开路电压几乎已经实现了单结电池之和，多个课题组报道的开路电压超过了 1.5V。这类电池的主要限制因素在于如何合理选择各个电池结构以获得最佳的电流分布。

4. 太阳能电池的研究热点

有机/无机杂化太阳能电池在过去的几年中取得了快速的发展。因为各种性能优异的有机物纷纷出现，以及不断改进成熟的制备工艺和众多科研工作者的努力，这种杂化太阳能电池已经初步实现了低成本高效率。

对这类电池的性能提高主要集中在这几个方面。

（1）有机物的选择和改性，合适能带的有机物决定了理论的最高效率，而提高其稳定性和导电性等性质又是实现最佳性能的必要保障；

（2）硅表面的处理，包括采用陷光结构、表面钝化处理等，获得更高的电流和低的表面复合速率；

（3）电极的优化，降低接触处的电阻和载流子损失。通过溶液旋涂低温退火方法形成的平面硅基和微纳硅基杂化太阳能电池效率都超过了 13%。

硅纳米线等结构高效的吸光性能可以大大减少使用的硅材料，使得杂化太阳能电池的应用前景更为广阔。除了取得的进展之外，杂化太阳能电池也需要解决更多的问题。相比无机太阳能电池，杂化太阳能电池的稳定性目前研究不多，需要寻找更为稳定的有机材料和利用更先进的封装技术。

四、太阳能光谱选择性吸收涂层研究

光谱选择性吸收涂层是太阳能光-热转化技术的核心，许多国家都在努力研究制备工艺简单、成本低廉、稳定性好、耐候性强、吸收率高、热发射率低的光谱选择性吸收涂层。早期的吸收涂层属于非光谱选择型，主要是将无光谱选择性的黑色涂料和油漆混匀、涂布于金属基底上来达到吸收太阳光的目的。这种涂层的吸收率低、热发射率高、稳定性差、易腐蚀，适用于中低温环境条件。光谱选择性吸收涂层的概念最早由 Tabor、Shaffer 等提出，该种涂层在太阳光谱范围（$0.3\sim2.5\mu m$）内具有高的吸收率（α），在红外辐射区具有低的热发射率（ε_T）。目前光谱选择性吸收涂层在太阳能利用中扮演着重要的角色，主要体现在太阳能热水器、太阳能热发电等方面，其中选择性吸收涂层在太阳能热水器方面的应用已经实现商业化。

1. 光谱选择性吸收涂层的种类

研究者通过对光谱选择性吸收涂层的长期研究，已经制备出了吸收率高、热稳定性好、耐候性强、抗老化程度高的涂层。依据光谱选择性吸收涂层的吸收原理、涂层结构，可以将其归为以下几类：本征吸收涂层、渐变型吸收涂层、表面纹理型吸收涂层、金属-电介质复合吸收涂层。

（1）本征吸收涂层

本征吸收涂层也称为本体吸收涂层，它主要是由一些具有合适禁带宽度的半导体材料和过渡金属组成。能带理论认为，半导体和过渡金属存在的禁带宽度为 E_g，入射光的能量大于半导体的禁带宽度 E_g 时，入射光被吸收，实现半导体中的价电子由价带向导带的跃迁；入射光能量小于半导体的禁带宽度 E_g 时，入射光被反射。因此，作为制备吸光涂层的半导体材料或过渡金属材料，需要其在太阳光谱范围内（$0.3 \sim 2.5 \mu m$）具有合适的禁带宽度 E_g（$0.5 \sim 1.26 eV$）。Si（$E_g = 1.1 eV$）、Ge（$E_g = 0.7 eV$）、PbS（$E_g = 0.4 eV$）是常见的半导体材料，可以作为制备光谱选择性吸收涂层的材料。除此之外，一些过渡金属（Fe、Co、Ni、Mo、Mn、Cr）以及其氧化物、硫化物、硼化物、碳化物、氮化物都可以作为选择性吸收材料。半导体材料是一类广泛的光谱选择性吸收材料，它具有耐高温、抗老化、稳定性强、导热率高等一系列优点，但是，这类材料往往具有较高的折射率，表面的反射率也比较高，造成太阳光的损失，对吸收率产生不利影响。所以，需要利用化学刻蚀的方法或采用不同的制备技术改变半导体膜的形貌、几何构型，降低膜表面的反射率，提高吸收率。

（2）渐变型吸收涂层

渐变型吸收涂层是依据涂层材料的光学性质设计制备而成。这类涂层利用其特殊的光学性质或者复合层之间光学性质的差异，对紫外-可见光波进行吸收。这类涂层的结构往往如图 4-6 所示。

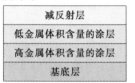

图 4-6　渐变型光谱选择性吸收涂层

减反射层（ARC）在长波辐射范围内有很强的反射能力，在太阳光谱范围内具有很好的透过性，减反射层的厚度被模拟设计为 $\lambda/4$。通常作为减反射层的材料有 SiO_2、Si_3N_4、Al_2O_3、SnO_2、AlN、In_2O_3 以及 ITO 等半导体材料。其中，对这类材料进行掺杂会对其光学性质产生很大的影响。低金属体积含量（LMVF）、高金属体积含量（HMVF）的涂层对太阳光谱辐射起到吸收的作用。基底层在红外区域要有较高的反射率，通常选用 Cu、Al、Au、Ag、Cr、Ni、Fe 以及不锈钢（SS）等作为基底材料。

多层渐变型吸收涂层从基底到表面，各层的折射率 n、消光系数 k 逐渐减小，膜系的化学成分（金属含量）呈现梯度变化，光学常数也随之变化，从而拓宽对太阳能谱带的吸收。近年来，文献报道在多层渐变型吸收涂层的基础上设计出了双减反射层（DRARC），双减反射层能够在更宽的太阳光谱范围内降低反射率，同时也产生顶层与底层较大的折射率差值，有助于涂层对光的选择性吸收。尽管多层渐变型涂层具有高的太阳光吸收率，但是这类涂层成本较高，随温度的升高（温度为 $300 \sim 500℃$），涂层的热发射率上升，影响其光谱选择吸收。另外，涂层中金属原子的迁移也会对涂层的光学性能产生影响。

（3）表面纹理型吸收涂层

表面纹理型吸收涂层是利用化学或者物理的方法在底衬表面沉积，制备的涂层在宏观上平整，微观上不平整，往往呈现出特殊的纹理。这些微观结构上的不平整性类似于光学陷阱，当波长较短的太阳光波通过陷阱时，在陷阱内经过多次折射而被吸收。这些光学陷阱对波长较长的红外光往往呈现镜面反射，从而达到对太阳光谱选择性吸收的目的。

这类涂层的表面通常呈"V"型沟、树枝状、蜂窝结构等。采用热蒸发沉积、化学气相沉积、阳极氧化、表面刻蚀等方法可制备该类涂层。在一定配比的 NaOH 与 NaClO 溶液中通过控制反应温度、反应时间，在铜基底上生长出不同形貌的 CuO 薄膜，其中带状结构的 CuO 像光学陷阱一样提高了涂层的吸收率。

（4）金属-电介质复合吸收涂层

金属-电介质复合吸收涂层是在具有高红外反射的金属基底表面通过物理沉积、化学沉积的方法得到的金属细小颗粒嵌入到氧化物、氮化物、氮氧化物电介质中所形成的涂层。这类涂层是由非晶电介质包覆微晶金属颗粒构成，金属粒子在电介质中的含量、粒子尺寸、粒子形状、粒子取向均会影响其光学性能。涂层越薄、涂层中粒子尺寸越小对太阳光的吸收率越高，随着粒子尺寸的增加，涂层对可见光的吸收逐渐转化成散射，导致涂层吸收率降低。涂层中金属粒子浓度、层厚度的增加均会造成热发射率的升高。金属-电介质复合吸收涂层具有高吸收率、低热发射率，一般在中、高温条件下工作。

目前研究较多的金属-电介质涂层有 $Cr-Cr_2O_3$、$M(Ni、Co、Mo、Ag、W、Pt、Al)-Al_2O_3$、$W-AlN$、$Al-AlN$、$Cu-SiO_2$、$Mo-SiO_2$、$Au-SiO_2$、$Ni-SiO_2$ 等。制备在 $500℃$ 以上热稳定性好、光学性能优越的金属电介质氧化物、氮化物（如 Y_2O_3、ZrO_2、HfN、TiN）等材料仍然具有研究前景。另外，考虑到金属-电介质复合涂层中层与层之间的界面效应，通过光学模拟计算，采用不同的制备方法得到金属-电介质串联型复合涂层，进一步提高涂层的光学性能。

2. 光谱选择性吸收涂层的制备方法

国内外制备光谱选择性吸收涂层的方法主要有电镀法、阳极氧化法、涂料法、物理气相沉积、化学气相沉积、溶胶-凝胶法等。

（1）电镀法

利用电镀法将光谱选择性吸收材料沉积到基底材料上，通常利用此方法制备的涂层有：黑镍涂层、黑铬涂层、黑钴涂层。在电镀过程中，通过控制镀液浓度、电镀时间、电镀温度、电流密度（D_k）等条件制备光学性能较好的涂层。

电镀黑镍涂层一般都是镍基合金镀层，其涂层组成通过改变镀液组成和沉积条件而变化。镀液一般为硫酸盐和氯化物，以硫酸盐镀液为主。涂层的吸收率为 $0.88\sim0.95$，热发射率为 $0.05\sim0.07$，工作温度低于 $300℃$。电镀黑镍涂层耗能少、成本低、镀液无毒，但是，黑镍涂层薄，耐候性、耐腐蚀性、热稳定性差，一般适用于低温环境。黑铬涂层具有很好的耐候性、耐腐蚀性和热稳定性，且在高温条件下具有较好的光谱选择吸收性。通常它的吸收率为 $0.95\sim0.98$，热发射率为 $0.18\sim0.12$。黑铬涂层电镀过程中由于镀液导电性差需要高的电流密度，高电流密度下产生的热量需要冷却设备来进行处理，因此大大增加了生产成本。另外，镀液中的 Cr^{6+} 会对环境造成严重的污染。黑钴涂层的主要化学成分 CoS 是一种良好的光谱选择性吸收半导体材料，涂层具有蜂窝型网状结构。

（2）阳极氧化法

目前采用阳极氧化法制备的涂层有铝阳极氧化涂层、CuO 转化涂层和钢阳极氧化涂层。CuO 涂层的吸收率为 $0.88\sim0.95$，热发射率为 $0.15\sim0.30$，其膜层表面有一层黑色的绒毛，一旦绒毛受到破坏，涂层的吸收率就会降低。应用较为广泛的是铝阳极氧化涂层，常用的制备方法是将金属基板放入含有磷酸的电解质溶液中进行阳极氧化，使其表面产生一层多孔氧化物，然后在金属盐溶液中利用电解沉积，在多孔氧化物中沉积金属粒子，形成金属-电介质复合涂层。研究发现金属粒子大部分沉积在孔底部，从而有效地避免了外界的侵蚀。多孔氧化物的热稳定性、化学稳定性有效地增强了涂层的耐热性、耐腐蚀性；一般涂层的吸收率高于 0.9，热发射率在 0.1 左右，是一种很好的光吸收材料。

通过光学软件模拟，采用电化学沉积的方法，在阳极氧化铝的空隙中沉积金属铜，成功制备出 Cu-CuAl$_2$O$_4$ 的杂化涂层，它的光学性能主要依靠铜纳米粒子的本征吸收，CuAl$_2$O$_4$ 作为保护层，避免高温条件下铜粒子被氧化，而影响其光学性能。Cu-CuAl$_2$O$_4$ 具有良好的光谱选择性，α/ε 为 0.932/0.06，经温度测试发现，300℃的工作条件下，涂层的吸收率降到 0.87，热发射率几乎不变。研究还发现表层 Al$_2$O$_3$ 有裂纹会导致涂层吸收率下降。将来对铝阳极氧化涂层孔隙率、薄膜在高温条件下光学性能、耐湿性等研究仍然具有广阔的前景。

（3）涂料法

涂料法是将吸光颜料分散在黏结剂中，然后再加入助剂形成涂料，将涂料刷涂或者喷涂到高红外反射的金属基底上形成涂层。这种涂层的制备方法简单、操作方便、实验条件要求低、容易实现大面积制备。最早采用的黑板漆为非选择性吸收涂层，吸收率为 0.95~0.98，热发射率为 0.89~0.97。常用的选择性吸光颜料为 PbS、GeSi 等半导体材料以及过渡金属氧化物，黏结剂通常为聚烯基材料和有机硅树脂，前者的透光性好，后者的耐候性强。利用涂料法制备的光谱选择性吸收涂层中，涂层厚度与光学性能密切相关的涂层称为厚度敏感型光谱选择性吸收涂层（简称 TSSS）。

以有机硅树脂为黏结剂，在金属铝、铜、不锈钢基底上采用喷涂或者拉杆涂布的方式制备出了光谱选择性吸收涂层，涂层在铝基底上的厚度分别为 2.0g/m^2 和 3.3g/m^2，两种涂层的吸收率和发射率分别为 $\alpha=0.89$，$\varepsilon_T=0.20$；$\alpha=0.93$，$\varepsilon_T=0.36$。随着涂层厚度增加，吸收率和发射率也相应增加。鉴于对 TSSS 涂层的研究，研究者进一步研发了厚度不敏感型光谱选择性吸收涂层（简称 TISS），在涂层制备的过程中，将片状金属粉（铝、铜、镍）加入涂料中，以提高涂层的红外反射性，通过适当增加 TISS 涂层的厚度得到高吸收率和较好的力学性能。有人将片状铝粉、彩色颜料分散于有机硅和聚氨酯树脂中制备出彩色 TISS 涂层。以有机硅为黏结剂，采用喷涂法制备的涂层具有高的热发射率，主要是由于 SiO$_2$ 中 Si—O—Si 键的振动引起红外吸收而造成。有人尝试在 Si—O—Si 键中引入重原子 Ti 来对 Si—O—Si 链上极性基团之间的偶极-偶极作用进行去偶，从而减弱红外振动吸收，达到降低涂层发射率的目的。

将多面体倍半硅氧烷作为改性剂用于制备 TSSS 涂层，有效地改善了涂层表面性质，使涂层具有自清洁性，一定程度上提高了涂层的光谱选择性。利用涂料法制备的涂层，由于有机黏结剂具有较高的红外吸收导致了涂层热发射率较高，涂层的光谱选择性不高。另外，有机黏结剂较差的耐高温性、耐候性、耐老化性都影响着涂层的使用性能。

（4）物理气相沉积

蒸发镀膜、等离子镀膜、脉冲激光镀膜、多弧离子镀、磁控溅射等一些不经过化学反应而直接制备薄膜的方法称为物理气相沉积（PVD）。PVD 法需要一定的真空条件，对环境友好，能够制备出预期性质的太阳能光谱选择性吸收涂层，尤其是制备中、高温光谱选择性吸收涂层。目前 PVD 法主要用于制备三类光谱选择性吸收涂层：金属-电介质复合涂层、多层吸收涂层和减反射-吸收串联型涂层。

利用蒸发镀膜的方法已经制备出许多陶瓷涂层，如 Au-Al$_2$O$_3$、Ag-Al$_2$O$_3$、Cr-Al$_2$O$_3$、铬尖晶石型涂层、铜尖晶石型涂层。这些涂层的 $\alpha>0.90$，$\varepsilon_T<0.05$。由于蒸发镀膜法薄膜的沉积速率难以控制，导致出现大量的针孔，所以不适宜大面积沉积薄膜。用阴极电弧蒸发的方法制备出 Al-AlN（硅基底）陶瓷，a-C：H-SS（玻璃基底）陶瓷。未过滤阴极电弧沉积得到的 Al-AlN 涂层，$\alpha=0.90$，$\varepsilon_T=0.06$。大颗粒过滤条件下，利用阴极电弧蒸发沉积

得到的 a-C：H-SS 陶瓷涂层在可见光区具有低的反射率。阴极电弧蒸发法制备涂层最大的缺陷是释放出大颗粒的阴极金属粒子。

通过光学软件模拟，利用磁控溅射技术制备出 Ti-AlN 陶瓷型多层膜系的彩色光谱选择性吸收涂层，涂层颜色为黑、紫、黄、黄绿、橙黄，吸收率为 $0.82 \sim 0.94$，热发射率为 $0.05 \sim 0.27$，涂层的亮度范围为 $0.65\% \sim 8.89\%$。彩色涂层与传统的黑色涂层相比光热转化效率有所降低，但是它为太阳能应用于将来的建筑材料指出了广阔的应用前景。

（5）化学气相沉积

化学气相沉积（CVD）是利用气态的反应物，通过原子、分子间化学反应，使气态前驱体中的某些成分发生分解，沉积在基底上形成涂层。通过改变气相组成可以控制涂层的化学成分，进而可以获得梯度沉积物或复合涂层。采用等离子体和激光辅助技术可以显著地促进化学反应，使有些不耐高温的材料可以在较低温度下进行沉积。

以铜作为底材，以 $W(CO)_6$ 和 $Al(C_3H_7O)_3$ 作为反应物进行热分解，实验中采用低压冷壁 CVD 沉积系统，得到无定形的 $W\text{-}WO_x\text{-}Al_2O_3$ 涂层，它在纯 H_2 气氛下 800℃ 热处理 1h 得到 $W\text{-}\gamma\text{-}Al_2O_3$ 涂层，其 $\alpha = 0.85$，$\varepsilon_T = 0.04$。根据涂层中钨含量的梯度变化增加减反射层可以提高涂层的吸收率，该涂层可在 500℃ 条件下工作。

利用 PVD-PECVD 结合的方法制备 a-C：H/Ti 光谱选择性吸收涂层，其 $\alpha = 0.876$，$\varepsilon_T = 0.016$。利用 CVD 法制备光谱选择性吸收涂层具有广阔的应用前景。

（6）溶胶-凝胶法

溶胶-凝胶法是近几年发展起来的一种制备涂层的方法，它操作简单、制备成本低、对环境友好，并且涂层参数（如：吸光粒子尺寸、粒子的分布、薄膜的均匀性、化学成分、膜厚度等）容易控制。它可以在任何形状和较大尺寸的基底上沉积所需的涂层。

另外，它能够在低温条件下制备出微结构的沉积薄膜。目前采用溶胶-凝胶法合成的涂层主要有 3 类：金属氧化物选择性吸收涂层（氧化铜吸收膜、氧化钴吸收膜、氧化钌吸收膜）、金属-电介质陶瓷膜和碳-电介质陶瓷膜、尖晶石和类尖晶石型选择性吸收膜（CuMnO$_x$、Cu-Cr$_2$O$_4$、CuCoMnO$_x$、CuFeMnO$_x$ 等）。利用溶胶-凝胶法合成金属氧化物/尖晶石（路径 A）和金属/碳粒子包覆无机电介质陶瓷型光谱选择性吸收涂层，合成设计过程如图 4-7 所示。

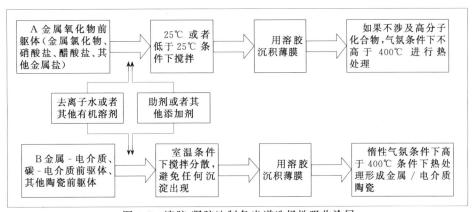

图 4-7　溶胶-凝胶法制备光谱选择性吸收涂层

目前通过溶胶-凝胶法制备的光谱选择性吸收涂层的吸收率、热发射率如表 4-3 所示。

尽管采用溶胶-凝胶法制备光谱选择性吸收涂层具有很多优势，但在进行商业化应用之前仍然有许多技术问题需要进行深入研究。金属氧化物和尖晶石型的涂层很容易用溶胶-凝胶法合成，但是其光谱选择性不高。为了提高其光学性能，前驱体的结合方式、吸收层的堆积构成、减反射层仍然需要进行研究。金属-电介质涂层有很好的光谱选择性，但是其溶胶的可重复性利用仍缺少研究，也没有对碳-电介质陶瓷型光谱选择性吸收涂层中的碳颗粒进行深入研究。

表 4-3　溶胶-凝胶法制备的光谱选择性吸收涂层的光学性质

溶胶-凝胶法制备吸收涂层类型	光谱选择性吸收材料	基底	吸收率 α	热发射率 ε_T
金属氧化物型光谱选择性吸收涂层	裸 CuO	铝	0.93	0.11(80℃)
	CuO-SiO$_2$	不锈钢	0.92	0.20
	Co$_2$O$_3$	镀锌铁	0.91	0.12(100℃)
	钴氧化物	不锈钢	0.93	0.14(100℃)
	CoFeO	不锈钢	0.94	0.20(100℃)
	钴氧化物-镍氧化物	低碳钢	0.90	0.10(80℃)
	钴氧化物-锡氧化物	不锈钢	0.72	0.04(100℃)
	钴氧化物-铜氧化物	不锈钢	0.84	0.28
	钌氧化物	钛合金	0.74	0.12
	镍氧化物	铝	0.92	0.03
陶瓷型光谱选择性吸收涂层	Ni-Al$_2$O$_3$	铝	0.97	0.05
	C-SiO$_2$	玻璃	0.94	0.15
	C-NiO	铝	0.84	0.04
	C-ZnO	铝	0.71	0.06
	Ni 纳米链-Al	不锈钢	>0.9	>0.1
	MWCNT-NiO	铝	0.84	0.2(100℃)
尖晶石型光谱选择性吸收涂层	CuCoMnO$_x$	铝	0.90	0.05
	CuCoMnO$_x$-SiO$_x$	铝	0.91	0.04
	CuMnO$_x$-SiO$_2$	铝	0.95	0.06(100℃)
	Cu$_x$Co$_y$O$_x$	铝	0.83	—

思考题

1. 新材料在航空航天领域中有哪些应用？
2. 新工艺在航空航天领域中的作用和应用是怎样的？
3. 太阳能飞机发展的关键要素是什么？
4. 太阳能能源的特点是什么？
5. 太阳能开发利用的研究状况是怎样的？
6. 高温热能储存技术有哪些研究领域？
7. 光谱选择性吸收涂层的制备方法有哪些？

第五章
专业大数据获取及分析技术

第一节　国内外应用化学主要学术机构

一、加州大学伯克利分校

1. 简介

加州大学伯克利分校（University of California，Berkeley），简称伯克利，位于美国旧金山湾区伯克利市，是世界著名公立研究型大学，在学术界享有盛誉，2016 年位列世界大学学术排名（ARWU）第三、U. S. News 世界大学排名第四。加州大学伯克利分校的研究水平达到世界顶级，2016 年拥有 1642 个全职以及 600 多个兼职的教职员工，分布在各大院系。伯克利在世界范围内拥有很高的学术声誉，在其所拥有的 100 多个子学科里，有众多世界级的学术大师。曾在伯克利工作和学习的诺贝尔奖得主不少于 94 位（8 位在职教授），诺奖数量世界第四。2010 年，伯克利在世界大学学术排名中位列第二，仅次于哈佛大学。在2014～2015 年、2015～2016 年的世界大学学术排名中，伯克利的物理和化学专业同时排名世界第一，自然科学综合排名也是世界第一。

2. 学校渊源

加州大学伯克利分校所在的土地是 1866 年由私立的加利福尼亚学院（College of California）所买下的，但由于当年资金短缺，学院被州立的"农业、矿业和机械工艺学院"合并，并在 1868 年 3 月 23 日成立了加利福尼亚大学（University of California），成为加州大学系统的前身，也是加利福尼亚州第一所全日程的公立大学。学校于 1869 年 9 月开始招生，当时全校共有 10 个教职员工与 40 名学生。

当时，作为加州大学理事的 Frederick H. Billings 提议，为了纪念 18 世纪伟大的哲学家乔治·贝克莱（George Berkeley，注：伯克利市的命名也是为了纪念这位伟人），在学校名字中加入"Berkeley"，因此加州大学正式改名为"加州大学伯克利分校"（University of

California，Berkeley）。

加州大学并没有所谓的"主校区"，"分校"只是历史上翻译的误区；除行政管理方面外，一个分校等同于一所独立的大学。从 1952 年开始，加州大学开始以一个大学行政系统的身份从伯克利的校园分离，"主席（President）"与"校长（Chancellor）"分离。加州大学现今作为加州政府对公立大学的一个管理机构，设有主席等职务，领导加州大学 10 个校区（分校）。每个加州大学的校区都拥有极大的自主管理权，并设有自己的校长。

3. 伯克利的学术地位

20 世纪 30 年代，美国教育委员会向 2000 名著名学者进行调查，结果伯克利以其"杰出的"和"适宜的"的学科建设而跻身美国一流学府之列——这是美国 200 余年来公立大学向东部常春藤大学发出的首次挑战。1942 年，美国教育委员会评定伯克利所拥有的美国顶尖院系数量跃升为全美第二，仅次于哈佛大学。

伯克利是加州大学的创始校区，也是美国最自由、最包容的大学之一；截至 2017 年，伯克利相关人士中共有 94 位诺贝尔奖得主（世界第四）、13 位菲尔兹奖得主（世界第五）和 23 位图灵奖得主（世界第一）。数学大师陈省身在此建立了美国国家数学科学研究所；"原子弹之父"罗伯特·奥本海默等人在此领导制造出了人类第一枚原子弹、氢弹；诺贝尔物理学奖得主欧内斯特·劳伦斯在此发明了回旋加速器，并建立了美国顶级国家实验室劳伦斯伯克利国家实验室；诺贝尔化学奖得主西博格等人在此发现了十六种化学元素，其中第 97 号元素"锫（Berkelium）"更是以"伯克利"命名；此外，伯克利为南湾的硅谷培养了大量人才，包括英特尔创始人戈登·摩尔、苹果公司创始人斯蒂夫·沃兹尼亚克、特斯拉创始人马克·塔彭宁。

4. 伯克利的华裔名人

华裔数学大师、20 世纪微分几何奠基人陈省身从 1960 年起一直担任伯克利的数学教授，使得伯克利成为世界微分几何研究中心之一，而著名华裔数学家、菲尔兹奖（世界数学最高奖）获得者丘成桐也在 1971 年在伯克利获得数学博士学位（师从陈省身）。1981 年，美国国家科学基金会（NSF）应陈省身等人的申请，在伯克利成立了享誉世界的美国国家数学科学研究所（MSRI），陈省身教授担任研究所首任主任，而数学所的主楼也被命名为"陈省身楼（Shiing-Shen Chern Hall）"。

5. 伯克利的化学特色

化学学院下设 3 个系，化学、化学工程和化学生物。提供 3 个理学学士（Bachelor of Science）学位：化学、化学工程、化学生物。

借由劳伦斯教授发明的回旋加速器，在伯克利的研究学者发现了许多重于 92 号化学元素铀的元素，包括 93 号到 106 号所有 14 种化学元素（以及 43 号元素锝和 85 号元素砹）；97 号锫（Berkelium）和 98 号锎（Californium）就是以伯克利和加州的名字来命名的，而 103 号铹（Lawrencium）和 106 号𬭳（Seaborgium）则是分别以欧内斯特·劳伦斯和诺贝尔化学奖得主、伯克利校长格伦·西奥多·西博格（Glenn T. Seaborg）的名字来命名的。二次大战时期，放射实验室承包了"曼哈顿计划"的部分任务。此后，该实验室逐步成为美国最重要的科学研究所之一。1971 年，为纪念劳伦斯，放射实验室正式更名为美国劳伦斯伯克利国家实验室（Lawrence Berkeley National Laboratory），主要隶属于美国能源部，由伯克利负责具体运行。

6. 伯克利部分化学诺贝尔奖得主

格伦·西奥多·西博格，著名化学家、1958～1961 年伯克利分校第二任校长（Chancellor），1951 年诺贝尔化学奖得主，与埃德温·麦克米伦领导团队在伯克利发现了 10 余种化学元素，包括 97 号锫（Berkelium）和 98 号锎（Californium）这两种以伯克利、加州的名字来命名的，106 号化学元素𬭳（Seaborgium）就是为纪念他而命名。

哈罗德·克莱顿·尤里，著名化学家，因发现了重氢"氘"而获得 1934 年诺贝尔化学奖，1921 年进入伯克利攻读化学博士学位。

威廉·弗朗西斯·吉奥克，著名化学家，因其在物质接近绝对零度研究领域的卓越贡献而获得 1949 年诺贝尔化学奖，他一生中绝大多数学术生涯都在伯克利度过。

威拉得·利比，著名化学家，因发明碳-14 年代测定法而获得 1960 年诺贝尔化学奖，20 世纪 30 年代初在伯克利取得本科以及博士学位，后担任伯克利化学系教授。

托马斯·切赫，著名化学家、生化学家，因其在 RNA 方面的卓越贡献而获得 1989 年诺贝尔化学奖，1975 年获得伯克利化学博士。

艾伦·黑格，著名化学家，2000 年诺贝尔化学奖得主，固体聚合物领域顶尖专家，1961 年获得伯克利化学博士学位。

李远哲，著名化学家，因其在化学反应动力学研究而获得 1986 年诺贝尔化学奖，1965 年获得伯克利化学博士学位，1974 年起担任伯克利化学教授。

钱永健，著名生化学家、2008 年诺贝尔化学奖得主、中国导弹之父钱学森的堂侄，1982～1989 年担任伯克利教授。

梅尔文·卡尔文，著名生化学家，1937 年起任教于伯克利直至退休，破译了光合作用碳固定途径（发现了卡尔文循环），1961 年获得诺贝尔化学奖。

凯利·穆利斯，著名生化学家，因发明了 PCR 技术而获得 1993 年诺贝尔化学奖，1972 年获得伯克利生化学博士学位。

二、哈佛大学

1. 简介

哈佛大学（Harvard University），简称哈佛，坐落于美国马萨诸塞州剑桥市，是一所享誉世界的私立研究型大学，是著名的常春藤盟校成员。这里走出了 8 位美利坚合众国总统、133 位诺贝尔奖得主（世界第一）、18 位菲尔兹奖得主（世界第一）、13 位图灵奖得主（世界第四），曾在此工作或学习，其在文学、医学、法学、商学等多个领域拥有崇高的学术地位及广泛的影响力，被公认为当今世界最顶尖的高等教育机构之一。

哈佛同时也是美国本土历史最悠久的高等学府，其诞生于 1636 年，最早由马萨诸塞州殖民地立法机关创建，初名新市民学院，是为了纪念在成立初期给予学院慷慨支持的约翰·哈佛牧师。学校于 1639 年 3 月更名为哈佛学院。1780 年，哈佛学院正式改称哈佛大学。截至 2017 年，学校有本科生 6700 余人，硕士及博士研究生 15250 余人。

2. 哈佛大学的学术地位

2017-2018 年，哈佛大学位列世界大学学术排名（ARWU）第一、Usnews 世界大学排名第一、QS 世界大学排名第三、泰晤士高等教育世界大学排名第六。2017 年 6 月，《泰晤士高等教育》公布世界大学声誉排名，哈佛大学排名第一。

3. 哈佛大学的机构设置

哈佛大学下设 13 个学院，分别为文理学院、商学院、设计学院、牙医学院、神学院、教育学院、法学院、医学院、公共卫生学院、肯尼迪政治学院、工程与应用科学院、研究生院、哈佛学院，另设有拉德克利夫高等研究学院，总共在 46 个本科专业、134 个研究生专业招生，其中本科生教育主体由哈佛学院承担。

哈佛大学化学系提供化学和化学物理两个方向的博士学位，但并不提供化学硕士学位。在录取的新生中，绝大多数都接受过生物化学、有机化学、无机化学和物理化学方面的实验室专门训练。

4. 哈佛大学的特色

哈佛大学受捐资金居于世界科研机构之首，在 2013 年已经累计达到 320 亿美元，是仅次于比尔与美琳达·盖茨基金会的最大捐赠基金；哈佛年平均科研经费超过 7.5 亿美元，为 14 个学院上百个研究机构提供支持。

5. 哈佛大学化学专业未来发展方向

（1）应用化学类

与电气化工类和应用生命化学类相类似，但是略有不同的是，应用化学类是单纯利用化学原理或性质来达到提高生活品质、加快生产的目的。比如说洗衣粉、洗衣液的配方，纺织布料的构成等。该项工作虽然看起来是一个独立的化学方向，但是如果没有其他相应知识的扩充，或者对生活、对生产积极性不高，不善于发现的话，那么也不能发挥出研究者的优势和能力。

（2）应用生命化学类

应用生命化学类是把生物与化学相结合的一种新兴产业，也就是所说的生化技术。比如国内的珍奥核酸等生化项目都是把生物与化学有机结合，利用生物与化学各自的特点特性，从而能够更加准确地为人、为社会提供更人性化的服务或者挖掘出人类更多的潜能和潜力。

（3）干细胞类

哈佛干细胞研究所同麻省理工学院一同研究如何在不伤害健康细胞的前提下，锁定并杀死白血病细胞。研究者发现癌细胞摄取的能量与其他细胞所摄取的能量不同，根据这一发现，研究者正尝试破坏癌细胞特殊的新陈代谢方式，通过关闭葡萄糖通道导致细胞死亡。该研究仍处于初始阶段，但人们或许可以使用这种方法代替化疗来治疗癌症。

三、国际纯粹与应用化学联合会

1. 简介

国际纯粹与应用化学联合会（The International Union of Pure and Applied Chemistry，IUPAC），又译国际理论（化学）与应用化学联合会，是一个致力于促进化学发展的非政府组织，也是各国化学会的一个联合组织，以公认的化学命名权威著称。

IUPAC 是一个中立和客观的科学组织，成立于 1919 年，是由学术和工业化学家共同创立的，他们有共同的目标——通过合作和科学信息的自由交换，将一个支离破碎的全球化学社区团结起来，促进化学科学的发展。联合会秘书处设在英国牛津大学，联合会的会员有以下三类。

（1）参加委员会工作的正式会员（科研人员）；

（2）仅参加活动的非正式（个人）会员；

（3）各国化学与化工组织团体会员。

1965 年三类会员总数为 420；1986 年共有 44 个会员国和 12 个观察员国，个人会员约 5400 名。中国化学会于 1979 年 9 月参加了联合会。联合会的前身是国际化学会联合会，是 1860 年由 F. A. 凯库勒、R. W. 本生、S. 坎尼扎罗等 47 位著名化学家发起成立的。

2. 国际纯粹与应用化学联合会的机构组成

国际纯粹与应用化学联合会的权力机构是会员代表大会（Council），由各会员国化学组织各派 1~6 名代表组成，每两年召开一次大会，讨论和通过各专业委员会（Division Committee）提出的报告和推荐的命名法、标准、术语、符号、原子量、计量单位、分析方法等，并改选领导成员。在大会闭会期间，由理事会（Bureau）主持工作。理事会由职员和各专业委员会主任组成。在理事会闭会期间，由常务理事会（Executive Committee）处理日常工作。理事会下设各专业委员会，领导和协调所属各工作委员会（Commission）和工作组的工作。

3. 国际纯粹与应用化学联合会的工作领域

国际纯粹与应用化学联合会（IUPAC）是化学命名和术语的权威，包括元素周期表中新元素的命名、标准化的测量方法、关于原子质量以及许多其他重要的评估数据的确定。在其漫长的历史中，IUPAC 通过创建一种通用语言、过程和过程的标准化来实现这一目标。除此之外，联合会还承担如下工作。

（1）促进各会员国化学家之间的持续合作。

（2）研究纯粹化学和应用化学方面急需规范化、标准化或制定法典的重要国际性问题。

（3）与处理化学问题的其他国际组织协作。

（4）为纯粹化学和应用化学在各方面的进步做出贡献。

国际纯粹与应用化学联合会的科学工作主要是通过一个正式的项目体系进行的，在这个体系中，来自世界各地的化学家的建议是经过同行评议的，如果有价值，就会得到批准和支持。

此外，IUPAC 还参与了各种各样的活动，这些活动最终会对整个化学行业和整个社会产生影响。近一个世纪以来，IUPAC 为化学领域的多样化和跨学科领域做出了贡献。IUPAC 是世界各地化学家的集合，通过促进可持续发展，为化学提供一种共同的语言，并倡导免费的科学信息交流。

四、中国科学院长春应用化学研究所

1. 简介

中国科学院长春应用化学研究所始建于 1948 年 12 月，经过几代应化人的不懈努力，现已发展成为集基础研究、应用研究和高技术创新研究及产业化于一体，在国内外享有崇高声誉和影响的综合性化学研究所，成为我国化学界的重要力量和创新基地。

长春应化所高擎发展应用化学、贡献国家人民的旗帜，坚持走基础研究和应用研究协调发展之路，共取得科技成果 1200 多项，其中包括镍系顺丁橡胶、火箭固体推进剂、稀土萃取分离、高分子热缩材料等重大科技成果 450 多项，创造了百余项"中国第一"，荣获国家自然、发明、科技进步奖 60 多项，院省（部）级成果奖 400 余项；申请国内和国际专利 2100 多项、授权 1900 多项；发表科技论文 16000 多篇，专利申请、授权数和论文被 SCI 收录引用数持续位居全国科研机构前 5 位；培育了以中科院系统第一家境内上市公司——长春热缩材料股份有限公司（"中科英华"），构建了吉林省化工新材料重大科技创新基地、浙江（杭州）材料与化工研究院、常州储能材料与器件研究院、青岛中科应化研究院等创新基地；建成了 3 个国家重点实验室、2 个国家级分析测试中心、2 个中科院重点实验室和 1 个中科院工程化研发平台；成批成建制地向 30 余个新兴科研机构和新兴企业输送专业人才 1200 多人，有 30 位在本所工作和学习过的优秀科学家当选为中国科学院院士、中国工程院院士和发展中国家科学院院士，被誉为"中国应用化学的摇篮"；先后荣获"全国五一劳动奖状"等多种荣誉称号，不断为我国经济建设、国家安全和社会可持续发展做出了重要创新贡献。

长春应化所现有职工 908 人，其中中国科学院院士 6 人、发展中国家科学院院士 4 人、研究员 140 人，国家千人计划 11 人、万人计划 9 人、国家百千万人才工程 7 人、国家杰出青年科学基金 22 人、中国科学院"百人计划"获得者 38 人，有 4 个团队获国家重点领域创新团队、5 个研究团队入选国家基金委创新研究群体。

2. 学科方向及研究领域

学科方向：高分子化学与物理、无机化学、分析化学、有机化学、物理化学和应用化学，拓展生物化工学科。

主要研究领域：聚焦先进材料、资源生态环境和生命与健康等三大领域。先进材料领域布局先进材料设计、先进结构材料、先进复合材料、先进功能材料与器件、先进能源材料与器件、电分析仪器等 6 个主要研究方向；资源生态环境领域布局环境友好材料、水处理与净化技术、绿色低碳化学过程与洁净分离工艺、生物质绿色高值化利用等 4 个主要研究方向；生命与健康领域布局疾病早期诊断与防治、生物医用材料等 2 个主要研究方向。简称"312"工程。

长春应化所建有：高分子物理与化学国家重点实验室、电分析化学国家重点实验室、稀土资源利用国家重点实验室、中国科学院生态环境高分子材料重点实验室、中科院合成橡胶重点实验室、高分子复合材料工程实验室（中国科学院高分子复合材料工程化研发平台）、国家电化学和光谱研究分析中心、长春质谱中心（吉林省中药化学与质谱重点实验室）和化学生物学、绿色化学与过程（吉林省绿色化学与过程重点实验室）、先进化学电源（吉林省先进低碳化学电源重点实验室）、现代分析技术工程实验室、稀土与钍清洁分离工程技术中心等创新基地和科技平台。

长春应化所是国务院学位委员会首批授权培养硕士、博士和建立博士后流动站的单位之一，拥有化学一级学科和五个二级学科及工学二级学科"应用化学"的博士、硕士学位授予权，是中国科学院首批博士生重点培养基地。目前，在学研究生 752 人，其中博士研究生 408 人，先后有 9 篇论文入选全国百篇优秀博士学位论文，20 篇论文入选中科院优秀博士学位论文，12 人荣获中国科学院院长奖学金特别奖，154 人获研究生奖学金。

科研园区占地面积 15.1 万平方米，拥有一批先进的仪器装备，其中重点研究领域的装备水平已接近或部分达到国际先进水平。

依托中国化学会，承担《分析化学》、《应用化学》和《化学通讯》3个科技期刊的编辑出版工作。

3. 历史贡献

1950年从褐廉石中提取钍和稀土，成为我国第一家从事稀土分离化学研究的单位；研制出新中国第一块合成橡胶——氯丁橡胶，吹响了我国在合成橡胶领域科研与开发的号角。

1958年在国内首次分离出15个单一稀土元素，多数质量超过当年苏联提供的标准样品；在国内率先研制出可储存高能火箭液体燃料偏二甲肼，为我国卫星发射做出了关键性贡献；首次提出用熔盐电解法制备稀土金属；在国内最早开展低聚物化学研究，是中国科学院唯一研制和向国家提供多品种火箭推进剂的研究所。

1959年组建了国内第一个波谱实验室，先后研制成功国内第一台顺磁共振波谱仪，国内第一台60兆赫高分辨核磁共振波谱仪，国内第一台100兆赫脉冲傅里叶变换核磁共振波谱仪。

1960年建立了国家第一个超纯物质和稀有元素分析测试基地；建成国内第一个高分子辐射化学研究所基地；合成了中国复合固体推进剂的第一个黏合剂品种液体聚硫橡胶，为中国火箭、导弹的推进剂固体化发展做出了重大贡献；率先开展镍系顺丁橡胶的研究。先后建成七套生产装置，年产顺丁橡胶40万吨，是我国唯一采用全套自己生产技术生产的大品种通用合成橡胶。

1962年首次公开报道以稀土催化体系合成双烯烃聚合合成橡胶，在橡胶合成上开创用稀土作为催化剂的先例。

1964年编制出版了国内第一部《混合稀土元素光谱图》；首次在国内研制出了辐射交联聚乙烯热收缩套管，并应用在我国第一颗人造卫星上。

1967年提出的从碳酸钠焙烧、硫酸浸取液萃取分离钍和铈的生产工艺投产，这是我国第一个处理包头稀土矿的工业萃取流程。

1974年首次发现聚四氟乙烯在特定条件下可以辐射交联，交联后性能有大幅度改善，突破了文献上长期认为聚四氟乙烯只能进行辐射裂解的传统观念；国内首次研制成功TP-MI型脉冲极谱仪。1978年获得中国科学院重大成果奖。

1980年首次提出在铝电解槽中添加稀土化合物直接生成稀土-铝应用合金，并在全国广泛推广应用，取得巨大经济效益；研制的固体火箭燃料应用在我国发射的第一枚远程运载火箭上。

1982年研制的固体推进剂应用在我国首次潜艇水下发射运载火箭上。

1985年在国内首次完成原子法激光分离铀同位素原理性实验，入选该年度全国十大科技成就；首批荣获"全国思想政治工作优秀企业"称号。

1988年在国内期刊发表论文数居国内科研单位第一名，并连续保持11年。

1996年在国内第一个实现十六大稀土的高纯化（99.9999％以上），使我国成为世界上少数几个生产高纯度稀土的国家之一。

1997年创办的长春热缩材料股份有限公司在上海证券交易所挂牌上市，成为中科院第一家所办上市公司；被国家档案局评为科技事业单位档案管理一级，为全国科研单位第一家。

2001年发明第一个高效、绿色的稀土分离流程，并在四川攀西矿推广；第一个用下沉阴极电解法研制出稀土-镁中间合金。

2002 年研制出我国第一块稀土纳米显示屏，入选 2002 年中国稀土行业十大科技新闻。

2004 年建成世界上第一条年产 3000 吨二氧化碳基聚合物生产线；研制成功国际上第一台毛细管电泳电化学发光检测仪；在世界上首次以铁系催化剂成功合成出高乙烯基聚丁二烯橡胶。

五、中国科学院化学研究所

1. 简介

中国科学院化学研究所成立于 1956 年，是以基础研究为主，有重点地开展国家急需的、有重大战略目标的高新技术创新研究，并与高新技术应用和转化工作相协调发展的多学科、综合性研究所，是具有重要国际影响、高水平的化学研究机构。

截至 2017 年底，化学所共有在职职工 615 人，包括中国科学院院士 11 人、发展中国家科学院院士 4 人、研究员 111 人、副高级专业技术人员 253 人。共有国家自然科学基金委创新群体 10 个。现有国家杰出青年科学基金获得者 43 人，国家"青年千人计划"入选者 12 人，中国科学院"百人计划"入选者 36 人。现有"万人计划"科技创新/创业领军人才 6 人、青年拔尖人才计划入选者 4 人。化学所是科技部创新人才培养示范基地，现有创新人才推进计划中青年科技创新领军人才入选者 9 人、科技创新创业人才 1 人、重点领域创新团队 3 个。

化学所是 1996 年国务院学位委员会批准的博士、硕士学位授予权单位之一，并设有化学一级学科博士后科研流动站，共有在学研究生 998 人，其中博士生 681 人、硕士生 317 人，在站博士后 89 人。

化学所现有 3 个国家重点实验室，8 个中国科学院重点实验室，1 个中国科学院先进高分子材料国防科技创新工程中心，1 个分析测试中心。

化学所 1994 年成为国家科技部和中国科学院基础性研究改革试点单位，1998 年首批进入中国科学院知识创新工程试点。2003 年，科技部批准化学所与北京大学共同筹建北京分子科学国家实验室。2005 年，化学所被评为中国科学院 A 类研究所。2006 年，化学所获全国学科评估化学学科最高分。2016 年，中国科学院批准依托化学所成立中国科学院分子科学科教融合卓越创新中心。2017 年，科技部批准化学所与北京大学共同组建北京分子科学国家研究中心。

2. 学科方向及成果

化学所的主要学科方向为高分子科学、物理化学、有机化学、分析化学、无机化学。多年来，化学所面向世界科技前沿，取得一批有重要影响的基础研究成果，原始创新能力不断提升；面向国家战略需求，取得多项关键核心技术突破，高技术创新与集成不断加强；面向国民经济主战场，形成一批自主知识产权，延伸创新价值链，技术示范和产业化不断推进。积极开展化学与生命、材料、环境、能源等领域的交叉研究，在分子与纳米科学前沿、有机高分子材料、化学与生命科学交叉、能源与绿色化学等领域取得新的突破，建设和完善了面向国家重大战略需求的先进高分子材料基地。

建所以来，化学所共获得国家和省部级成果奖励 300 余项，在发表 SCI 论文数、论文被引用篇数等方面，连续十多年名列全国科研机构前列，特别是高影响论文数不断增长，自然指数连续五年位列中科院研究所第一名，彰显了化学所基础研究的雄厚实力和创新能力。化学所专利申请和授权数在中国科学院研究机构中一直名列前茅，一批重要成果应用于国家经济建设和国防建设。

目前，化学所承担着一批国家重点研发计划，国家自然科学基金重大、重点项目和杰出青年基金项目，中国科学院战略性先导科技专项、前沿科学重点研究计划等项目。

六、中国科学院大连化学物理研究所

1. 简介

中国科学院大连化学物理研究所（以下简称"大连化物所"）创建于 1949 年 3 月，当时定名为"大连大学科学研究所"，1961 年底更名为"中国科学院化学物理研究所"，1970年正式定名为"中国科学院大连化学物理研究所"。

大连化物所是一个基础研究与应用研究并重、应用研究和技术转化相结合，以任务带学科为主要特色的综合性研究所。六十多年来，大连化物所通过不断积累和调整，逐步形成了自己的科研特色。1998 年，大连化物所成为中国科学院知识创新工程首批试点单位之一。2007 年经国家批准筹建洁净能源国家实验室。2010 年 8 月，大连化物所在"创新 2020"发展战略研讨会中将所发展战略修订为"发挥学科综合优势，加强技术集成创新，以可持续发展的能源研究为主导，坚持资源环境优化、生物技术和先进材料创新协调发展，在国民经济和国家安全中发挥不可替代的作用，创建世界一流研究所"。

大连化物所主持出版国内催化领域和色谱领域核心期刊《催化学报》和《色谱》以及英文学术期刊《Journal of Energy Chemistry（能源化学）》。其中《催化学报》和《Journal of Energy Chemistry（能源化学）》被 SCI 收录。

2. 学科方向及研究领域

大连化物所重点学科领域为：催化化学、工程化学、化学激光和分子反应动力学以及近代分析化学和生物技术。

大连化物所围绕国家能源发展战略，于 2011 年 10 月启动了洁净能源国家实验室（DNL）的筹建工作，DNL 是我国能源领域筹建的第一个国家实验室，共规划筹建化石能源与应用催化、低碳催化与工程、节能与环境、燃料电池、储能、氢能与先进材料、生物能源、太阳能、海洋能、能源基础和战略、能源研究技术平台等 11 个研究部。大连化物所还拥有催化基础国家重点实验室和分子反应动力学国家重点实验室两个国家重点实验室，以及甲醇制烯烃国家工程实验室、国家催化工程技术研究中心、膜技术国家工程研究中心、燃料电池及氢源技术国家工程中心、国家能源低碳催化与工程研发中心等多个国家级科技创新平台。

大连化物所围绕国防安全、分析化学、精细化工和生物技术广泛开展基础性、战略性、前瞻性研究工作，设立化学激光研究室、航天催化与新材料研究室、仪器分析化学研究室、精细化工研究室和生物技术研究部等五个研究室。另外，大连化物所还与国外著名大学、公司和研究机构联合设立了中法催化联合实验室、中法可持续能源联合实验室、中德催化纳米技术伙伴小组、中韩燃料电池联合实验室、DICP-BP 能源创新实验室和 SABIC-DICP 先进化学品生产研究中心等十几个国际合作研究机构。

3. 研究成果

2016 年以来，大连化物所按照中科院的统一部署，经过反复研讨和凝练，确定和完善了研究所"十三五"期间的"十三五"规划，即：一个定位——"以洁净能源国家实验室为平台，坚持基础研究与应用研究并重，在化石资源优化利用、化学能高效转化、可再生能源等洁净能源领域，持续提供重大创新性理论和技术成果，满足国家战略需求，发挥不可替代的作用，率先建成世界一流研究所"；四个重大突破——"基于自由电子激光平台的能源化学转化本质与调控、以合成气制乙醇为代表的化石资源转化利用、新型动力电源与储能技术、以化学激光为代表的化学能高效转化"；八个重点培育方向——"太阳能光-化学和光-电转化技术及科学利用、秸秆催化转化利用技术、甲烷和合成气直接转化制高值化学品、微反应技术、基于组学分析新技术的转化医学研究、寡糖农用制剂创制及应用推广、生态环境监测技术及设备、绿色高效推进技术"。

自建所以来，大连化物所造就了若干享誉国内外的科学家及一大批高素质研究和技术人才，先后有 19 位科学家当选为中国科学院和中国工程院院士，3 位当选为发展中国家科学院院士，1 位当选为欧洲人文和自然科学院院士。截至 2017 年底，在所工作的国家杰出青年基金获得者 23 人，引进国家"千人计划"8 人，国家"青年千人计划"14人，中国科学院"百人计划"42 人。大连化物所是国务院学位委员会授权培养博士、硕士学位的单位，具有物理学、化学、材料科学与工程、化学工程与技术、环境科学与工程五个一级学科博士学位授予权，具有博士生导师、硕士生导师资格审批权，截至 2016年底，共有博士生导师 136 人，硕士生导师 235 人，在读研究生 872 人，其中博士 587人，硕士 285 人，已培养研究生 2505 名，其中博士 1655 名，硕士 850 名。设博士后流动站，在站博士后 173 人。

2011 年以来，大连化物所取得各类科研成果 247 项，以第一完成单位获得省部级以上奖励 60 余项，其中获得国家奖励 8 项，中科院、省部级一等奖 12 项。2013 年，张存浩院士获得国家最高科学技术奖；2014 年，"甲醇制取低碳烯烃技术"获得国家技术发明一等奖。

2011 年以来，大连化物所第一产权发表 SCI 论文总数 3238 篇。其中，影响因子大于 5的 1203 篇，265 篇学术论文发表在 Science、Nature、Angew. Chem.、JACS 等学术刊物以及相关学科顶级刊物上（IF＞9）。出版科技专著 11 部。

2011 年以来，大连化物所累计申请专利 5229 件，其中发明专利 4782 件，累计专利授权 1752 件，其中发明专利授权 1540 件；累计获得国外专利授权 126 件。

七、武汉大学化学与分子科学学院

1. 简介

武汉大学化学与分子科学学院是我国建立最早的化学院、系之一。其历史可以追溯到1893 年（光绪十九年）湖广总督张之洞在汉阳炼铁厂建立的化学学堂。1896 年化学学堂并入湖北自强学堂的格致门，后改为化学门。1913 年国立武昌高等师范成立，设数学理化部。1928 年国立武汉大学组建，正式定名为武汉大学理工学院化学系，王星拱教授担任化学系首任系主任。1953 年全国进行院校调整，湖南大学化学系和南昌大学化学系并入武汉大学化学系。

1997 年 12 月在化学系的基础上组建武汉大学化学学院。2000 年 8 月，武汉大学、武汉水利电力大学、武汉测绘科技大学和湖北医科大学合并，成立新的武汉大学。2001

年1月，新武汉大学对院系进行学科归并，由合并的四校相关专业组建成武汉大学化学与分子科学学院（简称化学学院）。武汉大学化学系建系以来，著名化学家王星拱教授、曾昭抡院士曾在化学系任教，对化学学科的发展和学风建设产生了重大影响。化学学院桃李满天下，为国家培养了大批化学业人才和优秀的科技和企业领导骨干。据不完全统计，中国科学院和中国工程院两院院士中有十五位是化学学院的毕业生或教师，其中：曾昭抡、庄长恭、纪育沣、柯俊、彭少逸、陈荣悌、查全性、王佛松、游效曾、江元生、钱保功、卓仁禧、张俐娜十三人为中国科学院院士；梁骏吾和张高勇为中国工程院院士。现有教职工总数为188人，其中，中国科学院院士3人，教授66人，副教授41人，有博士生导师75人。

2. 专业特点

学院化学专业为一级学科博士学位、硕士学位授予点，涵盖了物理化学、分析化学、高分子化学与物理、有机化学和无机化学5个二级学科；材料物理与化学和应用化学为博士点；化学工艺为硕士学位授予点。1985年起设立化学专业博士后流动站，接受国内外博士后研究人员。

本科生学位授予专业2个：化学（国家基础科学研究和教学人才培养基地）、应用化学。

硕士生学位授予专业10个：无机化学、分析化学、有机化学、物理化学、高分子化学与物理、化学生物学、材料物理与化学、材料学、化学工艺、应用化学。

博士生学位授予专业9个：无机化学、分析化学、有机化学、物理化学、高分子化学与物理、化学生物学、材料物理与化学、材料学、应用化学。

现有在校本科生909人，其中：基地班397人，应用化学512人（含化学类、材料科学与技术试验班、化学生物学）。在校研究生696人，其中：博士生275人，硕士生421人。在站博士后工作人员12人。外国留学生4人。

3. 学科方向及研究领域

武汉大学拥有国家重点学科：分析化学；湖北省重点学科：有机化学、物理化学和高分子化学。武汉大学拥有教育部生物医用高分子材料重点实验室、教育部生物医学分析化学重点实验室、教育部有机硅化合物材料工程研究中心和湖北省两个重点实验室：化学电源材料与技术重点实验室、有机高分子光电材料重点实验室。有国家计量论证合格单位：武汉大学测试中心。1998、1999年，教育部先后批准在化学学院高分子化学与物理、分析化学和电化学三个学科设特聘教授岗位。

武汉大学化学与分子科学学院是国家基础科学研究和教学人才培养基地化学专业点之一，积累了较丰富的教学经验，逐渐形成了自己的优势和特色。学院中心实验室的教学改革不断深入，将学院的科研方向和企业的生产难题引入本科生实验，与中国科学院和国外著名大学联合培养本科生，实验室全面向本科生开放，本科生广泛开展科学研究，已经形成本科生培养的显著特色。

武汉大学化学与分子科学学院逐步形成和发展了一系列具有多学科交叉特色的研究方向，科研项目已涉及国防、能源、材料、环境和生命科学等领域。分析科学、化学能源、高分子生物材料有机功能材料、热化学、超分子化学、无机新材料、电化学等领域的研究水平走在全国的前列，具有广泛国际影响。成为国内外具有影响的化学教学、科研和人才培养基地。

第二节　应用化学领域大数据

一、大数据及其发展概况

1. 大数据的概念

随着人类对自然和社会认识的进一步加深及人类活动的进一步扩展，科学研究、互联网应用、电子商务、移动通讯等诸多领域产生了多种多样、数量巨大的数据。在此背景下，一个崭新的概念——大数据（Big Data）应运而生，如图 5-1 所示，成为世界各国关注的热点。

大数据挖掘技术及其应用创造了巨大价值，对国家治理模式、企业决策、组织和业务流程以及个人生活方式都将产生巨大影响。

图 5-1　大数据概念示意图

2. 大数据的特点

一般认为，大数据是一种新现象，具有 4 个带 "V" 字的特点。

（1）数据体量（Volume）巨大，达 TB 级，甚至 PB 级；

（2）数据种类（Variety）繁多、来源复杂、格式多样，除了结构化数据，还有半结构化和非结构化数据；

（3）价值（Value）密度低，在大量的数据中，有价值的信息比例不高。例如在连续监控视频中，有用数据可能仅为 $1\sim2\text{min}$，甚至 $1\sim2\text{s}$。但是大数据中蕴藏的信息非常丰富，可挖掘价值很高；

（4）速度（Velocity）快，数据的产生和增长速度快，对数据的处理的速度也要快。

当前，各行各业都遇到大数据问题。例如商界利用大数据关联分析，通过了解消费者行为模式的改变而发现新的商机、优化库存和物流、缓和供需矛盾、控制预算开支、提高服务质量。

在医疗领域，大数据分析被用于复杂疾病的早期诊断、心血管病的远程治疗、器官移植、HIV 抗体的研究等已经取得了一定的效果。

在生命科学领域，大数据技术被用于基因组学、生物医学、生物信息学等研究。此外，大数据技术还被用于温室气体排放的检测以及政府信息管理等公共领域。

3. 大数据的起源

2008 年，Science 发表文章"Big data：Science in the petabyte era"。2011 年，麦肯锡公司发布了《大数据：下一个前沿，竞争力、创新力和生产力》的调研报告，指出大数据研究将带来巨大价值。2012 年，美国奥巴马政府宣布投资 2 亿美元启动"大数据研发计划"，旨在提高和改进从海量和复杂数据中获取知识的能力，加速美国在科学和工程领域发明的步伐，巩固国家安全。大数据从此成为世界关注的热点。

4. 大数据的研究现状

各国纷纷提出了自己的大数据研究计划，其中美国和中国的投入最大。在美国，联邦政府建立了统一的门户开放网站——Data. Gov，开放部分公共数据，鼓励民众对其进行自由开发。

美国的国家科学基金委员会（NSF）、美国国家卫生研究院（NIH）、美国能源部（DOE）、美国国防部（DOD）、美国地质勘探局（USGS）等部门联合推出了大数据计划，旨在提升从大量复杂数据中获取知识和洞见的能力。

我国工业和信息化部发布了物联网"十三五"规划，把信息处理技术作为四项关键技术创新工程之一。

二、大数据的研究领域

1. 大数据研究领域

海量数据存储、数据挖掘、图像视频智能分析是大数据研究的重要组成部分。另外，信息感知技术、信息传输技术和信息安全技术，也与大数据密切相关。

2012 年，中国科学院启动了"面向感知中国的新一代信息技术研究"战略性先导科技专项，其任务之一就是研制用于大数据采集、存储、处理、分析和挖掘的未来数据系统。

同时，中国计算机学会成立了大数据专家委员会，为探讨中国大数据的发展战略，中国科学院计算机研究所举办了以"网络数据科学与工程——一门新兴的交叉学科"为主题的会议，与国内外知名专家学者一起为中国大数据发展战略建言献计。

2013 年，中华人民共和国科学技术部正式启动国家高技术研究发展计划"面向大数据的先进存储结构及关键技术"，启动了多个大数据课题。

2. 大数据研究的状况

有关大数据的基础和应用研究近几年得到了迅速发展。Web of Science 核心期刊数据库以"Big Data"为关键词进行检索得到的历年发表文章数的统计结果（截止日期为 2014 年 11 月 28 日），近几年与大数据相关的文献数量呈现出爆炸性增长态势。2004 年前后与大数据相关的文献每年仅有几篇，到 2010 年前后文献数量增加到每年十几篇。而到 2012 年，这一数字跃增到 256 篇，2013 年更是突增到 985 篇。

对同一阶段的相关论文按照国籍统计，美国发表的与大数据相关的文献占了总数的 39.56%，在所有国家中列第 1 位。这一数量超过了排名第 2～4 位国家文献数量的总和，也超过了排名在第 5 位之后的所有国家文献数量的总和。中国以 15.62％排名第 2 位，虽然文献数量比排名第 3 的英国（6.26％）和第 4 的德国（5.39％）高出不少，但是与美国相比仍然存在不小的差距。

3. 大数据的研究内容

一般认为，大数据的处理过程包括采集、处理与集成、分析和解释 4 个步骤。大数据研究的主要内容涉及这 4 个步骤在实际实施过程中的相关问题。

（1）数据采集

数据采集是大数据处理流程中最为基础的一步，即使用传感器收取、射频识别（RFID）、条形码识别等数据采集技术，从外界获取数据。大数据的"大"，原本就意味着数量多、种类复杂。因此，通过各种不同的方法获取数据信息便显得格外重要。

（2）数据的处理与集成

数据的处理与集成主要是对已经采集到的数据进行适当的处理并进一步集成后进行存储。大数据另一个特点便是其多样性，这就决定了经过各种渠道获取的数据种类和结构都非常复杂，这给之后的数据分析处理带来了极大的困难。

通过数据处理与集成，将结构复杂的数据转换为单一或便于处理结构的数据，为以后的数据分析打下良好的基础。同时，由于采集到的数据中往往会掺杂很多噪音和干扰，还需要对这些数据进行"去噪"和"清洗"，以保证数据的质量以及可靠性。

常用的方法是在数据处理的过程中设计一些数据过滤器，通过聚类分析或关联分析的规则方法将无用或错误的离群数据挑出来过滤掉，防止其对最终数据结果产生不利影响。然后将这些整理好的数据进行集成和存储。目前主要的方法是针对特定种类的数据建立专门的数据库，将这些不同种类的数据信息分门别类放置，这样可以有效地减少数据查询和访问的时间，提高数据提取速度。

（3）数据分析

数据分析是整个大数据处理流程里最为核心的部分，在数据分析的过程中，会发现数据的价值所在。

由于大数据其本质上来说仍然是数据，因此传统的数据处理分析方法，包括聚类分析、因子分析、相关分析、回归分析等仍然可以用于对大数据进行分析。

为了更好地对大数据进行分析，出现了许多专门针对大数据的分析方法。大数据分析方法与传统分析方法的最大区别在于分析的对象是全体数据，而不是数据样本，其最大的特点在于不追求算法的复杂性和精确性，而追求可以高效地对整个数据集的分析。目前一些大数据具体处理方法主要有散列法、布隆过滤器（Bloom Filter）、Trie 树等。同时，针对不同类型的数据，也存在不同的分析方法。

（4）传统分析方法的局限

传统的数据处理分析方法在处理大数据时存在着许多问题。

首先，传统数据分析方法大多数都是通过对原始数据集进行抽样或者过滤，然后对数据样本进行分析，寻找特征和规律，其最大的特点是通过复杂的算法从有限的样本空间中获取尽可能多的信息。大数据本身巨大的数据量对于机器硬件以及算法本身都是严峻的考验。

其次，大数据的应用常常具有实时性的特点，算法的准确率不再是大数据应用的最主要指标，很多实际应用过程中算法需要在处理的实时性和准确率之间取得一个平衡，这便要求传统的分析方法能够根据应用的需求进行调整。

最后，当数据量增长到一定规模以后，可以从小量数据中挖掘出有效信息的算法并不一定适用于大数据。正是由于这些局限性，传统的分析方法在对大数据进行分析时必须进行调整和改进。

（5）数据的解释

对于广大的数据信息使用者来讲，最关心的并非是数据的分析处理过程，而是对大数据分析结果的解释与展示。因此，在一个完善的大数据分析流程中，数据结果的解释步骤至关重要。若数据分析的结果不能得到恰当的显示，则会对大数据使用者产生困扰，甚至会误导使用者。

传统的数据展示方式是用文本形式下载输出或用户个人电脑显示处理结果，但随着数据量的加大，数据分析结果往往也越复杂，用传统的数据显示方法已经不足以满足大数据分析结果输出的需求。

因此，为了提升对大数据的解释和展示能力，数据可视化技术作为一种解释大数据最有力的方式，得到了广泛的应用和蓬勃的发展。通过可视化结果分析，抽象的数据表现成为可见的图形或图像在屏幕上显示出来，以图形化的方式更形象地向使用者展示数据分析结果。方便使用者对结果的理解和接受，目前学术科研界不停地致力于大数据可视化的研究，发展出了基于集合的可视化技术、基于图标的技术、基于图像的技术、面向像素的技术和分布式技术等。

4. 大数据的研究基础平台

大数据巨大的数据量对于机器硬件以及算法本身都是严峻的考验。随着数据量的膨胀，单台机器在性能上已经无法满足分析和处理的需要。为了实现对大数据的分析，并行计算和分布式的存储与管理，也就是云技术势在必行。云技术最早由 Google 公司提出，主要由分布式文件系统（GFS）、分布式数据库（BigTable）、批处理技术（如 MapReduce）以及开源实现平台（Hadoop）4 大部分组成。

其中，GFS 是基于分布式集群的大型分布式处理系统，通过数据分块、追加更新等方式实现海量数据的高效存储，为 MapReduce 计算框架提供低层数据存储和数据可靠性的保障；BigTable 分布式数据库，通过一个多维稀疏排序表以及多个服务器实现对大数据的分布管理；MapReduce 是云技术的核心，即通过批处理的方法实现对大数据的分析，MapReduce 技术主要由 Map 和 Reduce 两部分组成。

首先，将用户的原始数据源进行分块，然后，分别交给不同的 Map 任务区处理。Map 任务从输入中解析出链/值（Key/Value）对集合，然后对这些集合执行用户自行定义的 Map 函数得到中间结果，并将该结果写入本地硬盘。Reduce 任务从硬盘上读取数据之后会根据 Key 值进行排序，将具有相同 Key 值的组织在一起。最后，用户自定义的 Reduce 函数会作用于这些排好序的结果并输出最终结果。MapReduce 的设计思想在于将问题分而治之，同时把计算推到数据而不是把数据推到计算，有效地避免数据传输过程中产生的大量资源消耗。

Hadoop 是一个由 Java 编写的云计算开源平台，通过 Hadoop 可以将前面提到的传统数据分析技术以及专门针对大数据的分析技术编写成基于 MapReduce 计算框架的程序，实现对大数据的分析。云技术使得前面叙述的各类分析方法能够在实际应用中得到实现，意义十分重大。因此，出现了大量针对云技术的研究与应用，如针对 GFS 的改进，出现了 Colosass、Haystack 和 TFS 等新的管理系统。

针对 MapReduce 的改进，出现了 Pregel、Dremel 和 Dryad 等新的并行计算方法；同时也出现了与 BigTable 功能类似的 Dynamo 和 PNUTS 等新的数据库；而各种对 Hadoop 改进并将其应用于各种场景的大数据处理，更是成为新的研究热点。

三、应用化学领域的大数据

1. 化学学科的大数据

目前，由于实验方法的丰富和学科之间交流的加快，化学学科的发展同样进入了一个数据量爆炸性增长的时期。在化学学科中的某些领域中也出现了大数据的身影，给大数据技术在化学领域的应用带来了极大的空间。

与其他学科和领域不同，化学是一门比较保守的学科，在研究时不擅于分享数据，化学家们对于从数据中得到结论的重视程度远大于数据本身。而这一点正随着大数据的产生而发生改变，越来越多的化学家们认识到了数据收集和交流的重要性。

2. 计算化学类大数据

在计算化学和分子模拟等与计算机相关的领域，大数据的研究和应用工作正在进行。一些学者尝试将各种各样的分子描述符进行统一和集成，以便统一进行管理，方便机器查找和索引。同时，旧有的信息分析平台如 Cambridge Structural Database（CSD）和 Protein Data Bank（PDB）被改造和升级以适应大数据时代的需要，更有许多新的数据检索平台出现。

3. 药物化学类大数据

（1）药物开发的传统思路

在药物化学领域，大数据的出现已经深远地影响了药物化学家开发和研究新型药物的方式。传统的药物开发由设计、合成、测试、评价 4 个流程的交替循环组成，但这一流程随着药物化学领域数据量的直线上升而受到极大冲击。

（2）药物开发的新思路

根据 Chemical Abstract Services Registry 2014 年提供的数据，已知的药物基准物质已经达到了 74000000 种，而这一数量还在逐年增加。同时，随着实验技术的提高，各种检测手段层出不穷，这也使得实验数据与以往相比呈现了级数式的增长。

分析这些海量的数据并做出决策，使用传统的分析手段往往需要耗费大量的时间，而在分析的过程中，往往又会产生了大量的新实验数据。由于数据的更新速度大于决策速度，而更新产生的数据又有可能改变设计决策的方向，这使得制定设计决策变得越来越困难。

因此，必须加强和大数据相关的计算机领域的合作，借鉴和学习其管理与分析大数据的经验。为了方便药物化学家进行大数据的管理与决策，许多专业的数据存储库以及决策支持工具，如 Integrated Project View（IPV）、ArQule 公司的 ArQiologist、Amgen 公司的 Amgen's Data Access Analysis Prediction Tools（ADAAPT）、Actelion 公司的 OSIRIS 和 Johnson&Johnson 公司的 Advanced Biological and Chemical Discovery System（ABCD）等被开发出来。

在这些管理软件的帮助下，实验者们可以在自己电脑屏幕上分析和管理自己的实验数据，分析和决策也变得相对容易。

（3）大数据对药物化学研究的影响

大数据的出现对药物化学本身也提出了新的要求。为了对大数据进行分析，常用的数据分析方法中成分分析、线性回归、k均值聚类、贝叶斯方法、交叉验证等各种监督学习、模型预测、聚类分析、数据挖掘理论成为药物化学家必须掌握的基础理论。

药物化学家也要由传统的根据研究做出决策的研究模式改为根据数据做出决策的研究模式。数据的来源变得多样化，可以是自己实验获得的，也可以是公共数据和他人的数据。许多研究成果甚至可以不进行实验，仅对数据库中的数据进行分析就可以得到重要的结论，如Lipinski通过对2245个药物分子进行分析，得到口服药物的通用性质，通过对数据库进行分析，得到G蛋白偶联受体的靶标药物的通用性质等。

（4）化学基元学的发展

在药物设计领域，研究者发现生物体内存在大量被称为化学基元的基本结构单元，这些结构单元在生物的活动过程中起着重要作用。在此基础上，出现了以超级计算与大数据挖掘技术为基础，研究各种化学基元的结构、组装与演化的基本规律的药物分子设计的新理论——化学基元学。

化学基元学通过揭示生物系统制备化学多样性的规律，发展仿生合成方法制备类天然化合物库（Quasi Natural Product Libraries）以供药物筛选，成功解决了药物设计领域药物筛选资源日益枯竭这样一个瓶颈问题。

目前，该理论已发展出了在超级计算支持下基于分子动力学的虚拟筛选方法（MDVS），基于GPU的分子三维叠合并行算法gWEGA，面向系统性疾病治疗药物设计的药理网络以及分子活性构象预测的新技术等。

4. 化学计量类大数据

（1）化学计量学的特殊性

作为化学领域中专门处理数据的学科，化学计量学有着特殊的地位。通过统计学或数学方法将对化学体系的测量值与体系的状态之间建立联系，化学计量学实现了对化学数据的分析与挖掘。

目前，化学计量学的方法已经广泛应用于化学的各个领域，分析与挖掘各种类型的化学数据。分子模拟、计算机辅助药物设计、虚拟筛选（VHTS）和定量构效关系（QSAR）等化学计量学技术推动了生命科学和生物医药领域的发展，促进了新药的研发和创制。

理论化学在理解物质结构和性质、解释化学反应机理等方面取得了飞速发展，在结构化学、材料科学和生命科学领域中发挥着不可替代的作用。由于多元校正及模式识别技术的发展，近红外光谱（NIR）技术得到了广泛应用，已成为复杂体系分析、产品质量评价与控制、环境检测与控制、生命与健康等领域的关键技术之一。同时，复杂信号和高维分析化学信号的解析技术推动了分析化学的发展，大大增强了分析化学解决实际问题的能力。

（2）GPU对化学计量学的促进

随着化学计量学在化学各个领域的深入发展，分析数据的数量级逐渐变大，许多数据分析的过程中均出现了"大数据化"的特征，而相应的方法也随着数据量的增大而随之发展。如在分子模拟领域，随着图形处理单元（Graphics Processing Unit，GPU）快速发展，GPU在计算能力和存储器带宽上的优势使之为提高分子动力学模拟的计算能力提供了新的可能。GPU作为一种具有极强运算能力的多核处理器，成为高性能计算领域的主要发展方向，大量的研究工作也随之展开。

（3）近红外光谱大数据的影响

在近红外光谱的应用领域，由于大量在线数据的出现，传统的定性定量分析开始逐渐向在线分析与过程质量控制进行转变。在许多领域，基于近红外光谱的物联网系统和数据库系统也在逐渐形成并成为发展的主要趋势。

（4）大数据可视化技术的影响

大数据的可视化问题一直是大数据研究的热点问题。在化学计量学领域，学者们提出探索性资料分析（Exploratory Data Analysis，EDA）的概念，用于对不同类型的化学数据进行挖掘，以研究其中的规律。

其中，主成分分析（PCA）和偏最小二乘（PLS）是两种最为常用且有效的分析方法。两者均是基于数据本身潜在结构的投影模型，原始数据通过投影计算被表示成几个不同主成分（Principle Component）或者潜变量（Latent Variable）下的得分，并通过得分图（Score Plot）显示出来。由于得分图具有直观的表现形式，可以让研究人员很容易地发现数据内部潜在的规律，成为一种非常行之有效的可视化工具，然而，随着数据量的增大，大量样品的得分在传统的得分图上往往由于重叠无法很好地进行观察，这在一定程度上影响研究人员从得分图中获得有效信息。

同时，数据量的增大也降低了 PCA 与 PLS 的计算速度，对于某些数据而言，其分析计算的速度甚至赶不上数据更新的速度，从而严重影响了数据分析的有效性。为此，有人提出了压缩得分图（Compressed Score Plots）的概念，对传统的得分图进行改进，使之能够直观地表现大容量和快速更新的化学数据。

对于大容量的数据，使用聚类的方法来减少得分图上的数据点数量，以绘制聚类的中心点来代替原始数据点的得分，有效减少了得分图上的数据点数。同时，为了最大限度地保留原始得分图上的信息，对于聚类得到的中心点，以中心点的大小来表示该点中包含原始数据点的多少。为了减少每次计算的耗时，使用并行计算的理论（基于分布式文件系统的Hadoop）来进行计算和编程。对于更新速度较快的数据，采用指数加权移动平均（Exponentially Weighted Moving Average）的方法来对其进行更新操作，避免了对全部数据的重复计算，有效减少了计算耗时。

化学计量学领域的此类方法，对于解决大数据可视化问题，有着很重要的借鉴意义。

四、大数据的规模和处理原理

1. 大数据的常见误区

（1）百万条记录的数据文件是否属于大数据？

经常会有这样的疑问，某系统能处理数据文件中百万行级的数据吗？

合适的回答是：百万行级不算大数据量，以目前的互联网应用来看，大数据量的起点是10亿条以上。

（2）处理大规模数据时需要用到什么？它们有什么优缺点？适用范围如何？

需要澄清关于"处理"的两点含义之后，才可以比较全面地看这个问题。

"处理"的第一层次含义是指数据的载入和分发；"处理"的第二层次含义是指求一些高级的统计量和求一些复杂算法的结果。所以，处理大数据时，最关键的不在于运行效率，而在于开发效率和可维护性。针对特定的问题挑选合适的工具，本身也是一项技术能力。

2. 大数据的处理原理

（1）发掘机制

大数据发掘需要一些专用工具，比如 Python 的爬虫、Hadoop 统计分析等。

（2）处理机制

MapReduce 是一种编程模型，用于大规模数据集（大于 1TB）的并行运算。它们的主要思想是"Map（映射）"和"Reduce（归约）"这两个概念。

它们都是从函数式编程语言里借来的，还有从矢量编程语言里借来的特性。它极大地方便了编程人员在不会分布式并行编程的情况下，将自己的程序运行在分布式系统上。当前的软件实现是指定一个 Map（映射）函数，用来把一组键值对映射成一组新的键值对，指定并发的 Reduce（归约）函数，用来保证所有映射的键值对中的每一个共享相同的键组。如图 5-2 所示。

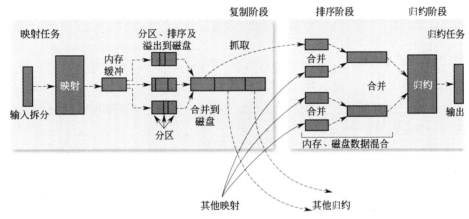

图 5-2　大数据处理的 MapReduce 过程

（3）MapReduce 及其发展

MapReduce 最早是由 Google 公司研究提出的一种面向大规模数据处理的并行计算模型和方法。Google 公司设计 MapReduce 的初衷主要是解决其搜索引擎中大规模网页数据的并行化处理。Google 公司发明了 MapReduce 之后首先用其重新改写了其搜索引擎中的 Web 文档索引处理系统。但由于 MapReduce 可以普遍应用于很多大规模数据的计算问题，因此自发明 MapReduce 以后，Google 公司内部进一步将其广泛应用于很多大规模数据处理问题。到目前为止，Google 公司内有上万个各种不同的算法问题和程序都使用 MapReduce 进行处理。

（4）MapReduce 的特点

在 MapReduce 里，Map 处理的是原始数据，自然是杂乱无章的，每条数据之间互相没有关系；到了 Reduce 阶段，数据是以 Key 后面跟着若干个 Value 来组织的，这些 Value 有相关性，至少它们都在一个 Key 下面，于是就符合函数式语言里 Map 和 Reduce 的基本思想了。

MapReduce 背后的思想很简单，就是把一些数据通过 Map 来归类，通过 Reducer 来把同一类的数据进行处理。Map Reduce 之所以有效是基于两个基础：大而化小和异而化同。这两个基础分别应对了大数据中的 Volume 和 Variety 挑战。

假设有很多复杂数据，那么怎样来处理呢？第一步就是分类，把数据分类。分类后的数据就不复杂了，这就是异而化同。分类之后数据还是很多，怎么办呢？第二步，分割。分割就是把数据切分成小块，这样就可以并发或者批量处理了，这就是大而化小。回到 Map Reduce 概念上，Map 的工作就是切分数据，然后给它们分类，分类的方式就是输出 Key/Value 对，Key 就是对应"类别"了。分类之后，Reducer 拿到的都是同类数据，这样处理就很容易了。

3. 大数据 MapReduce 的主要技术特征

（1）向"外"横向扩展，而非向"上"纵向扩展

即 MapReduce 集群的构建完全选用价格便宜、易于扩展的低端商用服务器，而非价格昂贵、不易扩展的高端服务器。

对于大规模数据处理，由于有大量数据存储需要，显而易见，基于低端服务器的集群远比基于高端服务器的集群优越，这就是为什么 MapReduce 并行计算集群会基于低端服务器实现的原因。

（2）失效被认为是常态

MapReduce 集群中使用大量的低端服务器，因此，节点硬件失效和软件出错是常态，因而一个良好设计、具有高容错性的并行计算系统不能因为节点失效而影响计算服务的质量，任何节点失效都不应当导致结果的不一致或不确定性；任何一个节点失效时，其他节点要能够无缝接管失效节点的计算任务；当失效节点恢复后应能自动无缝加入集群，而不需要管理员人工进行系统配置。

MapReduce 并行计算软件框架使用了多种有效的错误检测和恢复机制，如节点自动重启技术，使集群和计算框架具有对付节点失效的强大缓冲性能，能有效处理失效节点的检测和恢复。

（3）把处理向数据迁移

传统高性能计算系统通常有很多处理器节点与一些外存储器节点相连，如用存储区域网络（Storage Area、SAN Network）连接的磁盘阵列，因此，大规模数据处理时外存文件数据 I/O 访问会成为一个制约系统性能的瓶颈。

（4）为应用开发者隐藏系统层细节

MapReduce 提供了一种抽象机制将程序员与系统层细节隔离开来，程序员仅需描述需要计算什么（What to Compute），而具体怎么去计算（How to Compute）就交由系统的执行框架处理，这样程序员可从系统层细节中解放出来，而致力于其应用本身计算问题的算法设计。

4. Hadoop 经典实例

（1）什么是 Hadoop

Hadoop 是 Apache 开源组织的一个分布式计算开源框架，在很多大型网站上都已经得到了应用，如亚马逊和 Facebook 等。

MapReduce 的一个经典实例是 Hadoop，用于处理大型分布式数据库。Hadoop 的最大价值在于数据库，而 Hadoop 所用的数据库是移动应用程序所用数据库的 $10 \sim 1000$ 倍。Hadoop 有显著的设置和处理开销。Hadoop 工作可能会需要几分钟的时间，即使相关数据量不是很大。

在云计算和大数据大行其道的今天，Hadoop 及其相关技术起到了非常重要的作用，是这个时代不容忽视的一个技术平台。事实上，由于其开源、低成本和前所未有的扩展性，Hadoop 正成为新一代的数据处理平台。本质上，Hadoop 是基于 Java 语言构建的一套分布式数据处理框架。

（2）Hadoop 的特点

Hadoop 在支持具有多维上下文数据结构方面不是很擅长。例如，定义给定地理变量值的记录，然后使用垂直连接，来连续定义一个比 Hadoop 使用的键值对定义更复杂的数据结构关系。Hadoop 在必须使用迭代方法处理的问题方面用处不大——尤其是几个连续有依赖性步骤的问题。

Hadoop 的部署提供三种模式，本地模式、伪分布模式和全分布模式，建议采用全分布模式进行实践，这样对系统用法的理解更深入一些。这就需要至少两台机器进行集群，比较好的方式是使用虚拟机。Hadoop 原生支持 Unix/Linux，或采用 Mac 做 Master，建立两台虚拟 Linux 做 Slave，SSD＋8G 内存，非常适合 Hadoop 开发。

（3）Hadoop 的经典案例

MapReduce（EMR）是一项 Hadoop 服务。Hadoop 旨在同期文件系统工作，以 HDFS 著称。当用户用 EMR 创建了一个 Hadoop 集群，他们可以从 AWS S3 或者一些其他的数据存储平台复制数据到集群上的 HDFS，或者也可以直接从 AWS S3 访问数据。HDFS 使用本地存储，而且通常提供了比从 AWS S3 恢复更好的性能，但是在运行 Hadoop 工作之前，也需要时间从 AWS S3 复制数据到 HDFS。如果 EMR 集群要运行一段时间，且针对多项工作使用相同的数据，可能需要额外的启动时间来从 AWS S3 复制数据到 HDFS。如图 5-3 所示。

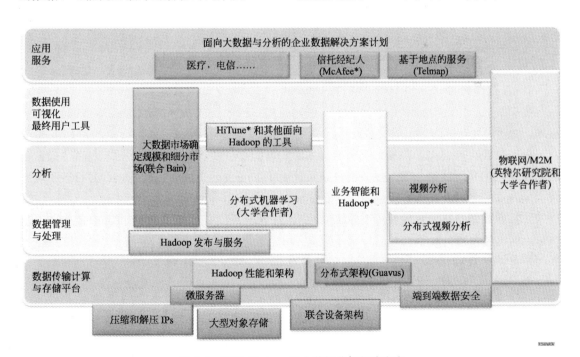

图 5-3 基于 Hadoop 的大数据分析解决方案

（4）Hadoop 的核心设计

Hadoop 框架中最核心的设计就是：MapReduce 和 HDFS。MapReduce 的思想是由

Google 的一篇论文所提及而被广为流传的，简单的一句话解释 MapReduce 就是"任务的分解与结果的汇总"。HDFS 是 Hadoop 分布式文件系统（Hadoop Distributed File System）的缩写，为分布式计算存储提供了底层支持。如图 5-4 所示。

图 5-4　Hadoop 的框架设计

第三节　应用化学大数据分析方法

一、应用化学样本大数据

1. 大数据样本

美国从 2000 年到 2016 年大气污染物监测数据，样本文件为"Pollution_us_2000_2016.csv"，文件尺寸大小为 400MB。

由于数据文件较大，普通个人机器载入时间可能会长些，估计在 10～80s 之间，依据机器配置不同而有所区别。该文件数据记录共计 1746661 条，当然如前所述，百万行级不算大数据量，以目前的互联网应用来看，大数据量的起点是 10 亿条以上。

该文件数据每条记录的字段个数为 29 个，其各个字段名称如下所示。通过 R 软件可以迅速查阅上述信息，R 软件的运行版本为 3.4.3，运行平台为 Windows 7。R 软件的具体功能使用参见本书第七章。

```
>myd<-read.csv(file.choose())
> dim(myd)
[1] 1746661        29
```

2. 数据样本的基本特征

通过运行 R 软件的一些基本指令，可以获得该数据样本的基本特征，如下所示显示了 29 列的名称信息。

```
>names(myd)
[1] "X"                    "State. Code"           "County. Code"
[4] "Site. Num"            "Address"               "State"
[7] "County"               "City"                  "Date. Local"
[10] "NO2. Units"          "NO2. Mean"             "NO2. 1st. Max. Value"
[13] "NO2. 1st. Max. Hour" "NO2. AQI"              "O3. Units"
[16] "O3. Mean"            "O3. 1st. Max. Value"   "O3. 1st. Max. Hour"
[19] "O3. AQI"             "SO2. Units"            "SO2. Mean"
[22] "SO2. 1st. Max. Value" "SO2. 1st. Max. Hour"  "SO2. AQI"
[25] "CO. Units"           "CO. Mean"              "CO. 1st. Max. Value"
[28] "CO. 1st. Max. Hour"  "CO. AQI"
>
```

另外，针对样本数据的某一列，可以很快获得其基本的统计信息。例如，以"O3. AQI"为例，可以得到如下的信息。

```
> summary(myd $ O3. AQI)
    Min. 1st Qu.   Median  Mean 3rd Qu.    Max.
    0.00   25.00    33.00  36.05   42.00  218.00
> sum(myd $ O3. AQI)
[1] 62967340
> min(myd $ O3. AQI)
[1] 0
> max(myd $ O3. AQI)
[1] 218
> mean(myd $ O3. AQI)
[1] 36.05012
> length(myd $ O3. AQI)
[1] 1746661
>
```

二、样本数据的分析方法

正如上一节所提到的，大数据的出现改变了传统的数据分析理念。数据分析不仅仅是一个中间的过程，而且是基于大数据基础上得到新的结论。

其中，数据可视化技术作为一种解释大数据最有力的方式，得到了广泛的应用和蓬勃的发展。通过可视化结果分析，抽象的数据表现成为可见的图形或图像在屏幕上显示出来，以图形化的方式更形象地向使用者展示数据分析结果。

本节将结合应用化学样本大数据，重点介绍一些数据透视的分析方法。数据透视分析包括基本透视分析和高级透视分析。关于样本数据的专业分析参见本章第四节。

三、样本数据的基本透视分析

1. 直方图分析

直方图（Histogram）又称质量分布图，是一种统计报告图，由一系列高度不等的纵向条纹或线段表示数据分布的情况。一般用横轴表示数据类型，纵轴表示分布情况。

直方图是数值数据分布的精确图形表示。这是一个连续变量（定量变量）的概率分布的估计，并且被卡尔·皮尔逊（Karl Pearson）首先引入。它是一种条形图。为了构建直方图，第一步是将值的范围分段，即将整个值的范围分成一系列间隔，然后计算每个间隔中有多少值。这些值通常被指定为连续的、不重叠的变量间隔。间隔必须相邻，并且通常是（但不是必需的）相等的大小。

图 5-5 给出了二氧化硫平均值的直方图，图 5-6 给出了臭氧 AQI 值的直方图。纵坐标频数值都非常高，说明样本的记录数量很大。

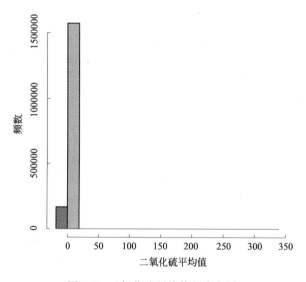

图 5-5 二氧化硫平均值的直方图

2. 箱线图分析

箱线图（Boxplot）也称箱须图（Box-whisker Plot），是利用数据中的五个统计量：最小值、第一四分位数、中位数、第三四分位数与最大值来描述数据的一种方法，它也可以粗略地看出数据是否具有对称性、分布的分散程度等信息。

（1）直观地识别数据批中的异常值

一批数据中的异常值值得关注，忽视异常值的存在是十分危险的，不加剔除地把异常值加入数据的计算分析过程中，对结果会带来不良影响；重视异常值的出现，分析其产生的原因，常常成为发现问题进而改进决策的契机。箱线图可以提供识别异常值的一个标准：异常值被定义为小于 $Q1-1.5IQR$ 或大于 $Q3+1.5IQR$ 的值。

图 5-7 给出了美国大气数据中字段 "NO2. AQI" 的箱线图，其 R 代码如下所示。

```
> boxplot(myd $ NO2. AQI,col=c('red'),ylab='AQI of US',xlab='NO2. AQI')
```

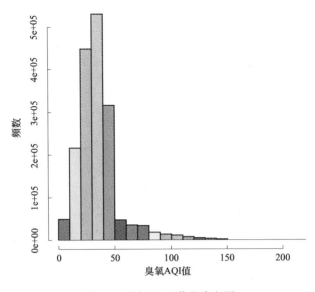

图 5-6 臭氧 AQI 值的直方图

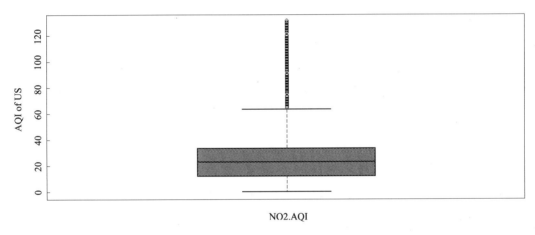

图 5-7 美国大气数据 NO2. AQI 的箱线图

（2）利用箱线图判断数据批的偏态和尾重

比较标准正态分布、不同自由度的 t 分布和非对称分布数据的箱线图的特征，可以发现：对于标准正态分布的大样本，只有 0.7% 的值是异常值，中位数位于上下四分位数的中央，箱线图的方盒关于中位线对称。

（3）利用箱线图比较几批数据的形状

同一数轴上，几批数据的箱线图并行排列，几批数据的中位数、尾长、异常值、分布区间等形状信息便一目了然。在一批数据中，哪几个数据点出类拔萃，哪些数据点表现不及一般，这些数据点放在同类其他群体中处于什么位置，可以通过比较各箱线图的异常值看出。各批数据的四分位距大小，正常值的分布是集中还是分散，观察各方盒和线段的长短便可明了。

美国大气数据中字段 "O3. AQI" "CO. AQI" 的箱线图，其 R 代码如下所示。

```
＞boxplot(myd$O3.AQI,myd$CO.AQI,names=c('O3.AQI','CO.AQI'),col=c
('red','green'),ylab='AQI of US')
```

3. 饼图分析

R 语言最简单的饼图 pie () 函数，饼图在商业上应用很广泛；同理，饼图在统计学家、数据分析师眼中也是最常见的。饼图能简单呈现比例关系，并呈现一目了然的比较效果。图 5-8 给出了美国大气数据中字段"O3.AQI"前 20 条记录的饼图，其 R 代码如下所示。

```
＞pie(myd$O3.AQI[1:20],col=rainbow(12))
```

四、样本数据的高级透视分析

1. QQ 图分析

QQ 图是指分位数分析图（Quantile-Quantile），可以用于直观验证一组数据是否来自某个分布，或者验证某两组数据是否来自同一（族）分布。在科研分析和软件中常用的是检验数据是否来自于正态分布。QQ 图比较的是真实数据和待检验分布的分位点数。

QQ 图的横纵坐标定义好后，就可在图上做出散点图来，然后再在图上添加一条直线，这条直线用于参考，看散点是否落在这条线的附近。直线由四分之一分位点和四分之三分位点这两点确定的，四分之一分位点的坐标中横坐标为实际数据的四分之一分位点 Quantile Data(0.25)，纵坐标为理论分布的四分之一分位点 qF(0.25)，四分之三分位点类似，这两点就刚好确定了 QQ 图中的直线。

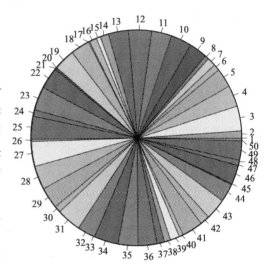

图 5-8　美国大气数据中字段"O3.AQI"
部分记录的示意饼图

图 5-9 给出了美国大气数据中字段"O3.AQI"的 QQ 图。

2. 散点图相关性分析

散点图是用来判断两个变量之间的相互关系的工具，一般情况下，散点图用两组数据构成多个坐标点，通过观察坐标点的分布，判断变量间是否存在关联关系，以及相关关系的强度。此外，如果不存在相关关系，可以使用散点图总结特征点的分布模式，即矩阵图（象限图）。

散点图是一种数据的初步分析工具，能够直观地观察两组数据可能存在什么关系，在分析时如果找到变量间存在的可能关系。进行相关关系分析时，应使用连续数据，一般在 x 轴（横轴）上放置自变量，y 轴（纵轴）上放置因变量，在坐标系上绘制出相应的点。散点图的形状可能表现为变量间的线性关系、指数关系或对数关系等，以线性关系为例，散点图一般会包括如下几种典型形状。

（1）正相关：自变量 x 变大时，因变量 y 随之变大；

（2）负相关：自变量 x 变大时，因变量 y 随之变小；

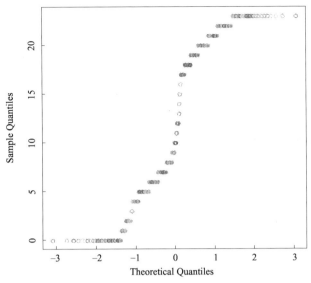

图 5-9 美国大气数据中字段"O3. AQI"的 QQ 图

（3）不相关：因变量 y 不随自变量 x 的变化而变化。

图 5-10 给出了美国大气数据中字段"NO2. Mean""NO2. 1st. Max. Value""NO2. 1st. Max. Hour"及"NO2. AQI"之间的散点相关性分析图。

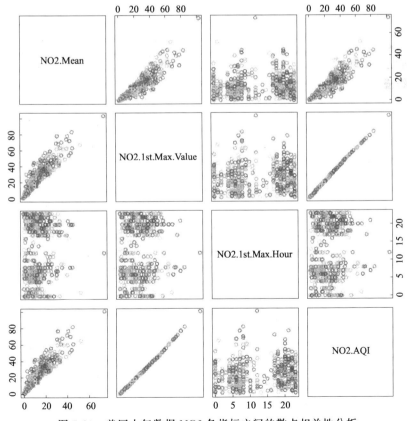

图 5-10 美国大气数据 NO2 各指标之间的散点相关性分析

第四节 燃煤重金属迁移规律的数据分析

一、燃煤重金属的危害及研究必要性

1. 燃煤重金属的特点

我国是燃煤大国，每年消耗的动力用煤超过 30 亿吨。我国燃煤的主要用途之一就是火力发电，目前火力发电的装机容量占总装机容量的 70% 左右。美国环境保护协会报道"燃烧装置中排放的大气污染物中最重要的是有害的有机成分（如苯并芘）、硫化物、氮氧化物、未燃尽可燃物以及重金属，其中尤以亚微米量级颗粒形式存在的重金属排放具有最大的威胁性"。

某些重金属及其化合物，即使在浓度很低的情况下，也具有相当大的毒性，对生态环境会造成严重的污染，包括对水、大气以及土壤的污染，其中，最重要的是对人体的直接伤害。煤在燃烧过程中，痕量重金属会释放，经迁移而富集在飞灰粒子（尤其在亚微米的细小颗粒）上，它们在大气中有很长的驻留期，不易降解，可以在生物体内沉积，并转化为毒性很大的有机化合物。

单质汞是大气中汞的主要形式，它具有较高的挥发性和较低的水溶性，极易在大气中通过长距离的大气运输形成全球性的汞污染，是最难控制的污染之一。燃煤排放的汞是大气中汞的重要来源。燃煤烟气中汞的含量一般在 $10\mu g/m^3$ 左右，小部分为固相，存在于底灰，大部分是气相，存在于烟气中，如果不加控制，便排入大气，会污染环境。大量的汞通过干沉降或湿沉降污染水体，生物反应后形成剧毒的甲基汞，在鱼类和其他生物体内富集后又会循环进入人体，对人类造成极大的危害。

2. 重金属污染的特点

自从 1848 年 Richardson 首次在煤中发现 Zn 和 Cd 元素以来，人们对煤中痕量元素的探索从未停止过。多数元素以痕量级浓度存在于煤中，就其赋存状态而言，可分为与有机质结合的，与无机矿物质结合的，或者二者兼有。正如 Swaine（1990）指出的那样，这些元素以多种形态在煤中产生，一般而言，大多数元素都是一部分与无机矿物质结合，一部分与有机质结合，而且与无机矿物质结合的部分贡献了煤中该元素丰度的大部分。这些矿物分属于硅酸盐矿物、氧化物和氢氧化物矿物、硫化物矿物、碳酸盐矿物、硫酸盐矿物以及少量的自然单质元素。从毒性及对生物与人体的危害方面看，重金属污染的特点表现为以下几点。

（1）重金属及其化合物的毒性几乎都通过与有机体结合而发挥作用。

（2）重金属不能被微生物分解，生物从环境中摄取重金属可以经过食物链的生物放大作用，逐级在较高级的生物体内成千万倍地富集起来，然后通过食物进入人体，从而在人体的某些器官中积蓄造成慢性中毒，影响人体健康。

（3）重金属及其化合物即使在浓度很低的情况下，也具有相当大的毒性，对生态环境（水源、大气、土壤）造成污染，而最严重的是对人体产生直接的伤害。

3. 典型重金属成分对人体健康的危害

对人体毒害最大的有5种：铅、汞、镉、铬、砷。这些重金属在水中不能被分解，进入人体后毒性放大，与水中的其他毒素结合生成毒性更大的有机物或无机物。另外，很多重金属都能引起人的头痛、头晕、失眠、健忘、神经错乱、关节疼痛、结石、癌症（如肝癌、胃癌、肠癌、膀胱癌、乳腺癌、前列腺癌）及乌脚病和畸形儿等；建议平常注意饮食，不然一旦在体内沉淀会给身体带来很多危害。

（1）铅

接触铅的危险性比接触其他重金属的危险性要大。铅中毒者有面色苍白、贫血等症状。即使在人体内积累小剂量的铅对中枢神经和周围神经系统、消化系统以及肾脏功能也有影响。铅是重金属污染中毒性较大的一种，一旦进入人体很难排除，主要对神经、造血系统和肾脏的危害，损害骨骼造血系统引起贫血、脑缺氧、脑水肿、出现运动和感觉异常。

铅会直接伤害人的脑细胞，特别是胎儿的神经板，可造成先天性大脑沟回浅，智力低下；对老年人造成痴呆、脑死亡等。

（2）汞

一般情况下汞是经食物、饮用水进入体内的。汞能随血流分布到全身，又能透过血脑屏障进入中枢神经系统，影响大脑代谢过程，产生震颤、写字抖动以及一些神经病理症状，此外对肾脏也有损伤。在焚烧处理时，由于其蒸发压力高，焚烧处理后，主要以气态形式排放，进入大气后，易被微生物转化为甲基汞，这种形态的汞毒性最大，通过食物链进入人体后，损坏中枢神经，造成儿童发育畸形等危害，它能够通过呼吸道吸入的方式进入机体。

2003年初，联合国环境规划署发表的一份调查报告指出，燃煤电厂是最大的人为汞污染源。据2000年统计，我国每年排放到大气中的汞为219.5t，其中电厂的排放量为77.5t，约占35.3%。

汞是一种神经毒物，而且是一种生物累积物质，对人群健康威胁很大。食入后直接进入肝脏，对大脑视力神经破坏极大。若每升天然水中含0.01mg汞，一旦饮用就会引起中毒。含有微量汞的饮用水，长期食用会引起蓄积性中毒。汞对人神经系统的危害包括：使脑部受损，引起四肢麻木、运动失调、视野变窄、听力困难等症状，重者心力衰竭而死亡。中毒较重者可能出现口腔病变、恶心、呕吐、腹痛、腹泻等症状，也可对皮肤黏膜及泌尿、生殖等系统造成损害。在微生物作用下，汞甲基化后毒性更大。

（3）镉

镉金属能影响机体内几种重要酶的功能，产生痛骨病和肾损伤，吸入镉的烟尘可引起肺水肿和以肺的上皮坏死为其特点的肺炎，其次还可以引起缺铁性贫血等。镉的氧化物具致癌性。镉能导致高血压，引起心脑血管疾病；破坏骨钙，引起肾功能失调。

镉也可在人体中积累引起急、慢性中毒，急性中毒可使人呕血、腹痛、最后导致死亡，慢性中毒能使肾功能损伤、破坏骨骼、致使骨痛、骨质软化、瘫痪。

（4）铬

铬的毒性与其存在的价态有关，金属铬对人体几乎不产生有害作用，未见引起工业中毒的报道。三价的铬是对人体有益的元素，而六价铬是有毒的，如重铬酸盐。六价铬易被人体吸收且在体内蓄积，三价铬和六价铬可以相互转化。

铬金属会造成四肢麻木，精神异常；铬还对皮肤、黏膜、消化道有刺激和腐蚀性，致使皮肤充血、糜烂、溃疡、鼻穿孔，患皮肤癌。进入人体的铬被积存在人体组织中，代谢和被清除的速度缓慢。铬进入血液后，主要与血浆中的铁球蛋白、白蛋白、γ-球蛋白结合，六价铬还可透过红细胞膜，15min 内可以有 50% 的六价铬进入细胞，进入红细胞后与血红蛋白结合。铬的代谢物主要从肾排出，少量经粪便排出。六价铬对人主要是慢性毒害，它可以通过消化道、呼吸道、皮肤和黏膜侵入人体，在体内主要积聚在肝、肾和内分泌腺中。通过呼吸道进入的则易积存在肺部。六价铬有强氧化作用，所以慢性中毒往往以局部损害开始逐渐发展到不可救药。经呼吸道侵入人体时，开始侵害上呼吸道，引起鼻炎、咽炎和喉炎、支气管炎。

误服或自杀口服六价铬化合物也可导致急性中毒。口服重铬酸盐对人的致死量为 3g。

（5）砷

砷俗称砒，为银灰色晶体，具有金属性，毒性很小，但其化合物都有毒性。三价砷化合物的毒性较五价砷更强，其中以毒性较大的三氧化二砷（俗称砒霜）中毒为多见，经口 $0.01\sim0.05$g 即可发生中毒，致死量为 $0.76\sim1.95$mg/kg。砷化物还可经皮肤或创面吸收而中毒。

慢性砷中毒可引起皮肤病变，神经、消化和心血管系统障碍，破坏人体细胞的代谢系统。某些地区由于近海，浅层井水质过咸不适饮用，当地居民遂掘深井，引进一种以粗径竹筒连接打入地下约深度 $100\sim200$m，汲取低盐分的深层地下水饮用。然而，此种深井水经研究发现，砷含量竟高达 $0.4\sim0.6$mg/kg，远超过国家标准 0.005mg/kg（以下）。乌脚病与其他相关皮肤病变都是慢性砷中毒引起的。

二、煤燃烧过程中的重金属排放

1. 重金属在燃烧过程的排放途径

煤中很多痕量重金属元素和矿物质作为煤的一部分被带入燃烧系统。这些痕量重金属元素在燃烧系统中只有有限的几条排放途径：烟气、飞灰、底灰、脱硫装置排渣。由于部分痕量元素直接以气相排放，而且相当数量的重金属元素富集在普通除尘设备无法捕获的亚微米颗粒中（亚微米颗粒占总飞灰颗粒的质量份额由在普通电除尘器前的 5% 增加到了 50%）。虽然采用先进的除尘设备有可能提高这种亚微米颗粒的捕获率，然而其昂贵的投资使电厂无法接受。通过研究燃煤过程中重金属元素在不同炉型中的富集与迁移，发现相关的规律，有可能从燃烧的角度对其排放进行有效的控制。

煤在锅炉内燃烧的温度高于实验室灰化的温度，其燃烧形成的煤灰分为：底灰（炉渣、炉灰）和飞灰。若锅炉装有高效除尘器，可捕获大部分飞灰使之不排入大气。不同类型除尘器的除尘效率不同。经过除尘，还有一些细粉状飞灰与烟气一起通过烟囱排入大气。在底灰和飞灰中，可以检测到入炉前煤中所含有的全部痕量元素。分别采用同一分析方法分析不同类型锅炉在不同工况条件下燃煤后的排放物：底灰（灰渣、炉灰）、飞灰（除尘器入口飞灰、被除尘器捕获的飞灰、除尘器出口飞灰），就有可能发现煤在燃烧产物中重新分配的迁移、转化规律。

2. 重金属燃烧过程中的形态变化

重金属元素的挥发性除了与其熔点、沸点有关之外，还与其在煤中的赋存状态有很大的关系，其硫化物、氧化物的熔点、沸点高低也是决定因素。

汞属于煤中最容易挥发的元素之一。当温度高于 527℃ 时，以单质汞 Hg^0 为主要形态；温度低于 327℃ 时，氯化汞是其主要形态，属于极容易挥发的。当温度超过 500℃ 时，煤中硫化物、碳酸盐矿物逐步氧化、分解，黏土矿物也开始分解，汞已经几乎全部释放，煤灰中已经测不出汞。汞的挥发性是其他重金属元素所无法比拟的。

砷是高温易挥发元素，在 900℃ 以上逸散强烈。煤中砷的赋存主要以硫化物形式存在，其升华温度为 320℃。褐煤中还存在有机态砷（以五价砷为主要存在形式）。砷在高温阶段释放较快可能是由于黄铁矿在高温下的分解，伴生在其中的含砷矿物质及其他与熔点较高的金属结合态的砷释放，使砷的挥发率显著升高。

镉属于煤中中等挥发性元素，熔点 320.9℃，沸点 765℃，在煤中部分赋存于硫化物中，与黄铁矿伴生，部分与其他难溶矿物质伴生。镉的挥发率比汞、砷的要低，但随着温度升高挥发率缓慢增加。在 300℃ 时为 42.2%，在 600℃ 时增到 44%，但到 800~900℃ 时，挥发率显著增大。

铅属于半挥发性元素，熔点 328℃，沸点 1740℃。铅也属于亲硫元素，在燃烧过程中容易部分挥发，原因在于硫化物在高温还原条件下容易发生分解，使得金属发生分离。而铅的氯化物、硫酸盐、氧化物等物质的熔点、沸点都高过砷、汞的化合物，所以挥发性比这两种略低。

3. 重金属在底灰及飞灰中的分布比较

飞灰，又称粉煤灰，是燃料（主要是煤）燃烧过程中排出的微小颗粒。飞灰指灰渣中进入除尘器及烟道的部分，其余为底灰。两者在灰渣中的比例依锅炉燃烧方式而异，在煤粉炉及沸腾炉中，飞灰的比例高于底灰，在往复炉等层燃炉中，飞灰比例略低于底灰。飞灰和底灰是含有一次矿物、二次矿物、玻璃、残炭等构相的复杂体系，既不同于煤炭，又不同于矿石、土壤。它们是自然界中独特的物质。

用光显微镜和电子扫描显微镜检查出了飞灰中含有 Al、Ca、Fe、Mg、K、Si、Na、S 等元素的矿物体有数十种，底灰中十余种。这些矿物既有原生的一次矿物，也有燃烧过程中新生的二次矿物，此外还有相当一部分没燃尽的残炭。

在肉眼下可以看出飞灰呈灰白色粉末状，粒度大多数在 $100\mu m$ 以下，其中 $30~40\mu m$ 占大多数；光学显微镜和电子显微镜下观察有各种玻璃状微粒、不规则无定形颗粒磁珠、石英颗粒以及未燃尽的残存炭等；X 射线衍射分析结果发现以非晶质无定形物、莫来石和石英为主。

底灰在宏观上可明显分为两种类型：一类呈灰绿色，相对密度较大，油脂光泽，气孔孔径较大，但数量较少，坚硬不易碎；另一类颜色较复杂，可有褐色、灰、黄白色等，相对密度小，土状光泽，气孔较小，不发育，疏松易碎。底灰在镜下以莫来石晶体为主，含少量未燃尽的炭粒和石英颗粒，X 射线衍射分析表明莫来石结晶较好且非晶质玻璃物质相对较少。用 X 射线光谱衍射等方法对煤灰中矿物成分进行了分析，它们主要由结晶物质、玻璃状物质和有机质组成。

底灰和飞灰不同的形成机理表明元素在两种燃烧产物中的富集程度是不同的。底灰中含量高于飞灰的元素有：Ba、Be、Cr、Li、Mn、Ni、Pb、Sr、Zr 等，多数属于亲氧元素。飞灰中含量高于底灰的元素有 As、Co、Cu、Hg、Se、V、Zr 等，其中亲硫元素较多。

三、进口燃煤的重金属分析及特征

1. 澳大利亚烟煤的特点

澳大利亚煤炭产量和出口量均居世界前列，其黑煤地质储量约 575 亿吨（工业经济储量 397 亿吨），占世界的 5%，列美国、俄罗斯、中国、印度和南非之后居世界第六，且煤质较好，发热量高，硫、氮含量和灰分较低。

煤炭在澳大利亚各州均有分布，但 95% 以上集中于新南威尔士州（以下简称新州）和昆士兰州（以下简称昆州）。新州煤炭占全澳已探明工业经济储量的 34.2%。昆州的黑煤以露天矿藏为主，已探明工业经济储量占全澳的 62%。

2. 澳大利亚烟煤的重金属及相关元素含量分布

根据该煤种的测试分析报告，可以得到 11～40 号元素的质量含量分布曲线，如图 5-11 所示。各元素质量含量的平均值是 0.56693%，标准偏差为 1.02675。

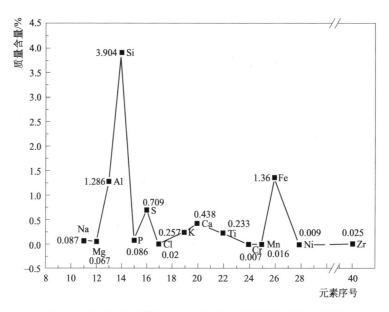

图 5-11　澳大利亚烟煤 11～40 号元素的质量含量分布曲线

3. 菲律宾烟煤的重金属及相关元素含量分布

根据菲律宾烟煤的测试分析报告，可以得到 11～26 号元素的质量含量分布曲线，如图 5-12 所示。各元素质量含量的平均值是 0.21864%，标准偏差为 0.18763。

4. 菲律宾烟煤元素含量的数据特征

图 5-13 给出了菲律宾烟煤元素分布的数据特征，该图列出了各元素含量值的中位数 Q2、上四分位数 Q3、下四分位数 Q1 以及上截断点、下截断点等特征数据。该图还给出了该煤种元素含量的分布特征，从该图左侧的数据分布点及其模拟的分布曲线可以看出，当该数据列以 LOGNORMAL 分布模式描述时，与其右侧的框线图有较明显的对应关系。

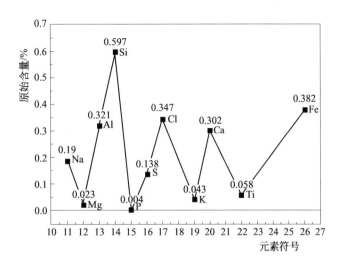

图 5-12 菲律宾烟煤的质量含量分布

5. 四种进口燃煤的元素含量分析

图 5-14 给出了菲律宾烟煤、俄罗斯烟煤、澳洲烟煤及印尼褐煤等四种进口燃煤的元素含量分布曲线。

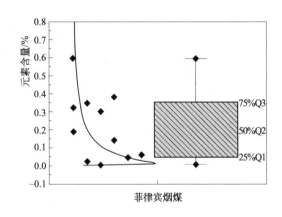

图 5-13 菲律宾烟煤元素分布的数据特征

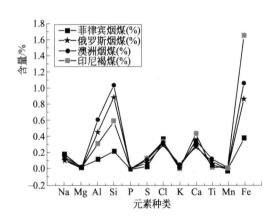

图 5-14 四种进口燃煤的元素分布

从该图可知:四种进口煤样中,以澳洲烟煤的铝、硅含量最高,而印尼褐煤的铁、钙含量相对最高。其他元素如钠、镁、磷及锰的含量在四种煤样中比较相近。四种进口煤样元素含量的描述性统计分析表明:四种煤样元素含量的均值分布在 0.200%～0.325% 之间,统计的标准偏差在 0.189～0.465 之间。

图 5-15 给出了四种进口燃煤中铁、锰含量的散点图矩阵。散点图矩阵是散点图的高维扩展,它从一定程度上克服了在平面上展示高维数据的困难,在展示高维数据的两两关系时有着不可替代的作用。由该图可知:四种煤样铁、锰含量分布主要集中在对角的两个区域,虽然数据点很少,从中可以了解两种重金属元素的分布轮廓。

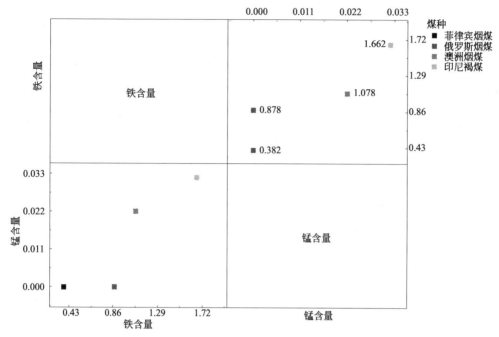

图 5-15　铁、锰含量的散点矩阵分布图

四、国产燃煤的重金属分析及特征

1. 各煤种重金属钴、镍、铜的含量分析

图 5-16 给出了钴、镍、铜三种重金属在各煤种的分布情况。由该图可知：钴含量相对最低，基本维持在 60～90ppm 的含量水平；镍、铜含量较高，基本都在 100～300ppm 的含量水平。

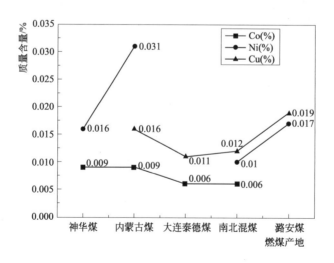

图 5-16　钴、镍、铜等三种重金属含量的分布图

2. 各煤种重金属钴、镍、铜的分布特征

通过在 R 软件中使用 boxplot 函数可以得到钴、镍、铜三种重金属含量数据列的箱线图，如图 5-17 所示。由该图看出：钴金属含量的数据对称性较差，分布的分散程度较大；铜金属含量的数据对称性较好，分布的分散程度小。

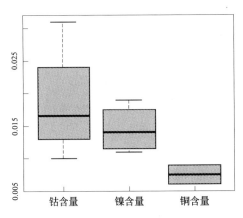

图 5-17　钴、镍、铜金属含量的箱线图表达

五、各地燃煤燃烧后灰渣的铬、镍、铜含量分析

通过对各地燃煤燃烧后的灰渣铬、镍、铜含量的分析，可以得到如图 5-18 所示的铬、镍、铜含量蛛网图，图中数据表示的各灰渣铬、镍、铜含量的百分数值。

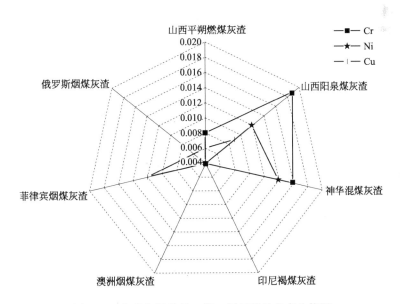

图 5-18　各种灰渣的铬、镍、铜元素的分布比较图

另外，除了上述重金属的含量分布之外，山西平朔燃煤的灰渣中还带有少量的锆与铈元素。前者的含量为 0.022%，后者的含量为 0.026%。说明该燃煤存在较多的重金

属来源。

六、山西阳泉煤的重金属迁移特征

图 5-19 给出了山西阳泉煤及其灰渣的重金属含量比较情况。由该图可知：该煤种灰渣
中出现了少量的镍、铜含量，质量浓度分别是 0.012％、0.009％。由于含量极低，很有可
能由于燃煤的测试存在系统干扰而没有准确反映出来。从该现象可以说明：对于燃煤中存在
的极低含量的重金属成分，很有可能由于燃烧过程的迁移作用使该成分在灰渣中呈现出来；
从而使灰渣对环境污染的影响加大。

另外，该图下半部分还给出了相应重金属元素从燃煤向灰渣的迁移倍率情况。山西
阳泉煤的重金属铬、锰、铁都存在迁移浓缩情况。其中，铬元素的浓缩倍率最高，达
1.570 倍。

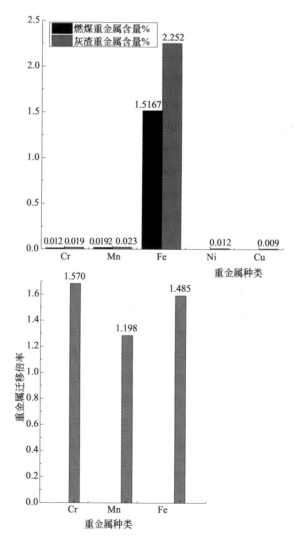

图 5-19　山西阳泉煤及其灰渣的重金属含量分析

思考题

1. 国外应用化学主要研究机构除文中介绍的以外还有哪些？
2. 国内应用化学主要研究机构除文中介绍的以外还有哪些？
3. 大数据及其特点是怎样的？
4. 大数据为什么越来越重要？
5. 大数据核心的研究内容有哪些？
6. 大数据研究在应用化学领域有哪些应用？
7. 大数据分析对应用化学领域的研究有什么影响？
8. 数据可视化技术对科研分析有什么促进作用？
9. 应用化学样本大数据有哪些分析方法？
10. 燃煤中重金属的种类及其危害有哪些？
11. 重金属在燃煤燃烧过程中的形态变化是怎样的？
12. 进口燃煤的特点和重金属特征是怎样的？
13. 典型燃煤重金属在山西阳泉煤燃烧前后的迁移特征是怎样的？

第六章
课题研究立项及开题方法

第一节　课题的选择

一、课题研究的起点

怎样做课题研究的选题呢？这是一个叫做"研究的螺旋"的过程。这个螺旋共有六个步骤，当需要更多信息来完成一项设计或提出一个解决方案的时候，就可以通过这六个步骤来收集信息。这个螺旋是基于学习和需求发现过程的，它具有可复制的特性，并能融入课题的各个环节中。当研究者想知道研究某种课题会产生什么样的影响时，它可以帮助找到问题的答案，顺利实现。图 6-1 给出了六步研究的螺旋示意图。

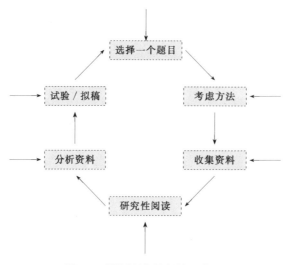

图 6-1　课题研究的螺旋示意图

二、选题的意义和方法

1. 选题的意义

正确而又合适的选题，对撰写论文具有重要意义。通过选题，可以大体看出作者的研究方向和学术水平。爱因斯坦曾经说过，在科学面前，"提出问题往往比解决问题更重要"。提出问题是解决问题的第一步，选准了论题，就等于完成论文写作的一半，题目选得好，可以起到事半功倍的作用。

选题还有利于弥补知识储备不足的缺陷，有针对性地、高效率地获取知识，早出成果，快出成果。例如撰写毕业论文，是先打基础后搞科研，大学生在打基础阶段，学习知识需要广博一些，在搞研究阶段，钻研资料应当集中一些。而选题则是广博和集中的有机结合。

2. 选题的方法

论文的成果与价值，最终当然要由文章的最后完成和客观效用来评定。但选题对其有重要作用。选题不仅仅是给文章定个题目和简单地规定个范围，选择论文题目的过程，就是初步进行科学研究的过程。选择一个好的题目，需要经过作者多方思索、互相比较、反复推敲、精心策划。课题题目的选择可以参照图 6-2 的模式进行。由该图可知，合适的选题要从拟定题目（初步）、研究领域、国内外案例等方面综合考虑。

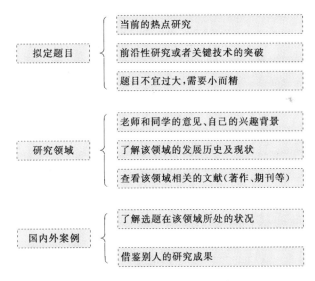

图 6-2　课题的选择大纲示意

3. 选题的作用

在选题过程中，研究方向逐渐明确，研究目标越来越集中，最后要紧紧抓住论题开展研究工作。爱因斯坦说过，"我不久就学会了识别出那种能够导致深邃知识的东西，而把其他许多东西撇开不管，把许多充塞脑袋，并使它偏离主要目标的东西撇开不管。"

要做到这一点，必须具备较多的知识积累。对于初写论文的人来说，在知识不够齐备的情况下，对准研究目标，直接进入研究过程，就可以根据研究的需要来补充、收集有关的资料，有针对性地弥补知识储备的不足。这样一来，选题的过程，也成为学习新知识、拓宽知识面、加深对问题理解的好时机。

三、选题的重要性

1. 选题的设计

题目一经选定，也就表明作者头脑里已经大致形成了论文的轮廓。正如我国著名哲学家张世英所说："能提出像样的问题，不是一件容易的事，却是一件很重要的事。说它不容易，是因为提问题本身就需要研究；一个不研究某一行道的人，不可能提出某一行道的问题。也正因为要经过一个研究过程才能提出一个像样的问题，所以也可以说，问题提得像样了，这篇论文的内容和价值也就很有几分了。这就是选题的重要性之所在。"

科学研究要以专业知识为基础，但专业知识丰富并不一定表明研究能力很强。有的人书读得不少，可是忽视研究能力的培养，结果仍然写不出一篇像样的论文来。可见，知识并不等于能力，研究能力不会自发产生，必须在使用知识的实践中，即科学研究的实践中，自觉地加以培养和锻炼才能有所获得和提高。

2. 选题的思考

选题是研究工作实践的第一步，选题需要积极思考，需要具备一定的研究能力，在开始选题到确定题目的过程中，从事学术研究的各种能力都可以得到初步的锻炼提高。选题前，需要对某一学科的专业知识下一番钻研的功夫，需要学会收集、整理、查阅资料等研究工作的方法。

选题中，要对已学的专业知识进行反复认真思考，并从一个角度、一个侧面深化对问题的认识，从而使自己的归纳和演绎、分析和综合、判断和推理、联想和发挥等方面的思维能力和研究能力得到锻炼和提高。

第二节　课题研究的目的及意义

一、课题选题的目的和意义的区别

课题研究的目的和意义是课题必不可少的部分，课题选题的目的和意义有区别。课题研究目的重在阐述课题要解决的问题，即为什么选这样一个题目进行研究？要研究出什么东西？课题研究的意义重在表明课题选题对该领域研究有哪些贡献，或对实践应用具有哪些帮助和指导。

在明确两部分的区别之后可以对课题的相关领域进行搜索，明确当下该课题有哪些研究成果？还有哪些部分是课题需要补充和完善的？对课题的价值有一个综合性的判断。

二、怎样撰写课题的目的和意义

1. 基本方法

可以先简单叙述课题的起源或者发展状况，然后阐明课题选题着重解决哪些问题？最后对课题进行价值性评估，阐述该课题将对基础理论或者基本方法产生哪些推动作用，或者对实践有什么指导意义。

目的和意义可以分开写，也可以合并写，看个人爱好以及资料的翔实程度。

2. 开题报告的特点

写开题报告的目的，其实就是要请导师来评判课题有没有研究价值？这个研究方法有没有可能奏效？这个论证逻辑有没有明显缺陷？

选题意义和目的一般作为开题报告里面的第一块内容，阐述所研究的这个选题有没有研究价值或讨论价值。

3. 课题意义的撰写方法

写意义的时候根据选题来决定形式，可以分现实意义和理论意义。也可以不细分，把目的和意义合在一起写，总之突出课题研究的新颖性和重要性即可。建议可以从下面三点来叙述，不过要根据选题的实际情况，不可生搬硬套。

（1）课题是前人没有研究过的，也就是说是研究领域中一个新颖有意义的课题，被前人所忽略的。

（2）前人有研究或者阐述过，但是阐述论证不够全面，该课题加以完善或者改进前人的观点。总之，意义和目的一定要叙述清晰并且是有一定新意的。

（3）在进行文献综述和国内外研究水平的评价时，要有翔实的根据，这样才能衬托出课题的意义所在。

4. 方法总结

（1）先简单叙述该课题的起源或者发展状况。

（2）然后阐明选题着重解决哪些问题（讨论范围），即"目的"部分。

（3）最后对选题进行价值性评估，说清楚该课题将对基础理论或者基础方法产生哪些推动作用？或者对实践有什么指导意义？即"意义"部分。

三、目的和意义的实例

1. 课题Ⅰ——生物质碱性物质腐蚀机理研究

生物质电厂是一种重要的、绿色的、利用可再生能源的设施，但由于其燃料中含有较大量的碱性物质，对生物质发电有着重要的影响；特别是高碱性物质燃烧对锅炉金属受热面发生严重的碱性物质腐蚀，每年都会给生物质电厂造成较大的经济损失。

目前，国外对碱性物质腐蚀开展了少量的研究，对一些生物质电厂发电设备高温腐蚀方面的工程案例进行了原因分析，但尚未见到关于碱性物质腐蚀机制研究方面的报道；国内有对于特定碱性物质高温腐蚀的个别研究，但缺乏系统全面的高温研究、也缺乏关于碱性物质腐蚀各因素之间关系规律方面的研究。所以，生物质碱性物质腐蚀研究方面还存在待解决的技术问题包括：生物质碱性物质析出和分解的主要影响因素及其在受热面金属沉积的情况还不清楚；碱性物质主要成分以及在燃烧过程中的变化特点，碱性物质与设备材料性能变化之间的关联关系还没有透彻了解；未能找到一种新型的不锈钢材料可以较好应对生物质电厂锅炉高温碱性物质环境下的腐蚀行为。

2. 课题 Ⅱ —— 燃煤重金属迁移的研究

煤是一种"不清洁"的燃料，除常量有害元素 S 外，目前，已经从煤中发现了 80 余种痕量元素，其中有害或潜在有害的痕量元素有 22 种。在燃煤过程中，这些有害或潜在有害的痕量元素将以不同的形式排放到大气中，造成有害或潜在有害的痕量元素污染大气。尽管与常量有害污染物相比，有害或潜在有害的痕量元素污染物在大气中浓度不高，但有些有害或潜在有害的痕量元素污染物对生态环境的破坏是相当严重的。

长期以来，相对于燃煤首要污染物 SO_2 和 NO_x 来说，燃煤造成的痕量元素污染问题一直没有引起人们的足够重视。针对燃煤火电厂，我国颁布的 GB 13223—2011 "火电厂大气污染物排放标准"中，明确列出了以汞为代表的重金属及其化合物控制标准，汞及其化合物的上限值为 $30\mu g/m^3$。

近年来，随着燃煤污染问题的严重、环境保护意识的增强、相关环境保护法规的制订与实施、特别是痕量元素测试技术的发展，燃煤造成的痕量元素污染问题开始得以重视，相关研究陆续开展。

第三节　文献综述的撰写

一、引言部分的特点和要求

引言作为课题文献综述的开端，主要回答"为什么研究"这个问题。它简明介绍课题的背景、相关领域的前人研究历史与现状，以及申请者的意图与分析依据，包括课题的追求目标、研究范围和方法、技术方案的选取等。

引言应言简意赅，不要等同于文摘，或成为文摘的注释。引言中不应详述同行熟知的，包括教科书上已有陈述的基本理论、实验方法和基本方程的推导。如果在正文中采用比较专业的术语或缩写用词时，应先在引言中定义说明。引言一般不超过 800 字。

二、文献的整理和加工

从事科学研究仅仅会查阅资料还不够，还要对文献资料进行加工整理，也就是通常所说的处理信息，它包含整理和加工两项工作。

1. 整理

查阅到有关的文献之后，把它进行摘录（标明出处，包含书名或论文题目、作者姓名、出版单位、版本、出版时间，还有期刊的年号、期号，报纸的年、月、日等）或复印，然后按顺序排列、归类。

摘录可以写在笔记本上，也可以写在卡片上。但笔记本不便于资料的归类整理，而卡片不仅便于归类整理，而且便于查找、使用和携带。卡片纸要大小一致，一张卡片只记一个观点、事例或问题，每张卡片上的内容都要标明出处。

2. 加工

只对文献进行分析思考，然后剔除假材料，去掉过时、重复的材料。对有价值的材料进行研究，这个阶段往往要做以下几方面的工作：写批语，做记号，写提要，做札记，写综述。

写批语，就是在所摘录资料的空白处写上自己的见解、解释或质疑。

做记号，是读者对重点、难点、精彩之处或自己感兴趣的内容划上的各种标记，如直线、曲线、红线、波浪线、圆圈、括号、着重号、问号、感叹号等。

写提要，就是对包含各种信息的研究文献进行总结。即把原文的基本内容、主题思想、观点、独到之处或其他数据，用自己的话加以概括。

做札记，就是在笔记本上随时记下自己读书时的心得体会和各种想法。札记不求形式，可以随时随意记下在阅读时引发的思考。做札记的好处在于能更好帮助记忆和思考。

写综述，就是汇总所查找的某一类别的所有资料，然后进行加工处理，内化为自己的结构体系写成的一份报告。每一份综述实际上就是一项研究报告，它能为自己或别人的研究提供有价值的东西。

三、参考文献的要求

参考文献应是文中直接引用的公开出版物，以 15 篇以上为宜，其中 80％应为期刊论文或会议论文，80％以上为近 5 年出版的文献，20％～40％以上为外文文献（若是会议论文集析出文献，必须要有会议名称、论文集的出版地、出版者、出版年、析出文献的起止页码）。

参考文献采用顺序编码制，按文中出现的先后顺序编号，并在正文中指明其标引处。

四、文献综述的范例

1. 电网变电站运行故障诊断软件的研究与开发

（1）研究背景——在线监测技术的概况

在线监测技术的发展及电力市场的需求是在离线检测技术的基础上随着微电子、传感器、通信技术的发展而来的，自电力系统诞生之日就已经存在以停电定检为主要形式的离线检修了，随着变电站自动化水平提高，无人值守成为当今变电站运行管理的主体，目前国内大多数的 110kV 变电站和一部分 220kV 变电站都实现了无人化管理。在这一背景之下，设备的状态检修与在线监测就成了电力系统发展的必要技术。正兴起的数字化变电站技术提出了几个要素，要素之一为智能化一次设备。对于智能化一次设备的定义，除具备常规开关功能之外，还必须对自身的健康状态进行在线监测。

（2）在线监测技术的原理

变电站电气设备状态监测及故障诊断系统，采用分层分布式的现场总线结构，由安装在变电站内的监控系统和安装在用户端的数据管理系统两部分构成，可对变压器、互感器、耦合电容器、套管、避雷器、GIS、罐式断路器等高压电气设备的绝缘状况实施在线监测和诊断。用户通过局域网，可把若干个变电站监控系统的监测数据汇集到数据管理及诊断中心[1~3]。

（3）在线监测的优势

利用 Swi Prolog 来判断变电站运行故障的优势，操作简单，诊断结果明确快捷，并能在诊断结果的基础上给出解决故障的措施，最后还能给出专家的指导建议，便于维修人员第一时间知道发生故障的位置，可能引发故障的原因，以及最优的解决办法，能帮助维修人员尽快恢复电力，保障人民生活和企业生产的正常用电，所以 Swi Prolog 在故障诊断方面具有很大的优势。

（4）在线监测的研究现状

随着电网经济和安全要求的提高，无断电的电力变压器在线状态维护（CBM）是设备维修模式的必然趋势。为了实现变压器 CBM，基于缺陷管理的状况评估是不可或缺的。近十年来，研究人员提出了应用智能信息处理技术的各种变压器故障诊断算法，如贝叶斯法，证据推理法，灰色目标理论法，支持向量机（SVM）法，人工神经网络方法，扩展理论方法等。这些算法在工程实践中取得了很好的效果。但是，这些算法中各种信息的内部关系缺乏对变压器各状态参数的相关性分析和注意。当发生电源变压器故障时，通常会导致某些状态参数的变化。为了判断变压器的运行状态和潜在故障，有必要全面分析各变压器状态的变化[4~6]。

现今，对变电站在线监测技术日益重视，可监测的设备和监测的方法也在日益增多，通过阅读大量的近三年的文献，按监测设备的故障情况来分包括：储油柜的漏油监测，变压器的绕组变形监测，SF6 气体绝缘电气设备局部放电的监测，变压器异响的监测等；按监测方法来分包括：光的全反射，超声波检测，通过设备监测具体的设备参数等。

（5）变压器故障的诊断

变压器在电力系统里承担变压器电压，电能传输功率的分配与责任，是电力系统里重要的输电设备。35kV 及以下配电变压器占据重要的位置。具有 10kV 电压等级额定容量在 30~1600kVA 范围内的油浸式配电变压器，额定容量为 30~2500kVA 干式配电变压器是最广泛的。配电变压器对安全可靠的电源安全具有重要意义。长期运行变压器出现不可避免的恶化现象，甚至故障。

（6）基于参数辨识变压器的绕组变形

近年来，参数辨识理论在变压器保护中的应用获得了一些成果，为参数辨识用于变压器绕组的变形检测提供了基础。采用参数辨识的方法获得变压器绕组的漏电感、电阻参数，以漏电感、电阻参数作为变压器内部故障检测的特征量，依据其是否变化判断是否发生变压器区内故障。

参考文献

[1] 徐清超. 变电站在线监测技术的发展方向[J]. 红水河，2009，37（5）：71-75.

[2] Li L, Cheng Y, Xie L J, et al. An integrated method of set pair analysis and association rule for fault diagnosis of power transformers [J]. IEEE Transactions on Dielectrics & Electrical Insulation, 2015, 22 (4)：2368-2378.

[3] Jr H D F, Costa J G S, Olivas J L M. A review of monitoring methods for predictive maintenance of electric power transformers based on dissolved gas analysis [J]. Renewable & Sustainable Energy Reviews, 2015, 46：201-209.

[4] 吴一帆，魏震，张琪，张凡，雷思琦. SF6 气体绝缘电气设备局部放电超声波检测与应用[J]. 通讯世界，2016，40（23）：170-171.

[5] 兰琦，赵玉才，李璐，赵玉富，王校丹，孙武魁. 变压器储油柜在线监测装置的研制[J]. 供用电，2016，27（11）：71-74.

[6] 刘晓冬. 配电变压器绕组故障在线诊断分析[J]. 科技展望，2016，15（30）：81.

2. 两种不锈钢材料在高温碱性环境下的耐腐蚀性能的研究

（1）前言（背景）

全球能源发展经历了从薪柴时代到煤炭时代，再到油气时代、电气时代的演变过程。目前，世界能源供应以化石能源为主，有力支撑了经济社会的快速发展。适应未来能源发展需要，水能、风能、太阳能等清洁能源正在加快开发和利用，在保障世界能源供应、促进能源清洁发展中，将发挥越来越重要的作用。

长期以来，世界能源消费总量持续增长，能源结构不断调整。特别是近20年，世界能源发生了深刻变革，总体上形成煤炭、石油、天然气三分天下，清洁能源快速发展的新格局。目前世界对能源的消费主要以煤炭、天然气、石油等不可再生能源为主[1]。大量的不可再生能源的开发和利用，带来了能源危机的同时，还使环境遭到了非常严重的污染破坏，严重的甚至威胁人类的生存环境。以煤炭为消费主体的火电厂、工业锅炉、民用锅炉等向大气排放大量的氮气和二氧化硫，这些气体在空气中容易形成酸雨，对我国环境造成巨大危害；同时，燃煤产生大量 CO_2 气体的排放，使全球的温室效应日益严重；同时大量的粉尘排放使空气质量严重下降，日益威胁民众的身体健康[2,3]。

所以现在全球都在积极改变本国各自的能源消费主体，都逐渐开始把如何高效、环保利用生物质能源放在首要位置，中国作为一个能源消费大国，在经济上正在迅速崛起，如果既要在经济上保持较快增长，又要保护环境，走可持续发展道路，那么我国必须要改变传统的能源开发和消费方式，必须大力开发低污染、高环保、可再生的新型能源[4,5]。生物质能具有资源丰富，发展潜力巨大，适合发展分布式电力系统，接近终端用户，能够改善生态环境，发展农业生产和农村经济等优点，对我国节约能源，建设节约型的社会有重大帮助。

利用生物质作为能源有许多优点。首先，生物质发电有利于节能减排。秸秆焚烧是近年来造成北方地区大范围雾霾的主要原因之一。生物质发电具备碳中和效应，且比化石能源的硫、氮等含量低，通过集中燃烧并装备除尘及脱硫脱硝等设备，有助于降低排放，促进大气污染防治[6]。据测算，运营一台2.5万千瓦的生物质发电机组，与同类型火电机组相比，每年可节约标煤11万吨，减排二氧化碳22万吨。其次，生物质发电有助于调整能源消费结构。生物质能作为可再生能源，来源广泛、储量丰富，可再生且可存储。生物质发电原理与火电相似，电能稳定、质量高，对于电网而言更为友好；与同样稳定的水电相比，生物质发电的全年发电小时数为7000～8000h，水电则只有4000～5000h，而风电、光伏发电则更低。

（2）我国生物质能源现状

我国的生物质发电起步较晚。2003年以来，国家先后批准了多个秸秆发电示范项目。2005年以前，以农林废弃物为原料的规模化并网发电项目在我国几乎是空白。2006年《可再生能源法》正式实施以后，生物质发电有关支持配套政策相继出台，有力促进了我国的生物质发电行业的快速壮大。2006～2013年，我国生物质及垃圾发电装机容量逐年增加，由2006年的4.8GW增加至2012年的9.8GW，年均复合增长率达9.33%，步入快速发展期。

截至2016年底，我国生物质发电并网装机总容量为1031万千瓦，其中，农林生物质直燃发电并网装机容量约530万千瓦，垃圾焚烧发电并网装机容量约为468万千瓦，两者占比在97%以上，还有少量沼气发电、污泥发电和生物质气化发电项目。我国的生物发电总装机容量已位居世界第二位，仅次于美国。

我国正在大力发展生物质发电技术，但生物质燃料中含有大量的碱金属氯化物，在利用焚烧生物质燃料发电过程中形成的碱金属氯化物附着在锅炉水冷壁、过热器等换热管管壁上，在高温环境下，使管壁发生严重的热腐蚀，限制蒸汽参数的提高[7]，生物质锅炉基本上都存在严重的各级受热面的积灰、过热器结渣等问题。严重的结渣会降低传热效率，在恶劣的情况下，局部传热表面会被结渣覆盖而丧失传热性能。积灰中存在大量的 KCl（40%～80%）。积灰的形成主要是由于生物质本身高的钾和氯含量。钾和氯会以 KCl 的形式直接沉积在传热表面，钾与灰中的硅酸盐也可能发生反应生成低熔点灰，增加了黏着在传热面的趋势。每年都会给生物质电厂造成较大的经济损失。因此在利用生物质进行发电时必须考虑锅炉过热器高温氯化物腐蚀问题。

迄今为止，对于过热器高温氯化物腐蚀的问题，国外的技术仅仅只是限制了过热器换热管管壁温度（丹麦一般限制在 450℃ 以下），但是这种技术方法并没有从根本上解决高温氯化物腐蚀的问题。我国的生物质能源有着自身的特点，其分布地域较为广泛，燃烧时对生物质锅炉过热器的腐蚀程度也大不一样。因此，对生物质锅炉过热器腐蚀的内在过程、规律及机理的研究显得尤为重要，研究生物质的组成成分、温度等因素对过热器高温腐蚀、热腐蚀的影响，得出不同管材的耐腐蚀性能，同时找到最佳的解决高温氯化物腐蚀的方法。

（3）国内外研究现状

除了选择碱金属含量低的生物质作为燃料及合理设计锅炉结构和运行参数来解决沉积、腐蚀问题外，还有许多减轻或控制碱金属沉积和高温腐蚀的方法。如水淋洗去除碱金属-生物质燃料的高腐蚀性，设法在燃烧之前通过预处理，除去生物质燃料中所含的碱金属和氯，将可减少燃烧时对电厂设备的腐蚀性；烟气侧使用添加剂或有利于燃料混合燃烧。国内外控制合成金属氯化物问题的方法主要是采用添加剂或混合燃料。

最主要的方法是添加含 S 化合物添加剂，一般是在燃料中添加硫酸铵或硫，或在烟气中喷入含硫酸铵液体，硫氧化物和烟气中的 KCl 反应，生成较稳定的 K_2SO_4，减少沉积中的氯；金属喷涂——选择更加耐腐蚀的合金来作为过热器管材，或进行金属喷涂，对管道表面进行喷涂处理是工程上较常用的方法之一，比如喷涂抗腐蚀性强的镍铬可以有效增强过热器管材的抗腐蚀性。

与上面几种方法相比，本论文重点在与通过高温氧化实验以及高温腐蚀实验对新型不锈钢材料的耐腐蚀性能进行探究，并与常用生物质电厂管材耐蚀性能进行对比探究，改变管道的材料来降低腐蚀带来的影响。通过研究生物质碱性物质对受热面金属材料性能的影响，形成材料在燃烧过程中的变化特征规律，可帮助减缓锅炉设备的碱性物质腐蚀问题，通过探究新型不锈钢材料在生物质锅炉烟气侧的耐高温腐蚀研究来将新型不锈钢运用到生物质发电厂的管道当中，从而提高锅炉换热管的使用寿命。

新型不锈钢例如双相不锈钢（DSS）由铁素体相和奥氏体相组成，具有优异的力学性能和腐蚀性能，成为有重要前景的结构材料。经济型双相不锈钢是双相不锈钢未来发展的趋势之一，它的主要特点是含氮、低（无）镍。一般而言，双相不锈钢具有极佳的耐腐蚀性能，但是在特定条件下会发生局部腐蚀，包括点蚀、晶间腐蚀、应力腐蚀开裂等。与单相不锈钢不同，双相不锈钢局部腐蚀更为复杂，主要是因为其具有多相复杂组织。

对于新型不锈钢耐腐蚀性能的研究一般采用 X 射线衍射仪 （XRD）、电子探针 （EP-MA）、扫描电镜 （SEM）、金相显微组织等技术观察腐蚀形貌，分析腐蚀产物及成分，通过差热分析 （DSC）、压缩应力应变曲线、硬度测试及腐蚀测量系统等研究试样的耐腐蚀性能。通过研究燃烧过程中碱性物质 （氯化钾、氯化钠及其与氯化铁、二氧化硅等物质的混合物） 对设备材料腐蚀的作用特点，探讨碱性物质形态变化与金属材料腐蚀之间的定量关系；然后建立碱性物质对设备材料腐蚀的机制模型。通过高温氧化实验及高温腐蚀实验对新型不锈钢材料的耐腐蚀性能进行探究，并与常用生物质电厂管材耐蚀性能进行对比探究。最终确定该种材料是否更适合作为生物质电厂过热管材料。

（4）研究内容

本研究可以从三个方面促进生物质电站的安全生产和环保运行：通过研究生物质碱性物质对受热面金属材料性能的影响，形成材料在燃烧过程中的变化特征规律，可大大减缓锅炉设备的碱性物质腐蚀问题；通过透彻研究碱性物质的腐蚀机理，促进开发各种燃烧添加剂优化技术，实现锅炉设备的长期、稳定服役运行；通过探究新型不锈钢材料在生物质锅炉烟气侧的耐高温腐蚀研究来提高锅炉换热管的使用寿命。

参考文献

[1] Yin C. G. , Lasse A. R. , et al. Great-firing of biomass for heat and power production [J] . Prog. Energy Combust. Sci, 2008, 34 (6)：725-754.

[2] Harding N. S. , Adams B. R. . Biomass as a reburying fuel：a specialized cofiring application [J] . Biomass and Bioenergy, 2000, 19 (6)：429-445.

[3] 李政 . 生物质锅炉过热器高温腐蚀研究 [D] . 华北电力大学, 2009, 20-25.

[4] 李远士 . 几种金属材料的高温氧化、氯化腐蚀 [M] . 大连理工大学材料系, 2001, (3)：17-18.

[5] 李宇春，龚洵洁，周科朝等 . 材料腐蚀与防护技术 [M] . 北京：中国电力出版社 . 2004.

[6] 蒋剑春 . 生物质能源应用研究现状与发展前景 [J] . 林产化学与工业, 2002, 22 (2)：75-80.

[7] 马孝琴 . 秸秆燃烧过程中碱金属问题研究的新进展 [J] . 水利电力机械, 2006, 28 (12)：28-34, 63.

第四节　课题研究方案的提出

一、摘要的撰写

课题摘要应具有独立性和自含性，即不阅读全部研究方案，就能获得必要的信息。摘要是一篇论文的微型版本，可供读者粗略判断其价值，必须简短扼要。

1. 摘要的原则

（1）尽量要使用科学性文字和具体数据，不使用文学性修饰词。

（2）不使用图、表、参考文献、复杂的公式和复杂的化学式，非公知公用的符号或术语。

（3）不要加自我评价，如 "该研究对…有广阔的应用前景" "目前尚未见报道" 等。

（4）摘要能否准确、具体、完整地概括课题的创新之处，将直接决定课题是否被立项。

2. 摘要的要求

摘要长度一般不超过 500 字，以课题申请的性质决定。另外，英文摘要必须与中文摘要相对应。中英文摘要一律采用第三人称表述，不使用"本文""文章""作者""本研究"等作为主语。

摘要应回答好以下 4 方面问题。

（1）What do you want to do？（直接写出研究目的，可缺省）。

（2）How？（详细陈述过程和方法）。

（3）What results did you get and what conclusions can you draw？（全面罗列结果和结论）。

（4）What is the original in your paper？〔通过（2）和（3）两方面内容展示课题的创新之处〕。

二、关键词的确定

关键词是为了便于做文献索引和检索而选取的能反映课题主题概念的词或词组，一般情况下标注 3～8 个关键词，词与词之间用分号隔开。中文关键词尽量不用英文或西文符号。

三、研究方案形成的五个步骤

1. 考虑方法

"好的开始是成功的一半"，但只是成功的一半而已。选了"好"的题目，并不一定就有好的研究方案和研究结果。善始善终，才有好文章。善始固然不易，善终可能更难。

方法部分要从方法论角度详细描述课题方案的过程，使读者可以根据论文描述的方法，独立地重复此项论证和验证工作。方法部分应包括三项内容的描述：一是研究主体；二是试验步骤及结果；三是数据分析。

2. 收集资料

查阅文献并不是一件很容易做的工作，需要一定的技能，而这一技能是随着不断查阅而积累起来的，研究者必须亲自去尝试才能做到。查阅文献时不仅需要耐心、细致、仔细，还需要经过慎重的考虑，并按照一定的方法去做。

为有效地进行文献的查找，应该按照下列过程进行。

（1）对课题提出一系列的疑问，然后分析这些疑问与课题的关系，以确定想要查询的信息或问题是某一数据、某一概念还是某一观念等。

（2）根据这些问题或信息的性质选择检索工具，即确定是通过百科全书等参考性工具书，还是通过报刊索引等检索性工具书进行查找。

（3）确定检索途径，即去本校的图书馆及其网站平台，或者向老师或有关专家咨询。

（4）选定检索方法，即从最近出版的书籍和期刊开始往前查，还是限查某几年的书籍和期刊等。

（5）利用检索工具书所提供的查找线索进行查找。

（6）一旦查到所需要的文献，就可以去寻找该文献。

（7）阅读文献，得到所需要的信息。

3. 研究性阅读

（1）研究性阅读的特点

研究性阅读是一种比较高级的阅读方式，它的目的是通过收集资料、整理观点、分析研究来创新，来提出新观点，建立新思想。在课题研究过程中，研究性阅读的目的是培养创新精神、实践能力和终身学习能力。

研究性阅读是在科学文献阅读过程中，研究者通过自主探究和合作学习等方式研读文章，获取信息，掌握阅读策略，在阅读中联系研究实际，进而内化为解决实际问题的能力的阅读活动。

（2）怎样做到研究性阅读

首先，要有问题意识，阅读如果仅仅停留在文献作者说了什么，是怎么说的这个层面，这是对文献的简单化、表面化的处理。阅读是个体的，必须以自我为中心，所有的文献、都必然是服务于自我的思考的。即便是对作者的学问非常认同，也要有意识提醒自己不要完全被作者的思路所束缚。

其次，要培养话语权意识。阅读的过程，充满着寻找、理解、对话和反驳。话语权意识分两部分，首先，与文献作者对话。带着问题，看作者有没有对问题回应。如果有回应的话，常常会带来思想的交锋。这一状态，常常就是迸发"灵感"的状态。

再次，以自己的思路加以呈现。"灵感"的出现，是弥足珍贵的，一定要珍惜，不能浪费了自己的"感动"。以自己的思路加以呈现是阅读的最高状态，只有以自己的角度加以呈现了，才意味着基于特定文献的阅读的完整化。

从阅读的投入产出的角度分析，对于记忆力大不如前的成年人，读得再多，没有自己的呈现，任凭自己的头脑成为别人思想的跑马场的阅读活动也是极不经济的。

4. 分析资料

数据的获取、整理、计算和分析应前后呼应，逻辑上构成整体。前面的每一步骤都是取得后续中间结果以至最终结果的必经之路，割断其中任何环节或删减其中一部分内容就得不出结论。

数据来源以及它的筛选过程和有关背景必须交代清楚，模型中各个变量和参数的表示符号要有说明，且前后一致，不能混淆，运算过程的关键环节和简化之处要有说明。

图表常用来简洁地表示分析结果，它们和论文文字部分要形成整体，尽量和文字解释部分接近。表格是显示数据形式的证据，而图形常用来表示变量间关系。一个表格或曲线表达的内容不要过多，当内容繁杂时，宁可将其分为几部分。

5. 试验研究及分析讨论

研究阶段的任务包括开展试验、分析讨论及拟稿等过程。该阶段分为两种情况，一是尝试性的研究或拟稿，发现问题或者不适合继续开展研究，可以反馈到"研究的螺旋"起点，进行课题名称的调整或者优化；另一种是完全按照预定研究方案开展工作，实现预定目标。一般情况下，在进行过科学选题过程之后，采用第二种方式。

结果和讨论部分宜开门见山地列举课题的主要创新点，一个课题有3~4个主要创新点就很不错，分量重的创新点一个也就够了。

不要把做的所有研究工作在这里再逐章罗列一遍。结论中的创新点实际上就是阐明问题部分的假设，只是已经经过验证，表述方式不同。结论中的创新点和摘要中的创新点应该一致，但结论部分可将分析结果和重要的输出图表列举出来，论证过程方法上有新意和特点之处也可写出来，内容要比摘要充实。

四、研究方案撰写的要求

1. 研究目标

研究目标要明确、精练，提法要准确、恰当；内容要详细但文字不宜过多，且不能写得太具体。研究目标中关键的问题要突出，一定要准确，且要有一定难度，但不必太具体。

2. 研究内容及技术方案

（1）研究内容

研究内容要集中，与研究目标紧密一致，只做支撑课题最关键、最必要的内容。

（2）实验方案

研究方法、技术路线、实验方案不能太具体化，容易出漏洞。但实验技术的整个过程必须完善，可以使用尽可能多的应用技术术语和技术缩写，体现主要实验材料和实验过程。

实验方案和技术路线必须合理、可靠、可行且没漏洞。思路好，材料独特，方法独特新颖，才会是一个优秀的研究方案。技术当然是越新越好，但未必需要采用最时髦的研究手段，不能为了技术而研究。

（3）技术路线

技术方法一定是本实验室已经建立的，至少是有相关实验基础，或虚拟的基础。所有关键技术要有文献出处，最好是自己实验室发表的，有文献也不等于没有疑问。关键实验材料必须已经具备，或可以获得。

3. 可行性分析

可行性分析应该可按成熟的理论基础（理论上可行）、研究目标在现有技术条件下的可实现性（技术上可行）、本单位现有技术设备、实验材料的完备（设备材料可行）、课题组成员完成课题能力（知识技能上可行）等几方面分层论述。

合作单位可以有效弥补设备条件或平台条件的不足，找一家比自己单位强的合作伙伴，把合作单位的软硬件条件加到可行性的支撑分析中。

4. 创新点

创新点要切合实际，又要有所发挥，但语气要肯定，指出研究的先进性和创新性，点明理论和现实意义。

5. 工作基础

课题研究一定要有基础，把实验室发表的所有文章搜集起来，找出与课题相关的。文章与课题关系远一些无所谓，最好既相关，又不同。有针对性地把研究队伍的相关工作经历、论文、成果等展示出来。

课题科学先进、技术路线新颖合理可行、工作基础雄厚这三方面表述要紧密联系、前后呼应。

第五节　正交试验设计及其应用

一、正交试验设计及其特点

1. 正交试验设计的概念

正交试验设计（Orthogonal Experimental Design，也称正交实验设计、正交设计）是研究多因素多水平的一种设计方法，它是根据正交性从全面试验中挑选出部分有代表性的点进行试验，这些有代表性的点具备了"均匀分散，齐整可比"的特点。

正交试验设计是建立在数理统计学基础上的一种研究与处理多因数的实验设计方法，利用一种现成的规格化的表——正交表，科学地挑选实验条件、确定实验点、合理安排实验、并对实验数据进行计算与统计分析；在此基础上探求各因素水平的最佳组合，从而得到最优或较优实验方案的一种实验设计方法。

2. 试验设计的发展

第二次世界大战后，试验设计作为质量管理技术之一，受到各国的高度重视，以日本人田口玄一博士为首的一批研究人员在 1949 年发明了用正交表安排试验方案，1952 年田口玄一在日本东海电报公司，运用正交表进行试验取得了全面成功，之后正交试验设计法在日本的工业生产中得到迅速推广。据统计，在正交法推广的头 10 年，试验项目超过 100 万项，其中三分之一的项目效果显著，获得极大的经济效益。

从 20 世纪 50 年代开始，中国科学院数学研究所的研究人员深入研究正交试验设计这门科学，并逐步应用到工农业生产中去，其后正交试验设计得到了广泛研究，尤以上海、江苏等地的推广成绩显著。

3. 正交试验设计的特点

正交实验设计的特点是用不太多的实验次数，找出实验因素的最佳水平组合，了解实验因素的重要性程度及交互作用情况，减少实验盲目性，避免资金浪费等。它能以较少的实验次数找到较好的实验（生产）方案，由正交实验寻找出的优化参数（条件）与全面实验所找出的最优条件有一致的趋势。

正交实验设计具有正交性，使实验具备均衡分散和综合可比性。此法应用方便，准确性高，在多因素条件下应用有很大的优越性，是一种高效率、快速、经济的实验设计方法。例如一个三因素三水平的实验，按全面实验要求，需进行 $3^3 = 27$ 种组合的实验，且尚未考虑每一组合的重复数。若按 L9（33）正交表安排实验，只需做 9 次，显然大大减少了工作量。因而正交实验设计在很多领域的研究中已经得到广泛应用。

4. 正交设计的优势

（1）可以节省大量人力、物力、财力和时间。进一步指明试验的方向，克服盲目性。

（2）能够明确影响试验指标各因素的主次顺序，即了解哪些因素重要，哪些因素次要。

（3）可以在产品开发设计中，迅速找到优化方案，可以大大缩短产品开发设计周期，可以尽快使生产工艺按最佳工艺条件运行，早日实现高效益。

二、正交设计的基本规范

1. 常用术语

正交设计中常用的术语有：指标、因子和水平。正交设计把实验设计要考虑的结果和评价准则称为指标，一般以 y_i 表示第 i 次实验的指标值；把对实验结果和对评价指标可能产生影响且在实验中明确了条件加以对比的因素称为因子，一般以大写字母表示；把每个因子在实验中的具体条件称为因子的水平，简称水平，一般以表示因子的大写字母加上脚标来表示。

2. 正交实验方案设计

（1）明确实验目的，确定实验指标

实验设计前必须明确实验目的，即本次实验要解决什么问题。实验目的确定后，对实验结果如何衡量，即需要确定实验指标。实验指标可为定量指标，如强度、硬度、产量、出品率、成本等；也可为定性指标如颜色、口感、光泽等。

一般为了便于实验结果的分析，定性指标可按相关的标准打分或模糊数学处理进行数量化，将定性指标定量化。

（2）选择实验因素，确定实验水平，列出因素水平表

根据专业知识、以往的研究结论和经验，从影响实验指标的诸多因素中，通过因果分析筛选出需要考察的实验因素。一般确定实验因素时，应以对实验指标影响人的因素、尚未考察过的因素、尚未完全掌握其规律的因素为先。实验因素选定后，根据所掌握的信息资料和相关知识，确定每个因素的水平，一般以 2～4 个水平为宜。对主要考察的实验因素，可以多取水平，但不宜过多（≤6），否则实验次数骤增。因素的水平间距，应根据专业知识和已有的资料，尽可能把水平值取在理想区域。

（3）选择合适的正交表，进行表头设计

正交表的选择是实验设计的首要问题。正交表选得太小，实验因素可能安排不下；正交表选得过大，实验次数增多，不经济。正交表的选择原则是在能够安排下实验因素和交互作用的前提下，尽可能选用较小的正交表，以减少实验次数。表头设计就是指将实验因素和交互作用合理地安排到所选正交表的各列中去的过程。若实验因素间无交互作用，各因素可以任意安排；若要考察因素间的交互作用，各因素应按相对应的正交表的交互作用列表来进行安排，以防止设计"混杂"。

正交表是一整套规则的设计表格，表示方法记为 $Lm(rn)$，其中，L 为正交表的代号，m 为实验的次数，r 为水平数，n 为列数，也就是可能安排最多的因素个数。例如 L9（33），它表示需作 9 次实验，最多可观察 3 个因素，每个因素均为 3 水平。一个正交表中各列的水平数也可以不相等，称为混合型正交表。

3. 正交设计的原则

（1）每一列中，不同的数字出现的次数相等。例如在三水平正交表中，任何一列都有下标"1"、"2"、"3"，且在任一列的出现次数均相等。

（2）任意两列中数字的排列方式齐全而且均衡。例如在三水平情况下，任何两列（同一横行内）有序对共有 9 种，1-1、1-2、1-3、2-1、2-2、2-3、3-1、3-2、3-3，且每对出现数也

均相等。

以上两点充分体现了正交表的两大优越性，即"均匀分散性，整齐可比"。每个因素的每个水平与另一个因素各水平各碰一次，这就是正交性。

4. 正交实验结果分析

极差分析法（R法）又称直观分析法，此法计算简便而直观，简单、易懂，是正交实验结果分析最常用的方法。

（1）确定实验因素的优水平和最优水平组合

最优水平是指每个因子的各水平中使指标达最优的水平。为确定因子的最优水平，必须确定该因子各水平对指标的影响。分析 A 因素各水平对实验指标的影响。A 因素的 i 水平所对应的实验指标平均值用 kA_i 表示（Ki_j—第 j 个因素第 i 个水平的所有实验结果指标值的均值）。根据正交设计的特性，对 A_1、A_2、A_3 来说，三组实验的实验条件是完全一样的（综合可比性），可进行直接比较。如果因素 A 对实验指标无影响时，那么 kA_1、kA_2、kA_3 应该相等，但 kA_1、kA_2、kA_3 实际上不相等。说明，A 因素的水平变动对实验结果有影响。因此，根据 kA_1、kA_2、kA_3 的大小可以判断 A_1、A_2、A_3 对实验指标的影响大小，k 值大的对实验指标的影响大，为 A 因素的优水平。同理，可以计算并确定 B、C 因素的优水平。三个因素的优水平组合为实验的最优水平组合。

（2）确定因素的主次顺序

各因子对指标的影响是不同的，其重要性也各不相同。为了评价各因子的重要性，需拟定一评价指标。通常采用均方 S 或极差 R_j 作为评价指标。

根据极差 R_j 的大小，可以判断各因素对实验指标的影响主次。极差 R_j 各数据间的差距越大，说明该因子各水平相差悬殊，对指标的影响大，反之则小。因此以均方和极差可粗略揭示出各因子的重要性。

（3）因子显著性的检验

因子的重要性只说明该因子相对其他因子的重要程度，而未说明该因子对指标影响的显著程度。如果某因子对指标的作用不显著，则可排除该因子而使决策简化。

经显著性检验之后，可确定对指标有显著影响的因子、排除对指标影响不显著的因子。在此基础之上可选择与确定最佳方案。当计算出的 F 值大于临界值，k 因子在 a 水平下作用显著，否则作用不显著。最佳方案的确定方法是选择对指标有显著影响的因子中的最佳水平，对于对指标无显著影响的因子可不考虑，或根据实际情况决定。

（4）绘制因素与指标趋势图

以各因素水平为横坐标，实验指标的平均值为纵坐标，绘制因素与指标趋势图。由因素与指标趋势图可以更直观地看出实验指标随着因素水平的变化而变化的趋势，可为进一步实验指明方向。

5. 正交试验总结

（1）在实际试验研究中，最优条件的确定是灵活的。对于主要的影响因素，一定要选最优水平，而对于次要因素，则应权衡利弊，综合考虑来选取优水平。

（2）极差分析得到的最优试验条件并不一定在所实施的正交实验方案中。为了考察最优条件的再现性，应追加验证性实验，从而进一步判断研究所找出的试验条件是否最优。

（3）由极差分析得出的最优试验条件，只有在试验所考察的范围内有意义。

三、正交设计在氧化锌纳米线研究中的应用

1. 课题要求

本课题在大量文献调研和探索性实验基础上，以 Au 为催化剂在硅片基底上制备氧化锌纳米线。实现对氧化锌纳米线的原位拉伸或压缩，需要通过化学实验得到稀疏的、长径比符合要求的纳米线。

由于退火温度、溶液浓度、水浴温度和水浴时间对制备的纳米线的形貌和长径比影响很大，单一因素实验不能筛选最优实验方案，制备最佳长径比的纳米线必须用统计学理论作为指导。本课题提出了一个新的实验方法——正交实验，是一种科学的统计分析和设计方法，它在减少实验数量的同时，对制备高长径比氧化锌纳米线的影响因素排序并筛选出最优实验方案。

2. 正交试验设计

正交试验是以正交表为工具分析各因素及其交互作用对实验指标的影响，将各个影响因素按照轻重程度进行排序，最终确定实验指标的最佳工艺条件或最佳搭配方案。正交试验方案的确定需要三个步骤。

（1）确定试验中的影响因素以及每个影响因素的变化水平。课题根据前期实践经验确定四个影响因素，分别为退火温度、水浴温度、水浴时间、溶液浓度；每个因素的变化水平为三个，具体见表 6-1。

表 6-1　试验方案因素水平表

水平 ＼ 因素	退火温度/℃	水浴温度/℃	水浴时间/h	溶液浓度/(mmol/L)
1	300	70	2	0.5
2	350	80	12	2
3	400	90	24	5

（2）根据前期一系列的实验观察分析，各个因素间不存在交互作用。

（3）按照实验确定的变化因素和水平，确定合适的正交表。

3. 试验方案的确定

由于本实验的各个因素之间没有交互作用，选取的正交表为：L9（34），把各个因素任意安排在正交表的因素列中，然后根据各个因素所占各列的水平来决定实验的条件。将表 6-1 罗列的四个因素和三个水平按照正交表 L9（34）进行排列，得到正交设计方案。如表 6-2 所示。

表 6-2　试验正交设计方案

实验编号	正交列号及因素			
	退火温度/℃	水浴温度/℃	水浴时间/h	溶液浓度/(mmol/L)
1	300	70	2	0.5
2	300	80	12	2
3	300	90	24	5
4	350	70	12	5
5	350	80	24	0.5
6	350	90	2	2
7	400	70	24	2
8	400	80	2	5
9	400	90	12	0.5

四、正交设计在丙烯酸合成中的应用

1. 课题概况及要求

"水质稳定剂——低分子量聚丙烯酸的合成与分析"的试验研究是一个经典的试验课题，通过该课题要明确反应条件如何影响产品的产量和质量，即确定反应条件中哪种因数影响最大？

2. 正交试验方案

正交试验可以设计合理路线来进行最佳条件的确定。为了优选最佳合成条件，选择引发剂过硫酸铵的用量（A）、反应的温度（B）、反应时间（C）、异丙醇用量（D）为考察因素，丙烯酸的转化率或产品的分子量为考察指标。

课题拟采用 4 因素 3 水平的正交实验表 L9（3⁴），试验后将结果汇总。

3. 正交试验的结果分析

在试验结果分析过程中，正交试验结果采用极差分析；其试验结果取平均值，进行正交分析，以确定最佳条件和最大影响因素。K_i（$i=1,2,3$）代表水平平均值，i 代表每个水平的试验序号；S 为极差，由 K 中的最大值减去最小值。由极差分析可知：A、B、C、D 四因素对转化率影响顺序为 $B>A>C>D$。

思考题

1. 课题的研究过程是怎样的？
2. 课题的选题有什么作用和重要性？
3. 针对电厂过热器管的烟气侧腐蚀，请提出合理的研究方案？
4. 怎样做到研究性阅读？
5. 科学、合理地分析资料有什么要求？
6. 专业文献怎样综合分析？参考文献的要求是怎样的？
7. 怎样撰写文献综述？
8. 研究课题的摘要有什么要求？

第七章

R 软件基础及初步应用

第一节　R 软件的特点和作用

一、R 语言的发展与特点

1. R 语言的发展

R 语言（即 R 软件）是用于统计分析、图形表示和报告的编程语言和软件环境。R 语言由 Ross Ihaka 和 Robert Gentleman 在新西兰奥克兰大学创建，R 语言于 1993 年首次亮相。自 1997 年以来，由 R 语言开发核心团队开发。R 语言的核心是解释计算机语言，其允许分支和循环以及使用函数的模块化编程。R 语言可以与以 C，C ＋＋，. Net，Python 或 FORTRAN 语言编写的过程集成以提高效率。R 语言是一个在 GNU 风格的副本左侧的自由软件，GNU 项目的官方部分叫作 GNU S。

R 语言在 GNU 通用公共许可证下免费提供，并为各种操作系统（如 Linux、Windows 和 Mac）提供预编译的二进制版本。这种编程语言被命名为 R 语言，基于两个 R 语言作者的名字的第一个字母（Robert Gentleman 和 Ross Ihaka），并且部分是贝尔实验室 S 语言的名称。R 语言是世界上最广泛使用的统计编程语言。

2. R 语言的特点

R 语言是用于统计分析、图形表示和报告的编程语言和软件环境。另外，R 语言使用简单易学，并且是全免费软件。

R 语言的重要特点包括如下五个方面。

（1）R 语言是一种开发良好、简单有效的编程语言，包括条件、循环、用户定义的递归函数以及输入设施和输出设施。

（2）R 语言具有有效的数据处理和存储设施。

（3）R 语言提供了一套用于数组、列表、向量和矩阵计算的运算符。

（4）R语言为数据分析提供了大型、一致和集成的工具集合。

（5）R语言提供直接在计算机上或在纸张上打印的图形设施用于数据分析和显示。

二、R语言的作用与功能

1. R语言的作用

R语言是一套完整的数据处理、计算和制图软件系统。R语言不仅可以进行基础的数字、字符以及向量的运算，内置了许多与向量运算有关的函数，而且提供了十分灵活的访问向量元素和子集的功能。

R语言兼具数据计算器和计算机编程的功能，还可以很容易实现画图功能。

2. R语言的基础

R语言归根到底只是解决问题的工具，而研究者对问题的分析首先是要根据理论进行的，例如参数估计、假设检验以及线性回归、时间序列方面的知识，只有深刻理解这些理论背后的意义，才能用对R语言中的各个方法。

就好比战场上，如果R是利刃，理论知识就是身体素质和战术素养，只有学好了理论知识，才能面对一个个问题。

3. R语言的功能

（1）基本功能

R语言具体功能包括：数据存储和处理、数组运算、完整连贯的统计分析工具、优秀的统计绘图功能以及简便而强大的编程语言。

R语言有强大的画图功能，例如可以通过作直方图、茎叶图和总体分析来描述数据的分布。R语言中的高水平作图函数有：plot（）、pairs（）、coplot（）、qqnorm（）、hist（）等。当高水平作图函数并不能完全达到作图的指标时，需要低水平的作图函数予以补充。

R语言低水平作图函数有：points（）、lines（）、text（）、polygon（）、legend（）、title（）和 axis（）等。需要注意的是，低水平作图函数必须是在高水平作图函数所绘图形的基础之上增加新的图形。

（2）统计描述及分析功能

使用R软件可以方便直观地对数据进行描述性分析。如使用均值、中位数、顺序统计量等度量位置；用方差、标准差、变异系数等度量分散程度；以及用峰度系数、偏度系数度量分布形状。

R软件可以检验样本是不是来自某种分布总体。以正态分布为例，可以通过 shapiro. test（）函数提供 W 统计量和相应的 p 值，并通过 p 值的大小判断样本是否来自正态分布的总体。经验分布的 K-S 检验方法的应用范围则更加广泛，不仅可以判断样本是否来自正态总体，而且能判断是否来自其他类型的分布总体。

（3）扩展功能

R语言中有非常多的函数和包，几乎不用自己去编一些复杂的算法，而往往只需要短短几行代码就能解决很复杂的问题，这给使用带来了极大地方便。

与此同时，R语言又可操纵数据的输入输出，实现分支、循环、迭代等功能，使用者还可以方便得使用自定义功能，这就意味着当找不到合适的函数或包来解决所遇的问题时，使用者也可以自己编程去实现各种具体功能。

三、R 语言在大数据环境下的新用途

1. 大数据环境对 R 的需求

随着传感和存储技术的进步以及互联网搜索、数字成像、视频监控等技术应用的迅猛发展，产生了大量的数据，而且大部分的数据数字化存储在电子介质中，这给自动化数据分析、分类和检索技术的发展提供了巨大的可能。

同时，不仅是可利用的数据量大量增长，类型也增多了（文本、图像、视频），包括 E-mail、博客、交易数据以及数以亿计的网页每天产生数 TB 的新数据，而且这类数据都是松散的。

数据数量和类别两方面的增长迫切需要自动理解、处理和概括数据的方法的进步。而 R 语言可以在这方面大有可为。

2. 数据分析方法

数据分析方法可以概括为主要的两类：探索性分析及验证性分析。

（1）探索性分析

探索性（或描述性）分析指研究者没有事先明确的模型或假设，但是想理解数据的大体特征和结构。

（2）验证性分析

验证性（或推理性）分析指研究者想要验证适用于可用数据的假设/模型。在模式识别中，数据分析设计预测建模：给定一些训练数据，想要预测未知测试数据的行为。这个任务也叫"学习"，通常分为两类：①有监督的；②无监督的。第一种只涉及有标签的数据，而第二种只涉及无标签的数据。

R 语言的聚类分析属于无监督学习中很重要的一种，它可用于数据探索和描述。

第二节　R 软件的安装、设置及启动

一、R 软件的安装

1. Windows 系统下的安装

（1）安装程序的下载

可以从 R-3.2.2 for Windows（32/64 位）下载 R 语言的 Windows 安装程序版本，并将其保存在本地目录中。

因为它是一个名为"R-version-win. exe"的 Windows 安装程序（.exe）。只需双击并运行安装程序接受默认设置即可。如果 Windows 系统是 32 位版本，它将安装 32 位版本。但是如果 Windows 系统是 64 位，那么它可以选择安装 32 位版本或 64 位版本。

（2）运行

安装后，可以找到该图标，可以在 Windows 程序文件下的目录结构 "R \ R3.2.2 \ bin \ i386 \ Rgui. exe" 中运行程序。单击此图标会打开 R-GUI，它是 R 控制台用来执行 R 编程。

2. Linux 系统下的安装

R 语言适用于多版本的 Linux 系统。各版本 Linux 系统下 R 软件的安装步骤各有不同。具体的安装步骤在上述资源中有对应的教程。例如，可以用 yum 命令，按照如下所示的安装指令安装 R。

```
$ yum install R
```

以上命令将安装 R 编程的核心功能与标准包，额外的包需要另外安装，可以按如下提示启动 R。

```
$ R
R version 3.2.0 (2015-04-16) -- "Full of Ingredients"
Copyright (C) 2015 The R Foundation for Statistical Computing
Platform：x86_64-redhat-linux-gnu (64-bit)
R is free software and comes with ABSOLUTELY NO WARRANTY.
You are welcome to redistribute it under certain conditions.
Type 'license()' or 'licence()' for distribution details.

R is a collaborative project with many contributors.
Type 'contributors()' for more information and
'citation()' on how to cite R or R packages in publications.
Type 'demo()' for some demos，'help()' for on-line help, or
'help. start()' for an HTML browser interface to help.
Type 'q()' to quit R.
>
```

二、R 语言的环境设置

1. 在线编程学习环境

熟悉 R 语言，不需要设置自己的环境来开始学习 R 编程语言。原因很简单，因为已经有了在线 R 编程环境，可以在进行理论工作的同时在线编译和执行所有可用的示例。并用不同的选项检查结果。随意修改任何示例并在线执行。

实例：

```
# Print Hello World.
print("Hello World")
# Add two numbers.
print(23.9 + 11.6)
```

2. 包的安装

可以在 R 语言提示符下使用 install 命令安装所需的软件包。例如，以下命令将安装为 3D 图表所需的 plotrix 软件包。

```
>install. packages("plotrix")
```

三、R 语言的基本语法

首先从编写一个"你好，世界！"的程序开始学习 R 语言编程。根据需要，可以在 R 语言命令提示符处编程，也可以使用 R 语言脚本文件编写程序。

1. 启动 R 软件

如果已经配置好 R 语言环境，那么只需要按一下命令便可轻易开启命令提示符。

```
$ R
```

这将启动 R 语言解释器，会得到一个提示>，就可以开始输入你的程序，具体如下。

```
>myString<-"Hello,World!"
>print(myString)
[1]"Hello,World!"
```

在这里，第一个语句先定义一个字符串变量 myString，并将"Hello，World！"赋值其中，第二句则使用 print（）语句将变量 myString 的内容进行打印。

2. 脚本文件

通常，可以通过在脚本文件中编写程序来执行编程，然后在命令提示符下使用 R 解释器（称为 Rscript）来执行这些脚本。所以，在一个命名为 test. R 的文本文件中编写下面的代码。

```
# My first program in R Programming
myString<-"Hello,World!"
print(myString)
```

将上述代码保存在 test. R 文件中，并在 Linux 命令提示符下执行，如下所示。即使使用的是 Windows 或其他系统，语法也将保持不变。

```
$ Rscript test. R
```

运行上面的程序，产生以下结果。

```
[1] "Hello,World!"
```

3. 注释

注释能帮助解释 R 语言程序中的脚本，它们在实际执行程序时会被解释器忽略。单个注释使用 # 在语句的开头写入，如下所示。

```
# My first program in R Programming
```

R 语言不支持多行注释，但可以使用一个小技巧，如下所示：

```
if(FALSE) {
    "This is a demo for multi-line comments and it should be put inside either a single
        OR double quote"
}
myString <- "Hello，World!"
print（myString)
```

虽然上面的注释将由 R 解释器执行，但它们不会干扰实际程序，不过内容必须加上单引号或双引号。

第三节　R 语言的向量、矩阵及数据框

R 语言不仅可以进行基础的数字、字符以及向量的运算，内置了许多与向量运算有关的函数，而且提供了十分灵活的访问向量元素和子集的功能。R 语言中经常出现数组，它可以看作定义了维数（dim 属性）的向量。因此数组同样可以进行各种运算，以及访问数组元素和子集。二维数组（矩阵）是比较重要和特殊的一类数组，R 语言可以对矩阵进行内积、外积、乘法、求解、奇异值分解及最小二乘拟合等运算，以及进行矩阵的合并、拉直等。

一、R 语言的变量与向量

1. R 语言的变量

R 语言的变量类型包括数值型变量、逻辑型变量、字符型变量、因子型变量。TRUE 和 FALSE 是逻辑型变量，身份证号码、人名、地名等是字符型变量。因子型变量包括分类数据和顺序数据两种：如性别（男、女）、优良中差、一等奖二等奖三等奖、金银铜牌、冠亚季军等都是因子型变量。字符型数据与因子型数据之间可以实现转换。

注意：R 语言中变量名、函数名区分大小写。

2. R 语言的向量

向量是由相同基本类型数值组成的序列，可以认为其等同于数学中的向量，在 R 语言中向量的使用相当频繁。

在 R 语言中，由以下 3 种方式的命令来创建一个向量。

```
c(,…,)
seq(from,to,seplenth)
rep()
```

例1：

```
x<-c(1,2,3,4,5)
x
```
输出为：

[1] 1 2 3 4 5

例 2：
```
>x1<-seq(1,12,3)
>x1
```
输出为：

[1] 1 4 7 10

例 3：
```
>x2<-rep(1:6,2)
>x2
```
输出为：

[1] 1 2 3 4 5 6 1 2 3 4 5 6

向量运算即向量的加减乘除运算是对向量元素进行加减乘除运算，如下所示。

```
>x2
[1] 1 2 3 4 5 6 1 2 3 4 5 6
>x2+12
[1]13 14 15 16 17 18 13 14 15 16 17 18
>x2-5
[1] -4 -3 -2 -1  0  1 -4 -3 -2 -1  0  1
>x2*2
[1]  2  4  6  8 10 12  2  4  6  8 10 12
>x2/2
[1] 0.5 1.0 1.5 2.0 2.5 3.0 0.5 1.0 1.5 2.0 2.5 3.0
```

R 语言常用的向量函数如表 7-1 所示。

表 7-1 R 语言常用的向量函数

函数名	功能	示例，已知 x<-c(2,1,5,3,4),y<-c(8,9)	
		输入	输出
sum	求和	sum(x)	[1] 15
max	最大值	max(x)	[1] 5
min	最小值	min(x)	[1] 1
mean	均值	mean(x)	[1] 3
length	长度	length(x)	[1] 5
var	方差	var(x)	[1] 2.5
sd	标准差	sd(x)	[1] 1.581139
median	中位数	median(x)	[1] 3
quantile	五个分位数	quantile(x)	0% 25% 50% 75% 100% 1 2 3 4 5
sort	排序	sort(x) sort(x,TRUE)	[1] 1 2 3 4 5 [1] 5 4 3 2 1

函数名	功能	示例,已知 x<-c(2,1,5,3,4),y<-c(8,9)	
		输入	输出
rev	倒序	rev(x)	[1] 4 3 5 1 2
append	添加	append(x,8)	[1] 2 1 5 3 4 8
		append(x,y)	[1] 2 1 5 3 4 8 9
replace	替换	replace(x,1,7)	[1] 7 1 5 3 4
		replace(x,c(1,2),7)	[1] 7 7 5 3 4

二、R语言的数组与矩阵

1. R 语言的数组

数组是一个可以在两个以上的维度存储数据的 R 数据对象,数组可以看成一个由递增下标表示的数据项的集合,例如数值。如果创建尺寸(2,3,4)的数组,那么创建 4 个矩形矩阵,每个矩阵 2 行 3 列。数组只能存储数据类型。

使用 array()函数创建数组。它需要向量作为输入,并使用 dim 参数的值,以创建一个数组。如果一个向量需要在 R 语言中以数组的方式被处理,则必须含有一个维数向量作为它的 dim 属性。

维度向量由 dim()指定,例如,"z"是一个由 1500 个元素组成的向量。下面的赋值语句"dim(z)<-c(3,5,100)"使它具有 dim 属性,并且将被当作一个 $3 \times 5 \times 100$ 的数组进行处理。"c(3,5,100)"就是其维度向量。

还可以用到 array()这样的函数来赋值。比如

```
>array(1:20,dim=c(4,5))
```

数组中的单个元素可以通过下标来指定,下标由逗号分隔,写在括号内。

可以通过在下标的位置给出一个索引向量来指定一个数组的子块,不过如果在任何一个索引位置上给出空的索引向量,则相当于选取了这个下标的全部范围。如 a[2,,],a[,3,]等。

2. R 语言的矩阵

矩阵是 2 维向量,数组是多维矩阵,数组框是不同类型的变量数组的集合。

```
>y=matrix(c(1,2,3,4),2,2)
>y
     [,1] [,2]
[1,]   1    3
[2,]   2    4
单位矩阵的产生:
>diag(c(1,1,1,1))
     [,1] [,2] [,3] [,4]
[1,]   1    0    0    0
[2,]   0    1    0    0
```

```
[3,]    0    0    1    0
[4,]    0    0    0    1
```

3. 矩阵的运算

求矩阵 $A = \begin{pmatrix} 3 & 1 & 0 \\ -4 & -1 & 0 \\ 4 & -8 & -2 \end{pmatrix}$ 的特征值和特征向量。

```
>a=matrix(c(3,1,0,-4,-1,0,4,-8,2),3,3,byrow=T)
>a
      [,1][,2][,3]
[1,]    3    1    0
[2,]   -4   -1    0
[3,]    4   -8    2
>eigen(a)
$ values
[1]2 1 1
$ vectors
        [,1]      [,2]          [,3]
[1,]    0    0.0496904    0.0496904
[2,]    0   -0.0993808   -0.0993808
[3,]    1   -0.9938080   -0.9938080
>det(a)
[1]2
```

R 语言常用的矩阵函数如表 7-2 所示。

表 7-2　R 语言常用的矩阵函数

函数名	功能	函数名	功能
diag	取对角元素/生成对角阵	rank	求秩[元素位置,矩阵秩可用 qr()＄rank]
solve	求逆/解线性方程组	t	转置
eigen	求特征向量/特征值	det	行列式

三、R 语言的列表

1. 列表的作用

向量、矩阵和数组要求元素必须为同一基本数据类型。如果一组数据需要包含多种类型的数据，则可以使用列表。

R 语言允许将不同类型的元素放在一个集合中，这个集合叫作一个列表，列表元素总可以用"列表名［［下标］］"的格式引用。而"列表名［下标］"表示的是一个子列表，这是一个很容易混淆的地方。R 语言中非常重要的一种数据结构是 data.frame（数据框），它通常是矩阵形式的数据，但每列可以是不同类型，数据框每列是一个变量，每行是一个观测，要注意的是每一列必须有相同的长度。数据框元素可以使用下标或者下标向量引用。

2. 列表的引用

与向量、矩阵和数组相比，列表没有下标号，但是每个数据都有一个名字。数组使用下标来引用元素，而列表用名字来引用元素，如：

```
x<-list(a=1,b=2,c=3)
x$a
输出
[1] 1
```

3. 列表的复杂性

列表与向量、矩阵和数组的另一个重要区别是，向量、矩阵和数组的元素只能是一个简单基本数据，而列表的元素还可以是其他各种数据对象，比如向量、矩阵、数组或者另一个列表。

```
输入
x<-list(a=1,b=c(1,2,3),c="ab",d=c("a","c","c"),e=matrix(c(1,2,3,4),2,2),f
=list(a=1,b=2))
x
```

这是一个复杂的列表，a为数字，b为向量，c为字符，d为字符向量，e为矩阵，而f为另一个列表。输出为：

```
$a
[1] 1
$b
[1] 1 2 3
$c
[1] "a"
$d
[1] "a" "c" "c"
$e
     [,1] [,2]
[1,]    1    3
[2,]    2    4
$f
$f$a
[1] 1
$f$b
[1] 2
```

四、R语言的数据框

1. 数据框的概念

数据框是另一种可以有不同基本数据类型元素的数据对象。简单来说，一个数据框包含多个向量，向量的数据类型可以不一样。因此，数据框是介于数组和列表之间的一种数据对象，与矩阵相比它可有不同数据类型，与列表相比它只能包含向量，而且这些向量的长度通常是相等的。

2. 创建数据框

R 语言使用 data. frame（）来创建数据框。

输入
x<-c("张三","李四","王五","赵六")
y<-c("男","女","女","男")
z<-c(89,90,78,67)
data. frame(x,y,z)
输出为

```
   x   y  z
1 张三 男 89
2 李四 女 90
3 王五 女 78
4 赵六 男 67
```

其中，每行行首的数字是该行名字，可以使用 row. names（）来重新为每行命名。

输入
row. names(student)<-c("a","b","c","d")
student
输出

```
    x    y   z
a  张三  男  89
b  李四  女  90
c  王五  女  78
d  赵六  男  67
```

当然，数据框中每列向量也可以有名字，如：

输入
data. frame(姓名＝x,性别＝y,分数＝z)
输出为

```
  姓名 性别 分数
1 张三  男  89
2 李四  女  90
3 王五  女  78
4 赵六  男  67
```

3. 数据框的引用

读取 R 软件内置数据集 iris，可以得到数据框格式的鸢尾花（iris），是数据挖掘常用到的一个数据集，包含 150 种鸢尾花的信息，每 50 种取自三个鸢尾花种之一（setosa，versicolour 或 virginica）。每个花的特征用下面的 5 种属性描述萼片长度（Sepal. Length）、萼片宽度（Sepal. Width）、花瓣长度（Petal. Length）、花瓣宽度（Petal. Width）、类（Species）。

```
＞iris[1:5,]        显示数据集前 5 行数据
     Sepal. Length  Sepal. Width  Petal. Length  Petal. Width  Species
1        5.1           3.5           1.4           0.2        setosa
2        4.9           3.0           1.4           0.2        setosa
3        4.7           3.2           1.3           0.2        setosa
4        4.6           3.1           1.5           0.2        setosa
5        5.0           3.6           1.4           0.2        setosa
＞
＞tail(iris,n＝5)    显示数据集末尾 5 行数据
     Sepal. Length  Sepal. Width  Petal. Length  Petal. Width  Species
146      6.7           3.0           5.2           2.3        virginica
147      6.3           2.5           5.0           1.9        virginica
148      6.5           3.0           5.2           2.0        virginica
149      6.2           3.4           5.4           2.3        virginica
150      5.9           3.0           5.1           1.8        virginica
```

第四节　R 语言的函数及数据统计

一、R 语言的函数

R 语言的求所有元素的组合用 combn（），即组合的所有情况列举。

```
＞combn(4,2)
       [,1] [,2] [,3] [,4] [,5] [,6]
[1,]    1    1    1    2    2    3
[2,]    2    3    4    3    4    4
＞combn(4,1)
       [,1] [,2] [,3] [,4]
[1,]    1    2    3    4
＞combn(5,2)
       [,1] [,2] [,3] [,4] [,5] [,6] [,7] [,8] [,9] [,10]
[1,]    1    1    1    1    2    2    2    3    3    4
[2,]    2    3    4    5    3    4    5    4    5    5
```

二、R 语言的绘图功能

R 语言提供了非常丰富的绘图功能，可以通过命令：demo（graphics）或者 demo（persp）体验 R 语言绘图功能的强大。

图形工具是 R 环境的一个重要组成部分，R 语言提供了多种绘图相关的命令。例如 r-base 附带的〈graphics〉包里面就有一些 3D 绘图的函数如 persp。下面是使用三行代码实现绘制三维图的例子。

```
>f3＝function(x,y){sin(x)＋cos(y)}
>z3＝outer(x,x,f3)
>persp(z3)
```

三维图形如图 7-1 所示。

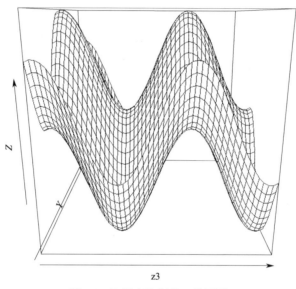

图 7-1 R 语言绘制的三维图形

三、R 语言的统计功能

1. 描述性统计分析

使用 R 软件可以方便直观地对数据进行描述性分析，例如在窗口中输入以下信息。

```
>x＝seq(1,200,3)
>x
 [1]   1   4   7  10  13  16  19  22  25  28  31  34  37  40  43  46  49  52
[19]  55  58  61  64  67  70  73  76  79  82  85  88  91  94  97 100 103 106
[37] 109 112 115 118 121 124 127 130 133 136 139 142 145 148 151 154 157 160
[55] 163 166 169 172 175 178 181 184 187 190 193 196 199
```

```
> length(x);mean(x);var(x);sd(x);median(x);100 * sd(x)/mean(x)
```
[1] 67   #长度

[1] 100   #均值

[1] 3417   #方差

[1] 58.45511 #标准差

[1] 100   #中位数

[1] 58.45511 #样本标准差

2. 分布检验分析

R 软件可以检验样本是不是来自某种分布总体，以正态分布为例，我们可以通过 shapiro. test () 函数提供 W 统计量和相应的 p 值，并通过 p 值的大小判断样本是否来自正态分布的总体。经验分布的 K-S 检验方法的应用范围则更加广泛，不仅可以判断样本是否来自正态总体，也能判断是否来自其他类型的分布总体。

```
> x = seq(1,200,3)
> shapiro. test(x)
        Shapiro-Wilk normality test
data： x
W = 0.95507, p-value = 0.0166
```

可见该样本并非来自正态总体分布。

```
> x1 = runif(30,70,90)     #产生 70 到 90 之间的随机数 30 个
> x1
[1] 75.80455 80.38786 89.31225 82.79447 74.59115 71.17603 79.14389 80.84428
[9] 79.83908 82.10305 79.31679 71.35748 74.66779 82.96050 71.36243 72.50057
[17] 82.31055 86.68681 71.89823 89.70922 84.16597 86.62135 86.95794 78.47821
[25] 71.63457 82.51289 70.72212 79.82295 81.58844 74.24483
> x2 = runif(10,50,70)
> x2
[1] 65.65081 68.66355 55.76593 52.25297 67.00057 63.58839 59.46168 59.95712
[9] 61.70856 54.69875
> x3 = runif(3,90,99)
> x3
[1] 97.32186 91.08919 93.24211
> x = c(x1,x2,x3)          #三个向量合并
> x
[1] 75.80455 80.38786 89.31225 82.79447 74.59115 71.17603 79.14389 80.84428
[9] 79.83908 82.10305 79.31679 71.35748 74.66779 82.96050 71.36243 72.50057
[17] 82.31055 86.68681 71.89823 89.70922 84.16597 86.62135 86.95794 78.47821
[25] 71.63457 82.51289 70.72212 79.82295 81.58844 74.24483 65.65081 68.66355
[33] 55.76593 52.25297 67.00057 63.58839 59.46168 59.95712 61.70856 54.69875
```

[41] 97.32186 91.08919 93.24211
> shapiro.test(x)　　　　♯正态分布检验
　　　　Shapiro-Wilk normality test
data：x
W = 0.97753，p-value = 0.5527

可见该样本来自正态总体分布。

第五节　R 语言的假设检验

一、假设检验

假设检验也是统计推断中的一个重要的内容，在统计学中，用搜索到的数据对某个事先做出的统计假设按照某种设计好的方法进行检验，来判断此假设是否正确。也就是说为了检验一个假设是否成立，先假定它是成立的，看看由此会导致什么结果。如果导致一个不合理的现象出现，就认为原假设不正确，如果没有导出不合理的现象，则不能拒绝原假设。

二、R 语言的总体均值假设检验

R 语言可以用来进行假设检验。R 语言给出了参数假设检验的方法。以正态总体为例，t.test（）函数也可以用来进行单个或者两个正态总体的均值的假设检验。进行单边检验时可以加入指令 alternative（备择假设），缺省时表示双边检验，less 表示备择假设为 u<u0，greater 则相反，用 conf.level 指定置信水平。

> X<-c(78.1,72.4,76.2,74.3,77.4,78.4,76.0,75.5,76.7,77.3)
> Y<-c(79.1,81.0,77.3,79.1,80.0,79.1,79.1,77.3,80.2,82.1)
> t.test(X,Y,var.equal=T)

　　　　Two Sample t-test
data：X and Y
t = -4.2957, df = 18, p-value = 0.0004352
alternative hypothesis：true difference in means is not equal to 0
95 percent confidence interval：
-4.765026 -1.634974
sample estimates：
mean of x mean of y
　　76.23　　　79.43

结果中不仅能得到"X"和"Y"的均值的点估计 76.23 和 79.43、左侧区间估计，同

时也能通过 p 值的大小判断是否接受原假设，该例中 $p < 0.05$，认为拒绝原假设，即认为两总体方差不同。与均值假设检验相类似。

三、R 语言的符号检验

联合国人员在世界上 66 个大城市的生活花费指数（以纽约市 1996 年 12 月为 100）按自小至大的次序排列如下（这里北京的指数为 99）。

66 75 78 80 81 81 82 83 83 83 83
84 85 85 86 86 86 86 87 87 88 88
88 88 88 89 89 89 89 90 90 91 91
91 91 92 93 93 96 96 96 97 99 100
101 102 103 103 104 104 104 105 106 109 109
110 110 110 111 113 115 116 117 118 155 192

假设这个样品是从世界许多大城市中随机抽样得到的。试用符号检验分析北京是在中位数之上，还是在中位数之下。

解：样本的中位数（M）作为城市生活水平的中间值，因此需要检验：

H0：M $\geqslant$ 99，H1：M $<$ 99.

输入数据，作二项检验。

R 语言代码：

```
X <- c(66,75, 78 ,80 ,81 ,81 ,82, 83, 83, 83, 83,
84 , 85, 85, 86, 86, 86, 86, 87 ,87, 88, 88,
88, 88, 88, 89 ,89, 89, 89, 90 ,90 ,91 ,91,
91 ,91, 92, 93, 93, 96, 96, 96, 97, 99, 100,
101, 102, 103, 103 ,104, 104, 104 ,105, 106, 109, 109,
110 ,110, 110, 111, 113, 115, 116, 117 ,118, 155 ,192)
binom. test(sum(X>99), length(X), al="l")
```

输出：

```
        Exact binomial test
data： sum(X > 99) and length(X)
number of successes = 23, number of trials = 66,
p-value = 0.009329
alternative hypothesis：true probability of success is less than 0.5
95 percent confidence interval：
0.0000000 0.4563087
sample estimates：
probability of success
          0.3484848
```

在程序中，"sum(x>99)"表示样本中大于 99 的个数。"al"是"alternative"的缩写，"l"是"less"的缩写。计算出的"p"值小于 0.05，拒绝原假设，也就是说，北京的生活水平高于世界的中位水平。

四、R语言的符号秩检验

假定某电池厂宣称该厂生产的某种型号电池寿命的中位数为140安培小时。为了检验该厂生产的电池是否符合其规定的标准，现从新近生产的一批电池中抽取了随机样本，并对这20个电池的寿命进行了测试，其结果如下（单位：安培小时）：

137.0 140.0 138.3 139.0 144.3 139.1 141.7 137.3 133.5 138.2
141.1 139.2 136.5 136.5 135.6 138.0 140.9 140.6 136.3 134.1

试用Wilcoxon符号秩检验分析该厂生产的电池是否符合其标准。

解：根据题意假设：

H0：电池中位数M≥140安培小时；

H1：电池中位数<140安培小时。

在R语言中进行符号秩检验可以使用wilcox.test（ ）

wilcox.test(x, y = NULL,

alternative = c("two.sided", "less", "greater"),

mu = 0, paired = FALSE, exact = NULL, correct = TRUE,

conf.int = FALSE, conf.level = 0.95,…)

其中"x,y"是观察数据构成的数据向量。"alternative"是备择假设，有单边检验和双边检验，"mu"待检参数，如中位数"M0.paired"是逻辑变量，说明变量"x,y"是否为成对数据。"exact"是逻辑变量，说明是否精确计算"p"值，当样本量较小时，此参数起作用，当样本量较大时，软件采用正态分布近似计算"p"值。"correct"是逻辑变量，说明是否对"p"值的计算采用连续性修正，相同秩次较多时，统计量要校正。"conf.int"是逻辑变量，说明是否给出相应的置信区间。

X<-scan()

137.0 140.0 138.3 139.0 144.3 139.1 141.7 137.3 133.5 138.2 141.1 139.2 136.5
136.5 135.6 138.0 140.9 140.6 136.3 134.1

wilcox.test(X, mu = 140, alternative = "less", exact = FALSE, correct = FALSE, conf.int=TRUE)

输出：

　　Wilcoxon signed rank test

data：X

V = 34, p-value = 0.007034

alternative hypothesis：true location is less than 140

95 percent confidence interval：

　-Inf 139.2

sample estimates：

(pseudo)median

　　　138.2

这里"V=34"是"wicoxon"的统计量，"p"值<0.05，即拒绝原假设，接受备择假设，中位值小于140安培小时。

第八章

R 语言在应用化学课题分析中的应用

第一节　金属材料的高温热腐蚀数据集

一、金属材料的热腐蚀研究

热腐蚀是指金属表面在高温下由于氧化及与其他污染物（如氯化物）反应的复合效应而形成熔盐，使金属表面正常的保护性氧化物熔融、离散和破坏，导致表面加速腐蚀的现象。

1. 热腐蚀的特征

金属材料的热腐蚀有四个特征。第一，发生热腐蚀的金属材料表面会沉积一层硫酸盐或其混合盐膜；第二，在短时间内，金属材料腐蚀速率较慢，主要是由于氧与合金中的铬或铝在其表面形成了具有一定保护性的氧化膜，此时侵蚀性物质刚开始扩散；第三，由于熔融盐膜中的侵蚀性物质穿透氧化膜产生了很大的生长应力而破坏了氧化膜，使它变得疏松多孔，同时也使盐的成分变得更富有腐蚀性；第四，从显微组织上来看，在表面层是疏松多孔的无附着力的氧化物及硫化物，在合金内部已有沿晶界分布的硫化物。

2. 热腐蚀的分类

高温热腐蚀是指温度范围为 825～950℃时产生的热腐蚀，特别是当温度高于 884℃（纯硫酸钠的熔点）时，沉积的盐膜处于熔融状态。

低温热腐蚀是指发生温度为 650～750℃之间的热腐蚀。虽然整体盐膜在该温度范围未达到熔点，但是由于金属硫化物的熔点较低，容易生成熔点更低的金属-金属硫化物共晶体，从而加速金属材料的腐蚀。

3. 温度对热腐蚀的影响

温度对合金热腐蚀的影响，大体上取决于两个因素：一是温度升高会加速腐蚀反应的进行；二是温度升高将有利于富铬或富铝氧化层的形成，从而使腐蚀速率降低。这两个因素综合作用的结果，是合金在某一温度下出现腐蚀速率极大值。

温度对纯铁热腐蚀的影响只取决于第一因素，因此它的腐蚀速率随温度的升高而增大。

二、热腐蚀试验方案

1. 热腐蚀试验目的

研究金属材料在 $600℃$、$650℃$、$700℃$ 条件下的热腐蚀情况，分析其在实际情况下的腐蚀情况。

2. 实验仪器

马弗炉、坩埚、坩埚钳、烧杯、玻璃棒、毛刷、金相显微镜、扫描电镜。

3. 实验药品

分析纯酒精、分析纯丙酮、蒸馏水、分析纯 $NaCl$、分析纯 Na_2SO_4、蒸馏水。

4. 实验过程

第一，用水洗净并用无水乙醇洗涤去除油污，洗净的坩埚放在托盘内固定的位置，连托盘一起放在干燥皿中冷却备用。第二，准备好的坩埚随炉升温至 $700℃$，保温 $5\sim8h$，立即取出放在干燥器内，待冷却至室温后称重。第三，称重后的坩埚在同一温度下进行第 2 次焙烧。保温 $3\sim4h$ 取出冷却称重。如此重复上述操作直至恒重为止（偏差不大于 $0.00039g$），然后放于干燥皿内以备使用。第四，将试样放到已放置定量氯化钾的坩埚内，用电子天平称重。第五，称重后把盛有试样的坩埚放到马弗炉内加热，加热到所需温度，保温 $1h$，取出冷却后称重，计算质量变化，重复加热、保温、称重，实验时间为 $30h$。

三、热腐蚀数据集的参数

1. 数据集的载入

R 软件通过 read. csv 命令实现对外部数据源的读取，当外部文件的路径不方便直接写在命令的时候，可以调用 file. choose() 函数。当该命令执行以后，会弹出选择数据源文件的窗口，如图 8-1 所示。

```
>myd<-read. csv(file. choose())
```

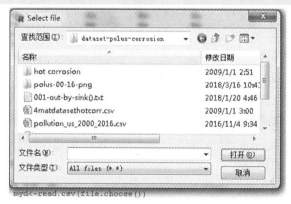

图 8-1　选择外部数据源的运行窗口示意

2. 调入数据集的基本特征

R 软件在成功调入外部数据源以后，就可以使用 dim() 命令来了解该数据源的基本特征。由上述的过程可知，调入的数据集名称为 myd，此时可以将数据集的名称写入 dim() 命令的括号中。

```
＞dim(myd)
[1]672   6
```

R 输出的信息含义，第一个数据 672 表示共有数据记录 672 条；第二个数据 6 表示每条数据有 6 列信息。

在这个基础上，可以使用数据集列表命令查询数据内容，只需直接输入数据集名称即可；由于很多数据集的数据量很大，显示效果很差，所以更多的情况是查询少量内容。如果需要查询部分数据内容，有三个方法。这三个方法分别是：tail()、head()、myd[x0:x1, y0:y1]，如下所示。

```
＞tail(myd)
```

	type	location	species	temp.	time	Vcorr. mg/cm^2
667	KCl	Down	16xx	700	4h	3.24949
668	KCl	Down	16xx	700	7h	4.90872
669	KCl	Down	16xx	700	10h	6.06085
670	KCl	Down	16xx	700	15h	7.70791
671	KCl	Down	16xx	700	20h	9.02637
672	KCl	Down	16xx	700	30h	10.75862

```
＞head(myd)
```

	type	location	species	temp.	time	Vcorr. mg/cm^2
1	KCl	Top	1xx	600	1h	0.05264
2	KCl	Top	1xx	600	4h	0.10123
3	KCl	Top	1xx	600	7h	0.15590
4	KCl	Top	1xx	600	10h	0.18424
5	KCl	Top	1xx	600	15h	0.24498
6	KCl	Top	1xx	600	20h	0.37861

```
＞myd[1:12,3:6]
```

	species	temp.	time	Vcorr. mg/cm^2
1	1xx	600	1h	0.05264
2	1xx	600	4h	0.10123
3	1xx	600	7h	0.15590
4	1xx	600	10h	0.18424
5	1xx	600	15h	0.24498
6	1xx	600	20h	0.37861
7	1xx	600	30h	0.55070
8	2xx	600	1h	0.04029

9	2xx	600	4h	0.10073
10	2xx	600	7h	0.23369
11	2xx	600	10h	0.31829
12	2xx	600	15h	0.49356

第二节　数据集的统计描述和基本分析

一、热腐蚀数据集的基本统计信息

R 软件在调入外部数据源以后，就需要对该数据集开展大数据模式的综合分析。首先，需要对数据集的基本统计信息有个了解。

在已经载入的 myd 数据集中，最需要关注的应该是第 6 列的数据。该数据列代表高温热腐蚀的腐蚀速率，单位是 mg/cm^2。此时可以使用 min、max、mean、median、sum、sd、fivenum 等函数来快速实现对该数据列的统计分析。

```
>length(myd[,6])
[1]672
>fivenum(myd[,6])
[1]-32.69530  -2.14605  0.56388  1.56002  42.13936
>max(myd[,6])
[1]42.13936
>min(myd[,6])
[1]-32.6953
>mean(myd[,6])
[1]-0.4131523
>median(myd[,6])
[1]0.56388
>sum(myd[,6])
[1]-277.6383
>sd(myd[,6])
[1]5.484439
```

表 8-1 列出常见统计函数的功能。

表 8-1　常见统计函数的功能

序号	函数名称	函数功能
1	length()	返回数据列的个数或者长度
2	fivenum()	返回数据列的五个统计信息，分别是最小值、下四分位数、中位数、上四分位数、最大值
3	max()	返回数据列的最大值

序号	函数名称	函数功能
4	min()	返回数据列的最小值
5	mean()	返回数据列的平均值
6	median()	返回数据列的中位数
7	sum()	返回数据列的总和
8	sd()	返回数据列的标准差

二、热腐蚀数据列的提取

在 R 软件中，当需要对数据集的某列数据进行重点分析的时候，有两种方法调用数据集中的某列数据。

第一种方法是直接在数据集名称后面使用中括号来引用，例如在上一小节使用的 myd [,6]，该方法就是要求 R 系统显示所有行（即数据记录）的第 6 列信息。R 软件显示的部分结果如下：

```
>myd[,6]
```

```
  [1]   0.05264   0.10123   0.15590   0.18424   0.24498   0.37861   0.55070   0.04029
   0.10073   0.23369   0.31829   0.49356   0.64464   0.91056   0.03034   0.17799
   0.28519
 [18]   0.37622   0.55016   0.73423   1.00324   0.04260   0.13996   0.27384   0.36308
   0.57201   0.84787   1.33063   0.76088   1.34007   1.51969   1.66907   1.81236
   1.94357
 [35]   2.05664   0.98474   1.49924   1.67351   1.67957   1.72412   1.82338   1.88196
   1.01325   1.25641   1.42666   1.51379   1.59890   1.72049   1.81572   0.79949
   0.81990
 [52]   0.95453   1.00958   1.10544   1.18499   1.22376   0.98274   1.20567   1.02745
   0.99295   1.06590   1.06997   0.56347   2.49211   0.84105   0.69098   0.64842
   0.88792
 [69]   1.08080   1.04799   2.57826   0.43238   0.51304   0.62047   0.61216   0.56325
   0.32433   0.25335  -2.55639  -3.94903  -4.55316  -5.47548  -5.35792  -5.41473
   0.50142
 [86]  -2.32412  -2.73444  -2.74459  -2.76272  -2.66771  -2.71831   0.01251
  -4.42334  -5.16007  -4.94651  -4.74715  -4.61679  -4.30957   1.60845   1.74249
   0.36149   0.53615
[103]   0.47929   1.05605   1.81560   0.92506   1.23543   1.03103   0.45190
  -0.39640  -0.81711  -0.23235   1.35463   1.73878   1.83179   1.90862   2.00162
   2.29681   2.29681
[120]   1.04389   1.34441   1.45315   1.47489   1.59352   1.74180   1.74180
   1.94051   3.44597   3.52286   3.45811   3.45205   3.30029   3.30029   1.12668   1.56923
   1.58140
[137]  ...
```

第二种方法是使用赋值新变量的方法，即将第一种引用的数据列传递给一个变量，之后就可以直接调用该变量，以达到引用的效果。该方法的优点就是在一次赋值之后，随时可以调用该数据列。例如，以变量名称 myd _ 6 代表要传递的变量，显示结果如下：

```
>myd _ 6<-myd [, 6]
>myd _ 6
 [1]   0.05264   0.10123   0.15590   0.18424   0.24498   0.37861   0.55070
0.04029  0.10073  0.23369  0.31829  0.49356  0.64464  0.91056  0.03034  0.17799
 0.28519
[18]   0.37622   0.55016   0.73423   1.00324   0.04260   0.13996   0.27384
0.36308  0.57201  0.84787  1.33063  0.76088  1.34007  1.51969  1.66907  1.81236
 1.94357
[35]   ...
```

三、热腐蚀数据集的基本分析

1. 直方图显示腐蚀速率

R 软件可以非常容易地使用直方图显示腐蚀速率的关系，函数名称是 hist()。结果显示如图 8-2 所示。

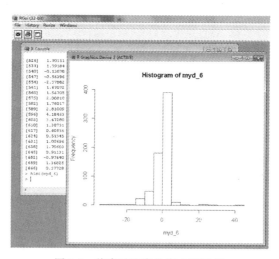

图 8-2　热腐蚀速率的直方图示意

2. 箱线图显示腐蚀数据集

R 软件箱线图显示数据列的函数名称是 boxplot()。结果显示如图 8-3 所示，该图给出了腐蚀速率、腐蚀试验时间及试验材料等三列数据的箱线图。

3. 折线图显示腐蚀数据集

R 软件折线图是通过在它们之间绘制线段来连接一系列点的图。这些点按照它们的坐标（通常是 x 坐标）值排序。折线图通常用于识别数据中的趋势。

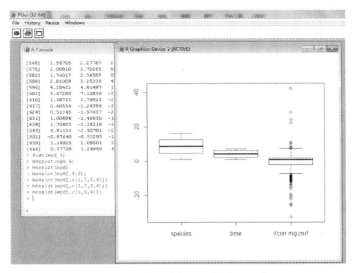

图 8-3　热腐蚀数据列的箱线图示意

R 软件中的 plot() 函数用于创建折线图。图 8-4 给出了腐蚀速率随试验项目变化的折线图。

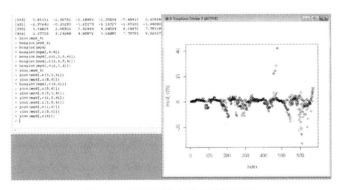

图 8-4　热腐蚀速率的折线图示意

第三节　高温热腐蚀数据集的综合分析

一、R 软件包的安装

1. R 软件包及其特点

包是 R 软件函数、数据、预编译代码以一种定义完善的格式组成的集合。计算机上存储包的目录称为库（library）。函数 .libPaths() 能够显示库所在的位置，函数 library() 则可以显示库中有哪些包。

目前有 2500 多个称为包（package）的用户贡献模块可从 http://cran.r-project.org/web/packages 下载。这些包提供了横跨各种领域、数量惊人的新功能，包括分析地理数据、处理蛋白质质谱，甚至是心理测验分析的功能。

2. 包的安装

当需要使用特定功能的包的时候，并不需要上英文网站去搜索下载包。因为 R 环境提供了一个函数：install. packages，可以直接下载安装包。

举例来说，不加参数执行 install. packages()将显示一个 CRAN 镜像站点的列表，或者在 Windows 版本下选择菜单选项"Packages"——"Set CRAN mirror"，即可打开镜像选择窗口，如图 8-5 所示。此时，只要选择其中一个镜像站点，就可以看到所有可用包的列表，选择其中的一个包即可进行下载和安装。

完成包的安装后，每次使用前，需要使用 library()命令载入这个包。

例如，要使用 gclus 包，执行命令 library (gclus) 即可。注：加载时，可能会提示需要添加另外的程序包，直接添加即可。

图 8-5　R 软件的包镜像服务器的选择

3. ggplot2 包及其特点

ggplot2 的核心理念是将绘图与数据分离，数据相关的绘图与数据无关的绘图分离。ggplot2 是按图层作图，ggplot2 保有命令式作图的调整函数，使其更具灵活性；ggplot2 将常见的统计变换融入绘图中。

ggplot 的绘图有以下几个特点：第一，有明确的起始（以 ggplot 函数开始）与终止（一句语句一幅图）；其二，图层之间的叠加是靠"＋"号实现的，越后面其图层越高。

ggplot 绘图的元素可以概括如下所示：最大的是 plot（指整张图，包括 background 和 title），其次 axis（包括 text、title）、legend（包括 backgroud、text、title）、facet 是第二层次，其中 facet 可以分为外部 strip 部分（包括 backgroud 和 text）和内部 panel 部分（包括 backgroud、boder 和网格线 grid，其中粗的叫 grid. major，细的叫 grid. minor）。

ggplot2 里的所有函数可以分为以下几类。

用于运算（如 fortify_ ，mean_ 等）；

初始化、展示绘图等命令（ggplot，plot，print 等）；

按变量组图（facet_ 等）。

4. ggplot2 包的安装

安装 ggplot2 包需要较新的 R 版本，并附带安装 digest，gtable，memoise，plyr，proto，reshape2，stringr，scales，RColorBrewer，munsell，colorspace，labeling，dichromat，labeling 等辅助工具，这些工具都可以在安装该包时自动一起完成安装。

图 8-6 给出了 ggplot2 包的安装进度图，图 8-7 给出了 ggplot2 包的安装成功后界面图。

图 8-6 ggplot2 包的安装进度图

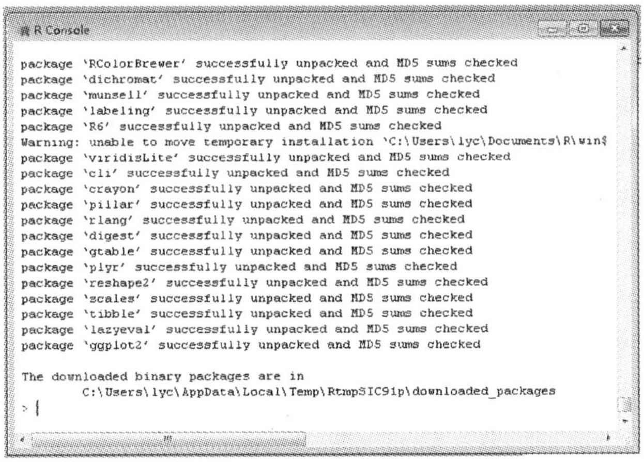

```
R Console
package 'RColorBrewer' successfully unpacked and MD5 sums checked
package 'dichromat' successfully unpacked and MD5 sums checked
package 'munsell' successfully unpacked and MD5 sums checked
package 'labeling' successfully unpacked and MD5 sums checked
package 'R6' successfully unpacked and MD5 sums checked
Warning: unable to move temporary installation 'C:\Users\lyc\Documents\R\win$
package 'viridisLite' successfully unpacked and MD5 sums checked
package 'cli' successfully unpacked and MD5 sums checked
package 'crayon' successfully unpacked and MD5 sums checked
package 'pillar' successfully unpacked and MD5 sums checked
package 'rlang' successfully unpacked and MD5 sums checked
package 'digest' successfully unpacked and MD5 sums checked
package 'gtable' successfully unpacked and MD5 sums checked
package 'plyr' successfully unpacked and MD5 sums checked
package 'reshape2' successfully unpacked and MD5 sums checked
package 'scales' successfully unpacked and MD5 sums checked
package 'tibble' successfully unpacked and MD5 sums checked
package 'lazyeval' successfully unpacked and MD5 sums checked
package 'ggplot2' successfully unpacked and MD5 sums checked

The downloaded binary packages are in
        C:\Users\lyc\AppData\Local\Temp\RtmpSIC91p\downloaded_packages
> |
```

图 8-7 ggplot2 包的安装成功后界面图

二、ggplot2 包的绘图过程

1. 初始化

ggplot2 绘图的第一步就是初始化，即载入数据空间、选择数据以及选择默认 aes。

p<-ggplot(data= ,aes(x= ,y=))

data 就是载入数据所在的数据集。数据集载入之后，就可以避免写大量的 $ 来提取 data. frame 之中的数据向量。第二个是重头戏，即 aes，是美学（aesthetic）的缩写。这是 ggplot2 使用的一个关键点，有的时候要把参数写在 aes 里，有的时候要写在 aes 外。与数据向量顺序相关，需要逐个指定的参数，就必须写在 aes 里。

2. 绘制图层

ggplot2 绘图有两种函数，一类是 geom_ ，一类是 stat_ ，这两类函数分别实现绘图和统计变换的相应功能，各有侧重，但是也有相互交叉。

ggplot2 内置的图集包括点、fill 线、段、面、棒、带及补。点（point，text）：只有 x、y 指定位置；fill 线（line，vline，abline，hline，stat_function 等）一般是基于函数来处理位置；段（segment）特征是指定位置有 xend 和 yend，表示射线方向；面（tile，rect）类一般有 xmax，xmin，ymax，ymin 指定位置；棒（boxplot，bin，bar，histogram）往往是

二维或一维变量，具有 width 属性；带（ribbon，smooth）的特征是透明的 fill；补包括 rug 图及误差棒（errorbar，errorbarh）等。

3. 加注释

所有注释都是通过 annotate 函数实现的，其实 annotate 就是一个最简单的 geom_ 单元，它一次只添加一个位置上的图形（可以通过设置向量来实现同时绘制多个图形，但这个理念和注释的理念有所偏差）。annotate 函数的 geom 就是指定注释的类型，其属性按照 geom 的不同而发生变化。

4. 调整

这里的调整主要是使用微调图形这类的函数做美学特征、坐标轴、标题、绘图主题的调整。这部分也就是继承了命令式作图的思想，使 ggplot2 的灵活性增加。

三、高温热腐蚀数据的综合分析

1. 不同位置的热腐蚀速率比较分析

通过 qplot() 命令实现对热腐蚀数据中针对不同试验位置的腐蚀速率的比较分析，可以得到如图 8-8 的分析图。

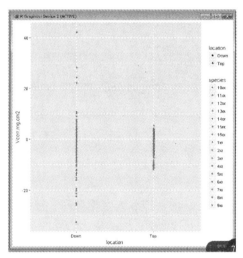

图 8-8　不同试验位置的热腐蚀数据比较分析

```
>dim(myd)
[1]672   6
>head(myd)
    type    location    species temp. . time Vcorr. mg. cm2
1   KCl       Top        1xx      600    1h       0.05264
2   KCl       Top        1xx      600    4h       0.10123
3   KCl       Top        1xx      600    7h       0.15590
4   KCl       Top        1xx      600    10h      0.18424
5   KCl       Top        1xx      600    15h      0.24498
```

| 6 | KCl | Top | 1xx | 600 | 20h | 0.37861 |

```
>qplot(location,Vcorr. mg. cm2,data=myd,colour=species,shape=location)
```

2. 热腐蚀速率概率密度分析

R 软件通过 ggplot2 包的 qplot() 函数可以实现对数据列的概率密度分析，图 8-9 给出了热腐蚀速率概率密度分析图。

```
>qplot(myd[,6],geom=c('density'))
```

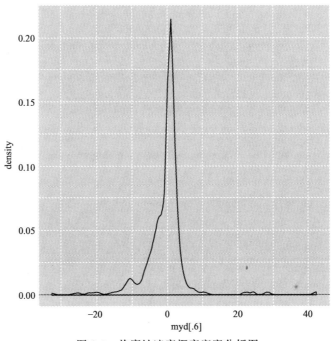

图 8-9　热腐蚀速率概率密度分析图

如果以材料种类作为颜色的分类依据，函数命令如下所示，就可以得到如图 8-10 所示的不同材料的热腐蚀速率概率密度图。

```
>qplot(myd[,6],geom=c('density'),colour=myd $ species)
```

3. 不同材料的热腐蚀速率分析

R 软件通过 ggplot2 包的 qplot() 函数可以实现对数据列不同条件下的数据分析，图 8-11 给出了 16 种材料的热腐蚀速率比较分析图。

```
>qplot(species,Vcorr. mg. cm2,data=myd,geom=c('violin','jitter'),colour=sp-ecies)
```

4. 不同温度的热腐蚀速率分析

R 软件通过 ggplot2 包的 qplot() 函数可以实现对数据列不同条件下的数据分析，图 8-12 给出了三种温度条件下的热腐蚀速率比较分析图。

```
>qplot(temp,Vcorr. mg. cm2,data=myd,geom='jitter',colour=temp,main=")
```

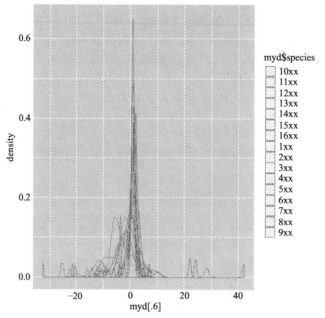

图 8-10　不同材料的热腐蚀速率概率密度分析图

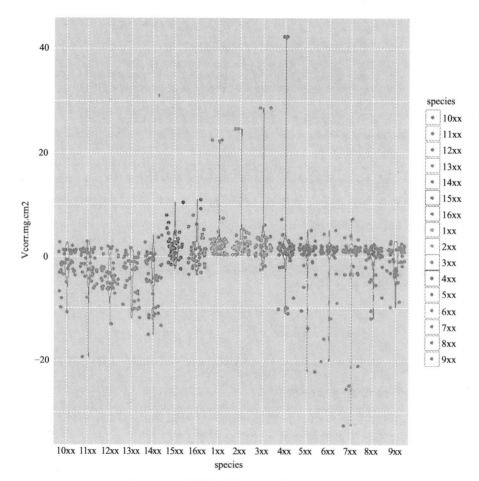

图 8-11　不同材料的热腐蚀速率比较分析图

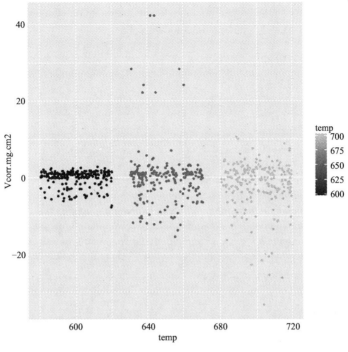

图 8-12　不同温度的热腐蚀速率比较分析图

第四节　R 语言的魅力包及其在应用化学专业中的应用

一、fun 包的概况和功能

R 软件的包真的有很多好玩的，如 fun、sudoku、wordcloud2、quantmod、jiebaR、Rweibo、Rtwitter、shiny 等。此处以 fun 包为例来进行说明，fun 包可以玩很多游戏，比如扫雷、五子棋等。

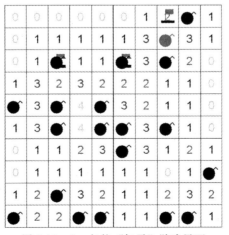

图 8-13　fun 包的"扫雷"游戏界面

fun 包的安装过程与上节 ggplot2 包的安装类似，就不再详述了。当需要运行"扫雷"游戏时，运行如下命令，就可以打开图 8-13 的界面。

```
＞library(fun)
＞mine_sweeper()
```

同理，当需要运行"五子棋"游戏时，运行如下命令，就可以打开图 8-14 的界面。

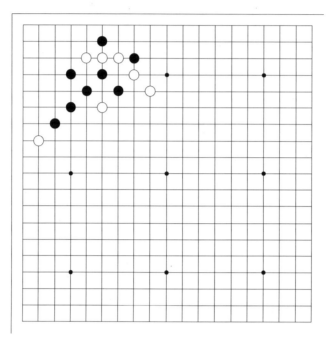

图 8-14　fun 包的"五子棋"游戏界面

```
＞gomoku()
```

二、jiebaR 包的安装及应用

1. jiebaR 包调入及引擎初始化

jiebaR 包的最大优势就是能对中文文本进行可靠的分词，即把整句的中文分解成若干个有意义的词汇，从而大大加速对中文文本的智能分析。该包的安装过程就不再叙述了，主要介绍其使用过程。

首先，执行调入 jiebaR 包入内存的命令，如下所示，从而建立分词引擎。

```
＞library(jiebaR)
```

其次，初始化分词函数 worker( )，并将该函数指定一个变量 cc，方便后面随时调用。

```
＞cc＝worker()
```

分词函数实际上包含着分词引擎，该引擎涉及几个参数。这些参数分别是 type＝

" mix"、dict＝" inst/dict/jieba. dict. utf8"、hmm＝" inst/dict/hmm _ model. utf8"、user＝" inst/dict/user. dict. utf8",最后一个参数代表用户自定义词库。

2. 应用化学专业文本的分词过程

将热腐蚀分类的专业文本句子通过分词引擎调入,如下所示。

cc＜＝"高温热腐蚀是指温度范围为 825～950℃时产生的热腐蚀,特别是当温度高于 884℃（纯硫酸钠的熔点）时,沉积的盐膜处于熔融状态。其典型的显微组织是由于形成硫化物而耗尽了基体中参加反应的元素。"

分词结果如下所示

[1]"高温"	"热"	"腐蚀"	"是"	"指"	"温度"	"范围"	"为"
[9]"825"	"950"	"时"	"产生"	"的"	"热"	"腐蚀"	"特别"
[17]"是"	"当"	"温度"	"高于"	"884"	"纯"	"硫酸钠"	"的"
[25]"熔点"	"时"	"沉积"	"的"	"盐"	"膜"	"处于"	"熔融"
[33]"状态"	"其"	"典型"	"的"	"显微"	"组织"	"是"	"由于"
[41]"形成"	"硫化物"	"而"	"耗尽"	"了"	"基体"	"中"	"参加"
[49]"反应"	"的"	"元素"					

在这个基础上,就可以对分词结果进行词频、词序的统计分析工作;除此之外,还可以对段落文本的关键词、文本核心内容、归纳总结等智能分析功能进行更深入的探讨。在此就不详细介绍了。

三、wordcloud2 包的特点

1. wordcloud2 包的作用

wordcloud2 包是 R 语言词云终极解决方案—。wordcloud2 是基于 wordcloud2. js 封装的一个 R 包,使用 HTML5 的 canvas 绘制。浏览器的可视化具有动态和交互效果,与 R 包 worldcloud 相比,wordcloud2 还支持任意形状的词云绘制。

2. 词云的定制形状

定义颜色可以让词云时黄时紫,定制形状可以达到像马像牛又像羊的图案效果。词云变形最简单的方式就是定义 shape 参数,如

wordcloud2(demoFreqC,shape＝'star')。

另外,wordcloud2 包还支持'diamond'、'cardioid'等参数（都是在 js 脚本中预定义的对应的函数）,更多请看函数帮助文档。

3. wordcloud2 包的特殊效果实现

wordcloud2 允许传入一张图片,把词云填充在图中的黑色区域。这样,找到一头牛和一匹马,词云就可以变换了。

四、wordcloud2 包的经典应用

1. wordcloud2 包及其说明

词云本身对于分析数据用处不大,但是在做报告的时候,却可以锦上添花。因为词云可

以达到很好的美化、宣传效果，而且在特定场合非常有用。R 语言里面绘制词云的包有wordcloud、wordcloud2 两个。此处重点应用第二个包。

2. wordcloud2 函数说明

wordcloud2 函数使用格式如下所示。

```
wordcloud2(data,size＝1,minSize＝0,gridSize＝0,fontFamily＝NULL,fontWeight＝'normal',
    color＝'random-dark',backgroundColor＝"white",
    minRotation＝-pi/4,maxRotation＝pi/4,rotateRatio＝0.4,
    shape＝'circle',ellipticity＝0.65,widgetsize＝NULL)
```

wordcloud2 函数涉及的参数较多，在一般的应用中，只需要熟悉使用重要的几个参数即可，例如 data、shape、color 等。具体的常用参数说明如下。

（1）data：词云生成数据，包含具体词语以及频率。

（2）size：字体大小，默认为 1，一般来说该值越小，生成的形状轮廓越明显。

（3）fontFamily：字体，如 '微软雅黑'。

（4）fontWeight：字体粗细，包含 'normal'，'bold' 以及 '600'。

（5）color：字体颜色，可以选择 'random-dark' 以及 'random-light'，其实就是颜色色系。

（6）backgroundColor：背景颜色，支持 R 语言中的常用颜色，如 'gray'，'black'，但是还支持不了更加具体的颜色选择，如 'gray20'。

（7）minRontatin 与 maxRontatin：字体旋转角度范围的最小值以及最大值，选定后，字体会在该范围内随机旋转。

（8）rotationRation：字体旋转比例，如设定为 1，则全部词语都会发生旋转。

（9）shape：词云形状选择，默认是 'circle'，即圆形。还可以选择 'cardioid'（苹果形或心形），'star'（星形），'diamond'（钻石），'triangle-forward'（三角形），'triangle'（三角形），'pentagon'（五边形）。

3. 热腐蚀词云的简单应用

wordcloud2( ) 输入数据为 dataframe，内含两列数据。第一列为词汇，第二列为词频。所以，在进行词云绘制之前，必须先对"热腐蚀专业段落"进行分词，还有词频统计分析。

根据上一小节 jiebaR 包的分词引擎应用，可以得到如下所示热腐蚀段落的分词结果。

```
＞hot<-"热腐蚀是指金属表面在高温下由于氧化及与其他污染物（如氯化物）反应的复合效应而形成熔盐，使金属表面正常的保护性氧化物熔解、离散和破坏，导致表面加速腐蚀的现象。"
＞library(jiebaR)
＞hot1<-worker()[hot]
＞hot1
 [1]    "热"        "腐蚀"       "是"        "指"        "金属表面" "在"
 [7]    "高温"      "下"        "由于"      "氧化"      "及"       "或"
```

[13]	"其他"	"污染物"	"如"	"氯化物"	"反应"	"的"
[19]	"复合"	"效应"	"而"	"形成"	"熔盐"	"使"
[25]	"金属表面"	"正常"	"的"	"保护性"	"氧化物"	"熔解"
[31]	"离散"	"和"	"破坏"	"导致"	"表面"	"加速"
[37]	"腐蚀"	"的"	"现象"			

然后，需要给 hot1 分词结果增加词频列的信息，可以使用 table 命令。

```
>hot2<-table(hot1)
>hot2
hot1
```

保护性	表面	导致	的	而	反应	腐蚀	复合
1	1	1	3	1	1	2	1
高温	和	或	及	加速	金属表面	离散	氯化物
1	1	1	1	1	2	1	1
破坏	其他	热	熔解	熔盐	如	使	是
1	1	1	1	1	1	1	1
污染物	下	现象	效应	形成	氧化	氧化物	由于
1	1	1	1	1	1	1	1
在	正常	指					
1	1	1					

在这个基础上，就可以对双列数据集 hot2 进行词汇绘制了，先调入相应的包，再执行词云生成命令。图 8-15 给出了生成的热腐蚀概念的专业词云。

```
>library(wordcloud2)
>wordcloud2(hot2)
```

图 8-15　热腐蚀专业词云界面

4. 应用化学专业词云的特效应用

R 软件提供了多种效果的词云，此处使用的应用化学专业段落如下所述，在此基础上绘制特殊效果的词云。

```
>appchem<-"应用化学是一门培养具备化学方面的基础知识、基本理论、基本技能以及
相关的工程技术知识和较强的实验技能,具有化学基础研究和应用基础研究方面的科学思维
和科学实验训练,能在科研机构、高等学校及企事业单位等从事科学研究、教学工作及管理工
作的高级专门人才的学科,应用化学是分属于化学工程与技术(国家一级学科)的二级学科。"
>appchem1<-worker()[appchem]
>appchem2<-table(appchem1)
>appchem2
appchem1
    从事     单位       的       等     二级     方面     分高等学校
     1        1        7        1        1        2        1        1
  高级工程技术    工作管理工作国家一级         和     化学化学工程
     1        1        1        1        1        3        2        1
  基本基本技能    基础基础知识       及     技能     技术       较
     1        .        2        1        1        1        1        1
    教学     具备     具有   科学科学实验科学研究科研机构       理论
     1        1        1        1        1        1        1        1
     能     培养   企事业       强     实验       是     属于     思维
     1        1        1        1        1        2        1        1
    相关     学科     训练     研究     一门     以及   应用应用化学
     1        3        1        2        1        1        1        2
     与       在   知识专门人才
     1        1        1        1
```

通过增加参数 shape 来使用下述命令,可以显示如图 8-16 所示的显示效果。

图 8-16　应用化学专业词云界面

```
>wordcloud2(appchem2,shape="star")
```

通过调整参数 shape 以及使用 color 参数，可以显示图 8-17 的显示效果。

图 8-17　应用化学专业词云三角形界面

```
＞wordcloud2(appchem2,color＝'random-dark',shape＝'triangle')
```

参 考 文 献

[1] 黄伟，王涛．石化行业过程装备技术研究和发展简述 [J]．化工管理，2016 (14)：159.

[2] 侯东．石油炼化装置工艺探讨 [J]．化工设计通讯，2017，43 (06)：91.

[3] 高穹．石化企业总图运输设计的探讨 [J]．山东工业技术，2015 (06)：245.

[4] 王苗苗．大型石化装置自动控制系统国产化能力提升研究 [J]．化工管理，2016 (36)：20.

[5] 石油化工领域十大热点研发应用方向 [J]．中国石油和化工，2017 (06)：12-15.

[6] 李明达，张福琴，边钢月．我国石化及重大装备发展态势分析 [J]．中外能源，2016，21 (10)：21-25.

[7] 张志伟，赵德智，宋官龙等．超声波在石油化工领域的应用及其研究进展 [J]．应用化工，2016，45 (04)：755-759.

[8] 丁晓斌．浅谈新材料新工艺在航空航天中的应用 [J]．科技创业月刊，2015，28 (14)：19-20.

[9] 刘全明，张朝晖，刘世锋等．钛合金在航空航天及武器装备领域的应用与发展 [J]．钢铁研究学报，2015，27 (03)：1-4.

[10] 唐见茂．航空航天复合材料发展现状及前景 [J]．航天器环境工程，2013，30 (04)：352-359.

[11] 田彩兰，陈济轮，董鹏等．国外电弧增材制造技术的研究现状及展望 [J]．航天制造技术，2015 (02)：57-60.

[12] 王秀丽，魏永辉．浅谈金属基复合材料在航空航天领域的应用与发展 [J]．科技创新导报，2016，13 (06)：16-17.

[13] 刘铁根，王双，江俊峰等．航空航天光纤传感技术研究进展 [J]．仪器仪表学报，2014，35 (08)：1681-1692.

[14] 谭立忠，方芳．3D打印技术及其在航空航天领域的应用 [J]．战术导弹技术，2016 (04)：1-7.

[15] 沈学霖，朱光明，杨鹏飞．航空航天用隔热材料的研究进展 [J]．高分子材料科学与工程，2016，32 (10)：164-169.

[16] 天华化工机械及自动化研究设计院主编．腐蚀与防护手册·腐蚀理论．试验及监测 [M]．北京：化学工业出版社，2008.8.

[17] 杨建军编．科学研究方法概论 [M]．北京：国防工业出版社，2006.7.

[18] 赵中立，许良英编．纪念爱因斯坦译文集 [M]．上海：上海科技出版社，1979.2.

[19] 王力，朱光潜等著．怎样写学术论文 [M]．北京：北京大学出版社，1981.5.

[20] 乔思瑑．ORP表在AP1000电站除盐水系统中的应用实践 [J]．科技展望，2016，26 (09)：85.

[21] 杨晓，郑开云．核电设备辐照老化鉴定方法研究 [J]．发电设备，2016，30 (03)：156-159.

[22] 方华松，金心明，李建文，涂丰盛．核电站传感器老化管理技术初探 [J]．仪表技术与传感器，2009 (S1)：422-424.

[23] 窦一康．核电厂生命周期全过程的老化管理 [J]．金属热处理，2011，36 (S1)：10-14.

[24] 沈红，马丽萍．核电厂设备状态监测及应用 [J]．华东电力，2014，42 (12)：2635-2637.

[25] 李涛，陈德良．多级复合半导体纳米材料的制备 [J]．化学进展，2011，23 (12)：2498-2509.

[26] 林冠发．纳米陶瓷材料及其制备与应用 [J]．陶瓷，2002 (05)：18-21.

[27] 强丁丁，赵建国，高利岩，邢宝岩，潘启亮，古玲，王海青．微波辅助加热法在泡沫镍表面生长纳米碳管 [J]．材料工程，2017，45 (12)：71-76.

[28] 赵春荣，杨娟玉，卢世刚．一维SiC纳米材料制备技术研究进展 [J]．稀有金属，2014，38 (02)：320-327.

[29] 梅林强，杨龙允，孔伟进，袁凤如，曹高华．纳米反渗透膜用于海水淡化的发展现状及前景 [J]．南方农机，2017，48 (16)：96.

[30] 曾艳军，张林，陈欢林．水处理仿生膜研究进展 [J]．中国工程科学，2014，16 (07)：10-16.

[31] 梁松苗，蔡志奇，胡利杰，吴宗策，金焱．高性能海水淡化反渗透膜的制备及其性能研究 [J]．水处理技术，2015，41 (03)：58-63.

[32] 高从堦，周勇，刘立芬．反渗透海水淡化技术现状和展望 [J]．海洋技术学报，2016，35 (01)：1-14.

[33] 曹震，魏杨扬，赵曼，黄海，田欣霞，张雨山．反渗透复合膜研究进展与展望 [J]．水处理技术，2016，42 (09)：10-16.

[34] 宋杰，徐子丹，周勇，高从堦．表面改性纳米二氧化钛-芳香聚酰胺复合反渗透膜的制备与表征 [J]．水处理技术，2013，39 (06)：24-28.

［35］ 张育铭．碳纤维增强铝基复合材料制备及性能研究［D］．兰州理工大学，2016.

［36］ 刘鑫，闫坤．碳纤维表面改性专利技术研究进展［J］．广东化工，2015，42（12）：117-121.

［37］ 易增博．碳纤维增强环氧树脂基复合材料的制备及力学性能研究［D］．兰州交通大学，2015.

［38］ 崔兴志．碳纤维增强环氧树脂复合材料的制备及性能研究［D］．中国海洋大学，2014.

［39］ 李微微．"球-棒"状短碳纤维复合增强体设计及其环氧树脂基复合材料性能研究［D］．上海交通大学，2011.

［40］ 白新华．太阳能飞机发展现状及趋势［J］．生态经济，2016，32（09）：2-5.

［41］ 吴洋．临近空间太阳能无人机飞行平台的特点及发展前景［J］．科技创新导报，2016，13（33）：11-13.

［42］ 吴娟，龙新峰．太阳能热化学储能研究进展［J］．化工进展，2014，33（12）：3238-3245.

［43］ 刘瑞远，孙宝全．有机物/硅杂化太阳能电池的研究进展［J］．化学学报，2015，73（03）：225-236.

［44］ 马鹏军，耿庆芬，刘刚．太阳能光谱选择性吸收涂层研究进展［J］．材料报，2015，29（01）：48-53＋60.

［45］ 世界大学学术排名．世界大学学术排名官网［引用日期2016-08-15］.

［46］ 世界大学声誉排名．泰晤士高等教育官网［引用日期2017-10-21］.

［47］ 世界大学排名．泰晤士高等教育官网［引用日期2016-09-21］.

［48］ 世界大学排名．QS官网［引用日期2017-08-02］.

［49］ 世界大学排名．US NEWS官网［引用日期2017-12-12］.

［50］ 'Berkeley in the Sixties' aims to affect the present. The Daily Californian［引用日期2015-11-12］.

［51］ 加州大学伯克利分校．世界大学学术排名官网［引用日期2016-01-20］.

［52］ Six 'superbrands'：their reputations precede them. 泰晤士高等教育官网［引用日期2016-09-23］.

［53］ Rankings：Berkeley's not only super，it's the greenest. 加州大学伯克利分校官网［引用日期2016-09-23］.

［54］ Harvard at a Glance. 哈佛大学官网［引用日期2017-10-30］.

［55］ 刘言，蔡文生，邵学广．大数据与化学数据挖掘［J］．科学通报，2015，60（08）：694-703.

［56］ 舒红英，吴光辉，周韦．正交实验法引入应用化学综合实验［J］．南昌航空工业学院学报（自然科学版），2006（01）：46-48.

［57］ 任清伟．正交实验法制备氧化锌纳米线［J］．科技展望，2016，26（33）：26-27.

［58］ 李素兰．数据分析与R软件［M］．北京：科学出版社，2013.

［59］ 李宇春．现代工业腐蚀与防护［M］．北京：化学工业出版社，2018.

［60］ 长沙理工大学．基于腐蚀大数据的专家分析软件．软件登记号：2018SR727413．授权公告日：2018.09.10.